W0351029

Projektcontrolling mit SAP® PS

Martin Munzel
Renata Munzel

Willkommen bei Espresso Tutorials!

Unser Ziel ist es, SAP-Wissen wie einen Espresso zu servieren: Auf das Wesentliche verdichtete Informationen anstelle langatmiger Kompendien – für ein effektives Lernen an konkreten Fallbeispielen. Viele unserer Bücher enthalten zusätzlich Videos, mit denen Sie Schritt für Schritt die vermittelten Inhalte nachvollziehen können. Besuchen Sie unseren YouTube-Kanal mit einer umfangreichen Auswahl frei zugänglicher Videos:

https://www.youtube.com/user/EspressoTutorials.

Kennen Sie schon unser Forum? Hier erhalten Sie stets aktuelle Informationen zu Entwicklungen der SAP-Software, Hilfe zu Ihren Fragen und die Gelegenheit, mit anderen Anwendern zu diskutieren:

http://www.fico-forum.de.

Eine Auswahl weiterer Bücher von Espresso Tutorials:

- Andreas Unkelbach, Martin Munzel: Schnelleinstieg ins SAP® Controlling (CO) *http://4004.espresso-tutorials.com*
- Stefan Eifler: Schnelleinstieg in die SAP®-Ergebnisrechnung (CO-PA) *http://5001.espresso-tutorials.com*
- Thomas Bauer, Ralf Pieper-Kaplan, Martin Munzel, Christian Sass, Eckhard Moos: Planung mit SAP ERP, BW und BPC – das richtige Werkzeug auswählen *http://4038.espresso-tutorials.com*
- Ulrich Fahrnschon: Kundenauftrags-Controlling in SAP® ERP CO-PC *http://5083.espresso-tutorials.com*
- Andreas Jansen: Schnelleinstieg in das SAP® Produktkosten-controlling (CO-PC) *http://5099.espresso-tutorials.de*
- Martin Munzel: Die Renovierte Planung in SAP® ERP Controlling (CO) *http://5114.espresso-tutorials.de*
- Christoph Theis, Stefan Eifler: Werteflüsse in die SAP®-Ergebnisrechnung (CO-PA) *http://5135.espresso-tutorials.de*
- Andreas Unkelbach: Berichtswesen im SAP®-Controlling *http://5150.espresso-tutorials.de*

Qualifizieren Sie Ihre Mitarbeiter ohne Reisekosten und externe Referenten

- 250+ E-Books und Videos
- Laufende Aktualisierung mit neuen Inhalten
- Zugang via Webbrowser oder App (iOS/Android)
- Staffelpreise abhängig von Anzahl der User

Automatische Freischaltung für einen 7-Tage-Testzugang,
kostenfrei und unverbindlich
http://free.espresso-tutorials.de

Fordern Sie noch heute Ihr individuelles Angebot an:
http://angebot.espresso-tutorials.de

Bibliografische Information der Deutschen Bibliothek
Die Deutsche Bibliothek verzeichnet diese Publikation in der Deutschen Nationalbibliografie; detaillierte bibliografische Daten sind im Internet über http://dnb.ddb.de abrufbar.

Martin Munzel, Renata Munzel
Projektcontrolling mit SAP® PS

ISBN: 978-3-960127-07-9

Lektorat: Anja Achilles

Coverdesign: Philip Esch

Coverfoto: fotolia #116696552 | cegli

Satz & Layout: Johann-Christian Hanke

Alle Rechte vorbehalten

2. Aufl. 2017, Gleichen

© Espresso Tutorials GmbH

URL: www.espresso-tutorials.de

Das vorliegende Werk ist in allen seinen Teilen urheberrechtlich geschützt. Alle Rechte vorbehalten, insbesondere das Recht der Übersetzung, des Vortrags, der Reproduktion und der Vervielfältigung. Espresso Tutorials GmbH, Bahnhofstr. 2, 37130 Gleichen, Deutschland.

Ungeachtet der Sorgfalt, die auf die Erstellung von Text und Abbildungen verwendet wurde, können weder der Verlag noch Autoren oder Herausgeber für mögliche Fehler und deren Folgen eine juristische Verantwortung oder Haftung übernehmen.

Feedback:
Wir freuen uns über Fragen und Anmerkungen jeglicher Art. Bitte senden Sie diese an: *info@espresso-tutorials.com*.

Inhaltsverzeichnis

Vorwort

Die Standardsoftware SAP ERP ist für Unternehmen aus unterschiedlichen Branchen ausgelegt und bietet mit dem Modul SAP Projektsystem (PS) eine Vielzahl von Werkzeugen an, die für das Projektcontrolling eingesetzt werden können. Doch welche Werkzeuge kommen für welche Anwendungszwecke infrage? Es gibt kein Projekt und wahrscheinlich auch kein Unternehmen, das die komplette Bandbreite der Funktionalitäten von PS nutzt. Dieses Buch soll Ihnen einen praktischen Einstieg bieten, um einige wesentliche Funktionen des Projektcontrollings, die das Projektsystem bietet, anhand von Beispielen kennenzulernen. Hierzu werden drei unterschiedliche Projekte vorgestellt und Schritt für Schritt in PS umgesetzt. Beginnend mit der Projektstruktur über die Planung und Erfassung von Istzahlen bis zum Monatsabschluss und dem Reporting ziehen sich die Beispiele wie ein roter Faden durch das Buch.

Der Schwerpunkt dieses Buches liegt auf den Aspekten von PS, die für das kaufmännische Projektcontrolling eingesetzt werden können, also auf der Steuerung und Überwachung von Kosten und Erlösen. Wir haben uns darauf konzentriert, die Funktionalitäten detailliert zu erläutern, die nach unserer Erfahrung in der Praxis am häufigsten und am erfolgreichsten eingesetzt werden. Dieses Buch will mehr ein praktischer Ratgeber als ein vollständiges Kompendium sein.

An wen richtet sich dieses Buch?

Dieses Buch ist für Sie interessant, wenn Sie vorhaben, PS in Ihrem Unternehmen einzuführen bzw. eine vorhandene Installation zu reorganisieren. Die Zielgruppe umfasst somit SAP-Berater, Mitarbeiter von Inhouse-Kompetenzcentern sowie SAP-Anwender. Sie sollten grundsätzlich mit dem Projektcontrolling vertraut sein und grundlegende Konzepte, wie Projektstrukturpläne oder Netzpläne, kennen. Kenntnisse der Organisationseinheiten, Stammdaten und Abläufe aus umliegenden Prozessen, wie Vertrieb, Einkauf, Fertigung, Finanzbuchhaltung und Controlling, sind ebenfalls von Vorteil, da nicht alle im Rahmen dieses Buches behandelt werden können.

Aufbau des Buches

Alle Kapitel dieses Buches sind nach dem gleichen Prinzip aufgebaut: Wir stellen zunächst alle wesentlichen Funktionalitäten zum Schwerpunkt des jeweiligen Kapitels vor und zeigen dann am Ende, wie und vor allem aufgrund welcher Überlegungen sie für die Beispielprojekte eingesetzt werden.

Wann immer wir eine Funktionalität beschreiben, erläutern wir zunächst den jeweiligen betriebswirtschaftlichen Zweck, zeigen dann, wie die Funktionalität in SAP ERP durchgeführt wird und erläutern zum Schluss, welche Einstellungen hierzu im Customizing notwendig sind.

Danksagungen

Wir möchten uns besonders bei Jörg Siebert bedanken, der uns mit Rat, Tat und Feedback bei diesem Buch unterstützt hat. Dank auch an Thomas Lehmann und Uwe Klein für deren Hilfe beim Aufbau der Beispielprojekte.

Wir widmen dieses Buch unseren Söhnen Vincent, Philip und Jan, die uns beim Schreiben auf folgende grundsätzliche Fragen aufmerksam gemacht haben: Warum wollt Ihr dieses Buch schreiben? Warum müsst Ihr das Buch Ende Mai abgeben? Was macht ein Verlag? Warum werden Bücher gedruckt? Warum liest man Bücher?

Im Text verwenden wir Kästen, um wichtige Informationen besonders hervorzuheben. Jeder Kasten ist zusätzlich mit einem Piktogramm versehen, das diesen genauer klassifiziert:

Hinweis

Hinweise bieten praktische Tipps zum Umgang mit dem jeweiligen Thema.

Beispiel

Beispiele dienen dazu, ein Thema besser zu illustrieren.

Warnung

Warnungen weisen auf mögliche Fehlerquellen oder Stolpersteine im Zusammenhang mit einem Thema hin.

Zum Abschluss des Vorwortes noch ein Hinweis zum Urheberrecht: Sämtliche in diesem Buch abgedruckten Screenshots unterliegen dem Copyright der SAP SE. Alle Rechte an den Screenshots hält die SAP SE. Der Einfachheit halber haben wir im Rest des Buches darauf verzichtet, dies unter jedem Screenshot gesondert auszuweisen.

1 Einleitung

In diesem Kapitel klären wir, welche Voraussetzungen Sie für den Einsatz des Moduls PS benötigen und stellen die drei Beispielprojekte vor.

1.1 Voraussetzungen für den Einsatz von PS

Um PS für das Projektcontrolling nutzen zu können, sollte SAP Financials (Finanzbuchhaltung und Controlling) bereits im Einsatz sein oder zumindest gleichzeitig mit PS eingeführt werden. Sie benötigen mindestens einen Kostenrechnungskreis, einen Buchungskreis mit Kontenplan und angelegten Sachkonten sowie die dazugehörigen Kostenarten. Die Integration von Netzplänen mit der Logistik können Sie nur nutzen, wenn Sie auch die entsprechenden Module »Materialwirtschaft« und »Vertrieb« bzw. »Produktionsplanung und -steuerung« einsetzen.

1.2 Vorstellung der Beispielprojekte

In den folgenden Kapiteln veranschaulichen wir den Einsatz von Werkzeugen für das Projektcontrolling aus PS anhand dreier unterschiedlicher Projekte. Die Beispiele wurden bewusst so gewählt, dass sie sich in möglichst vielen Aspekten unterscheiden, sodass Sie verschiedene Ansätze zur Umsetzung im SAP-System kennenlernen werden.

1.2.1 Beispiel 1: ein Softwareprojekt zur Einführung von SAP ERP

In unserem ersten Szenario plant die IT-Abteilung eines mittelständischen Unternehmens, ein bereits existierendes SAP-Template auf ein

Tochterunternehmen auszurollen. Interne Mitarbeiter der IT und der einzelnen Fachbereiche, wie z. B. Finanzbuchhaltung, Controlling, Vertrieb oder Produktion werden zunächst gemeinsam mit externen Beratern eine Analyse der Anforderungen des Tochterunternehmens durchführen. Darauf basierend erstellen sie ein Sollkonzept, das im Anschluss implementiert und getestet wird. Es finden außerdem Schulungen der Mitarbeiter statt, und der Produktivstart wird vorbereitet, indem Stamm- und Bewegungsdaten aus dem Altsystem der Tochter aufbereitet und bereinigt werden. Zum Schluss erfolgen der Produktivstart selbst sowie der nachfolgende Support.

Die Arbeitsstunden der IT-Mitarbeiter sowie der Mitarbeiter aus dem Fachbereich werden dem Projekt über eine Stundenverrechnung belastet, ebenso wie die Reisekosten und Aufwände für externe Berater.

Die Firma hat derartige Projekte schon einige Male durchgeführt. Daher hat sie Erfahrung mit SAP-Roll-outs, und für die Zukunft ist schon die Durchführung weiterer solcher Projekte geplant.

Es handelt sich um ein internes Projekt, dessen Kosten von der Kostenstelle der IT-Abteilung getragen werden. Es findet daher keine Fakturierung statt.

1.2.2 Beispiel 2: ein Projekt zur Installation einer Lkw-Wägebrücke

Bei unserem zweiten Vorhaben handelt es sich um ein Kundenprojekt eines ebenfalls mittelständischen Unternehmens, das für einen Kunden eine Lkw-Wägebrücke installiert. Eine Lkw-Wägebrücke wird von Unternehmen eingesetzt, die Schüttgut kaufen oder verkaufen; ankommende Lkws werden zunächst leer und später beladen auf der Wägebrücke gewogen. Aus der Gewichtsdifferenz ergibt sich die geladene Verkaufsmenge des Schüttguts.

Für die Installation der Wägebrücke muss eine Grube ausgehoben werden, in die das Wägesystem eingebaut wird. Dieses besteht aus mechanischen und elektrischen Teilen, die aus der Serienfertigung des Unternehmens stammen sowie aus einigen Stahlteilen, die von Dritten bezogen und direkt zum Kunden geliefert werden. Die Grube wird zum Schluss durch eine Betonplatte (Deck) geschlossen, die mit dem Wägesystem verbunden ist und auf das die Lkws zum Wiegen herauffahren. Das Wiegen wird über ein Leitsystem überwacht, das in einem in der Nähe liegenden Gebäude installiert wird. Das Leitsystem kommuniziert mit dem Wägesystem über eine an die Kundenbedürfnisse angepasste Software.

Im Rahmen des Projektes ist es somit notwendig, zunächst alle Einzelkomponenten der Wägebrücke (Grube, Deck, Wägesystem, Software, Leitsystem) zu konstruieren und parallel dazu die Installation beim Kunden vorzubereiten (Ausheben der Grube, Vorbereitung des Leitsystems, Fertigung des Decks). Des Weiteren gilt es, die benötigten Teile sowohl intern als auch extern zu beschaffen, die Software zu programmieren und Techniker einzuplanen, die das System vor Ort installieren. Das Projekt wird während des Verlaufs in mehreren Einzelschritten fakturiert.

Für die Firma handelt es sich um ein Routineprojekt, da Wägebrücken einen bedeutenden Anteil ihres Geschäftes ausmachen. Es existieren daher bereits Standardpläne für die Abwicklung solcher Projekte.

1.2.3 Beispiel 3: ein Projekt zur Herstellung einer Werkzeugmaschine

Im dritten Szenario hat ein weiteres mittelständisches Unternehmen von einem Kunden den Auftrag erhalten, eine individuell an dessen Anforderungen angepasste Werkzeugmaschine zu fertigen. Die Anlage wird komplett in der Montagehalle des Unternehmens zusammengebaut, getestet, wieder abgebaut und schließlich zum Kunden verschickt, um dort endgültig aufgebaut und abgenommen zu werden.

Die Anlage ist wie alle anderen Endprodukte (mit Ausnahme von Ersatzteilen), die die Firma verkauft, ein Unikat. Jede Anlage wird der

Spezifikation des Kunden entsprechend konstruiert und gefertigt. In der Fertigung werden nur wenige Standardteile verwendet, die in Kleinserien produziert und eingelagert werden. Der überwiegende Teil der verwendeten Bauteile wird eigens für das aktuelle Projekt entworfen und hergestellt.

Einige Teile der Anlage, wie z. B. Elektromotoren, werden extern beschafft. Da auch diese Fremdteile von den Herstellern individuell produziert werden, ist hier mit langen Laufzeiten zu rechnen, weshalb die Teile frühzeitig bestellt werden müssen.

Die Laufzeit dieses Projekts wird einige Monate betragen. Dies bedeutet für den Auftragnehmer eine gewisse Kapitalbindung (durch die Vielzahl der selbst gefertigten und speziell zugekauften Teile). Deshalb wurde mit dem Kunden vereinbart, dass er zu bestimmten Meilensteinen (bei der Bestellung, bei der Abnahme der Konstruktion und bei der Fertigstellung der Montage) Teilzahlungen leistet. Erst nach der Abnahme der Installation beim Kunden wird die endgültige Rechnung erstellt.

Sie haben nun die drei Beispiele kennengelernt, anhand derer wir geeignete Werkzeuge aus PS unter die Lupe nehmen werden. Im folgenden Kapitel beschäftigen wir uns mit den Grundstrukturen, auf denen die Projekte aufgebaut werden.

2 Projektstrukturen

Projektstrukturen dienen dazu, Projekte anhand bestimmter Kriterien in Teilpakete zu gliedern und sie damit überschaubarer und besser planbar zu machen. Projektstrukturpläne bilden dabei den logischen Aufbau ab, während Netzpläne den zeitlichen Ablauf darstellen.

In diesem Kapitel beschäftigen wir uns zunächst mit den grundlegenden Strukturen im Projektsystem, den Projektstrukturplänen, Netzplänen und Meilensteinen. Zu jedem dieser drei Elemente erläutern wir zunächst, worum es sich jeweils handelt und wozu es eingesetzt werden kann. Dann zeigen wir, wie die Strukturen im SAP-System verwendet werden und erklären Ihnen, welche Customizing-Einstellungen Sie vornehmen müssen, um sie nutzen zu können. Im Anschluss erläutern wir, wie Sie die Strukturen einsetzen können, um für die drei Beispielprojekte, die wir in der Einleitung beschrieben haben, passende Strukturen aufzubauen.

2.1 Projektstrukturpläne

Ein *Projektstrukturplan* (PSP) dient dazu, ein Projekt in eine geeignete Struktur zu gliedern, um Kosten, Erlöse und Termine planen, erfassen und überwachen zu können. Die Logik, nach der die Gliederung erfolgt, hängt von der Art des Projektes ab; so kann man es beispielsweise nach Projektphasen, nach Produktbaugruppen oder nach Organisationseinheiten strukturieren.

In PS benötigt ein PSP zunächst eine *Projektdefinition*, die eine eindeutige Projektnummer festlegt und einige Voreinstellungen, z. B. zu den Organisationseinheiten, Steuerungsparametern, Währungen usw., enthält.

Neben der Projektdefinition besteht der Projektstrukturplan aus sogenannten *PSP-Elementen*. Beispielsweise entsprächen bei einer phasenorientierten Projektstruktur die PSP-Elemente den einzelnen Projektphasen, wie Analyse, Konzeption, Umsetzung usw.; bei einer Strukturierung nach Produktbaugruppen wäre es empfehlenswert, für jede Baugruppe ein eigenes PSP-Element anzulegen und entsprechend bei einem Aufbau anhand von Organisationseinheiten ein PSP-Element je Einheit.

Ein PSP-Element hat ebenso wie die Projektdefinition eine mandantenweit eindeutige Nummer und dient dazu, die Projektstruktur hierarchisch aufzubauen. Dieser Zusammenhang ist in Abbildung 2.1 dargestellt.

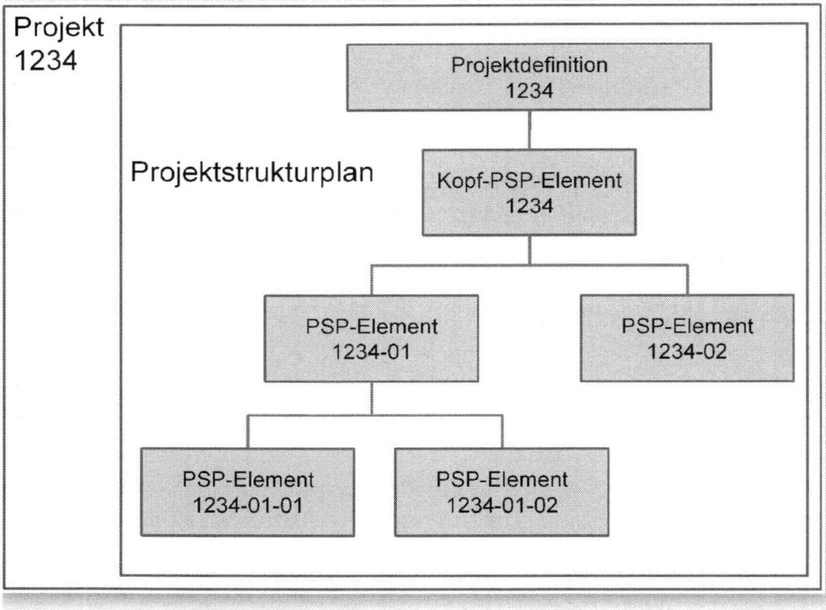

Abbildung 2.1: Projektstrukturplan

Das Projekt 1234 enthält die Projektdefinition und darüber hinaus mehrere PSP-Elemente auf drei Hierarchiestufen. Das PSP-Element auf der höchsten Ebene heißt *Kopf-PSP-Element* und hat im Beispiel dieselbe Nummer wie die Projektdefinition. Die Nummern der darunterliegenden PSP-Elemente beginnen mit der Projektnummer sowie mit weiteren Nummern, die die Hierarchiestufe kennzeichnen. Ein Projektstrukturplan wird somit ausschließlich aus PSP-Elementen aufgebaut. Jedes Element in der Hierarchie ist grundsätzlich gleich: Sie können auf jeder Ebene planen, Istdaten erfassen und Auswertungen fahren. Sämtliche erfassten Plan- und Istwerte bezüglich Kosten und Erlösen oder Terminen werden innerhalb einer PSP-Struktur stets von unten nach oben verdichtet; dies bedeutet, dass in Berichten auf jedem PSP-Element die Zusammenfassung aller darunterhängenden PSP-Elemente ausgewertet werden kann.

Aus technischer Sicht ist ein PSP-Element in erster Linie ein Kontierungsobjekt, wie z. B. eine Kostenstelle oder ein Innenauftrag; darauf können Sie also Kosten planen und buchen. Darüber hinaus hat ein PSP-Element, ebenso wie ein Innenauftrag, temporären Charakter; das PSP-Element hat also einen begrenzten Lebenszyklus. Daher verfügt es über eine Statusverwaltung, die anzeigt, ob das PSP-Element noch aktiv ist oder nicht. PSP-Elemente bieten allerdings über die Funktionalität von Innenaufträgen hinaus noch weitaus mehr, wie etwa die bereits erwähnten Möglichkeiten zur hierarchischen Gliederung und zur Terminplanung. Außerdem sind PSP-Elemente stärker in die Logistikmodule integriert als Innenaufträge – sie können beispielsweise Bedarfe erzeugen und nahtlos mit Netzplänen verknüpft werden.

Wir zeigen Ihnen nun, wie Sie Projektstrukturpläne im SAP-System anlegen.

2.1.1 Der Project Builder

Der *Project Builder* ist im SAP-System das zentrale Pflegewerkzeug für Projekte, das das Anlegen, Ändern und Löschen von PSP-Elementen, Netzplänen, Meilensteinen und weiteren Objekten erlaubt. Sie erreichen den Project Builder entweder über die Transaktion **CJ20N** oder über das Menü RECHNUNGSWESEN • PROJEKTSYSTEM • PROJEKT • PROJECT BUILDER.

Der Project Builder ist in drei Bereiche aufgeteilt (siehe Abbildung 2.2):

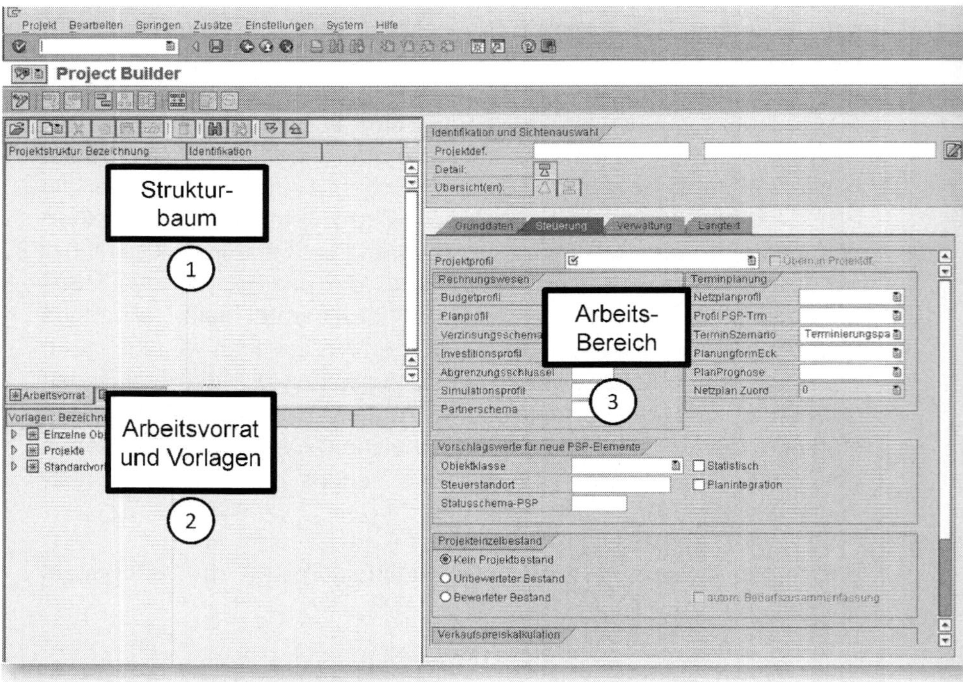

Abbildung 2.2: Project Builder

❶ Strukturbaum: Im Hierarchiebereich sehen Sie die Struktur des aktuellen Projektes. Sie können hier per Drag & Drop Elemente zur Struktur hinzufügen oder Elemente verschieben.

❷ Arbeitsvorrat: Im Vorlagenbereich haben Sie zwei Möglichkeiten: Wenn Sie noch kein Projekt zum Bearbeiten geöffnet haben, finden Sie im Arbeitsvorrat die fünf zuletzt von Ihnen bearbeiteten Projekte. Wechseln Sie in die Vorlagensicht, so stellt das System Ihnen alle Objekte zur Verfügung, die Sie in ein Projekt einbauen können. Welche Objekte Ihnen hier angeboten werden, hängt von Ihren Einstellungen in den benutzerspezifischen Optionen ab, die Sie beim erstmaligen Aufruf des Project Builders getätigt haben.

❸ Arbeitsbereich: Im Arbeitsbereich können Sie schließlich für ein Objekt, das Sie im Hierarchiebereich ausgewählt haben, alle Detaileinstellungen vornehmen. Sie geben hier z. B. für ein PSP-Element die Nummer, die Bezeichnung sowie alle weiteren Parameter ein.

Um ein neues Projekt im Project Builder anzulegen, drücken Sie den Button ANLEGEN und wählen dann aus der Auswahlliste im Pop-up PROJEKT.

Wie Sie in Abbildung 2.3 sehen können, erzeugt das System nun eine neue Projektdefinition und erwartet von Ihnen die Eingabe einer Projektnummer sowie eines Projektprofils. Das Projektprofil liefert zum einen Vorschlagswerte, z. B. zu den Organisationsdaten, damit Sie diese nicht bei jedem Projekt neu eingeben müssen, und zum anderen enthält es eine Reihe von Steuerparametern, z. B. zur Kostenplanung, zur Ermittlung der Ware in Arbeit usw. In Abschnitt 2.1.9 wird ausführlich beschrieben, wie Sie ein Projektprofil erstellen und welche Parameter Sie im Einzelnen einstellen können. Im Beispiel haben wir das Projektprofil **MM001 – Beispiel Projektcontrolling** eingegeben.

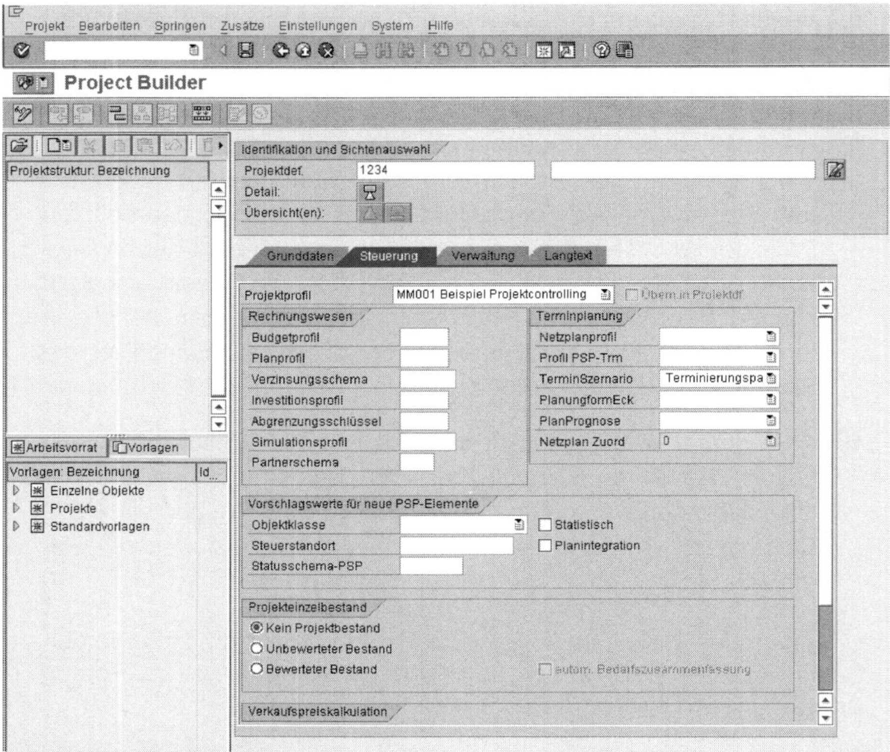

Abbildung 2.3: Eintragen der Steuerungsdaten

2.1.2 Projektnummerierung

Die Projektnummer können Sie grundsätzlich frei wählen; SAP bietet hier keine automatische Nummerierung. Sie können die Nummer entweder eingeben oder sich vom System die nächste freie Nummer suchen lassen (siehe Abbildung 2.4).

Wenn Sie die Projektnummer und das Projektprofil eingegeben und mit der [↵]-Taste bestätigt haben, zeigt Ihnen das System die Grunddaten der Projektdefinition im Arbeitsbereich des Project Builders. Im Hierarchiebereich links oben sehen Sie außerdem die Struktur des neuen Projektes **1234**, das im Moment lediglich aus der **Projektdefinition** selbst besteht (siehe Abbildung 2.5).

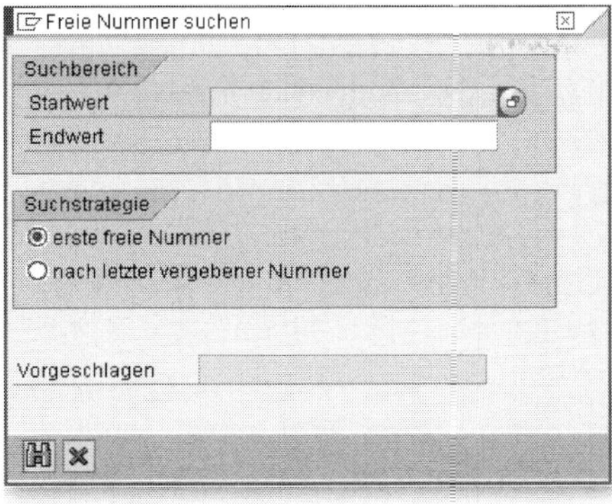

Abbildung 2.4: Freie Projektnummer suchen

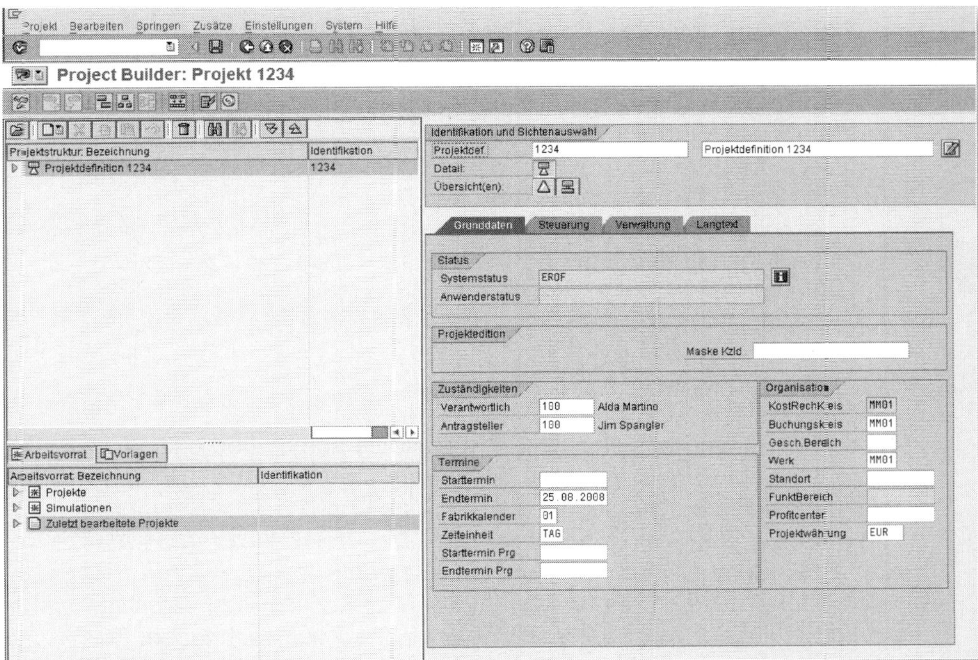

Abbildung 2.5: Projektdefinition im Hierarchiebereich

Nummerierungslogik von Projekten und PSP-Elementen

Vermeiden Sie »sprechende« Nummern! Die Projektnummern sollten im Idealfall lediglich je aus einer laufenden Nummer bestehen. Falls Sie in mehreren Buchungskreisen Projekte verwenden, können Sie eventuell am Anfang der Projektnummer ein oder zwei Zeichen vorwegstellen, um Projekte unterschiedlicher Firmen zu kennzeichnen. Jede weitere Detaillierung sollten Sie allerdings über die Stammdatenfelder spezifizieren. Die Nachteile »sprechender« Nummern sind offensichtlich:

- Sollten Sie Ihre Projektnummern über Nummernintervalle klassifizieren, so seien Sie sich dessen gewiss: Jeder Nummernkreis platzt irgendwann. Die Nummernlogik ist spätestens dann nicht mehr eindeutig, wenn Ihr Intervall in ein anderes Intervall »übergelaufen« ist. Wenn Sie Ihre Projekte anhand von Stammdatenfeldern klassifizieren, haben Sie dieses Problem nicht.
- Die nächste organisatorische Veränderung kommt bestimmt! Wenn Sie erst einmal einen großen Bestand an Projekten haben, die über deren Nummerierung präzise bestimmten Kundensegmenten, Produktlinien oder Organisationseinheiten zugeordnet sind, wird sich Ihr Unternehmen irgendwann umstrukturieren, und Ihre Nummern passen nicht mehr zur neuen Struktur. Sie können jedoch Ihre Stammdatenfelder jederzeit umbenennen und/oder Ihre Projekte anderen Feldern zuordnen.

Jedes PSP-Element in einem Projekt sollte so nummeriert sein, dass es zunächst die Projektnummer enthält und dann weitere Kürzel folgen, die die Hierarchieebene anzeigen. Das Kopf-PSP-Element sollte exakt so wie das Projekt benannt sein: Das Projekt heißt 1234, das Kopf-PSP-Element ebenfalls, und die Elemente in der zweiten Hierarchiestufe heißen 1234-01 bzw. 1234-02 usw. Dies mag selbstverständlich klingen, von SAP ist es aber nicht so vorgeschrieben. Das

System lässt Ihnen bei der Benennung der PSP-Elemente die freie Wahl, solange diese mandantenweit eindeutig ist. Die Vorteile dieser Vorgehensweise liegen auf der Hand, wenn Sie an Stellen im System mit PSP-Elementen arbeiten, bei denen Sie nicht auf Anhieb erkennen können, zu welchem Projekt ein PSP-Element gehört, wie z. B. beim Buchen von Istkosten auf ein Projekt oder beim Ausführen von Reports.

2.1.3 Statusverwaltung

Im Statusbereich sehen Sie zwei Felder: SYSTEMSTATUS und ANWENDERSTATUS. Status dienen dazu, im Verlauf eines Projektes unterschiedliche betriebswirtschaftliche Vorgänge zuzulassen oder zu verbieten. Der Initial-Systemstatus ist EROF (eröffnet). Dieser Status bewirkt u. a., dass Sie keine Istbuchungen zum jeweiligen Projekt erfassen können. Sie können erst buchen, wenn Sie in den nächsten Status, »freigegeben«, wechseln.

Sobald das Projekt weitgehend fertig ist, Sie aber noch eine Faktura an einen Kunden ausstellen müssen, können Sie das Projekt technisch abschließen. Damit sind keine Kostenbuchungen mehr, wohl aber Erlösbuchungen erlaubt, und Sie können keine Planwerte mehr verändern. Mit dem Status »abgeschlossen« ist das Projekt schließlich zu Ende – Sie können danach keinerlei Änderungen mehr vornehmen und auch nicht mehr buchen. Um einen kompletten Überblick darüber zu erhalten, welche Vorgänge beim aktuellen Status erlaubt oder verboten sind, wählen Sie im Menü des Project Builders BEARBEITEN • STATUS • SYSTEM/ANWENDERSTATUS. Gehen Sie dann zum Reiter BETRIEBSW. VORGÄNGE (siehe Abbildung 2.6).

Zusätzlich zu den Systemstatus, die fest vom System vorgegeben sind, können Sie auch eigene Anwenderstatus definieren, wobei Sie selbst festlegen, welche betriebswirtschaftlichen Vorgänge erlaubt sind. Hierzu müssen Sie im Customizing ein Statusprofil anlegen (siehe Abschnitt 2.1.9).

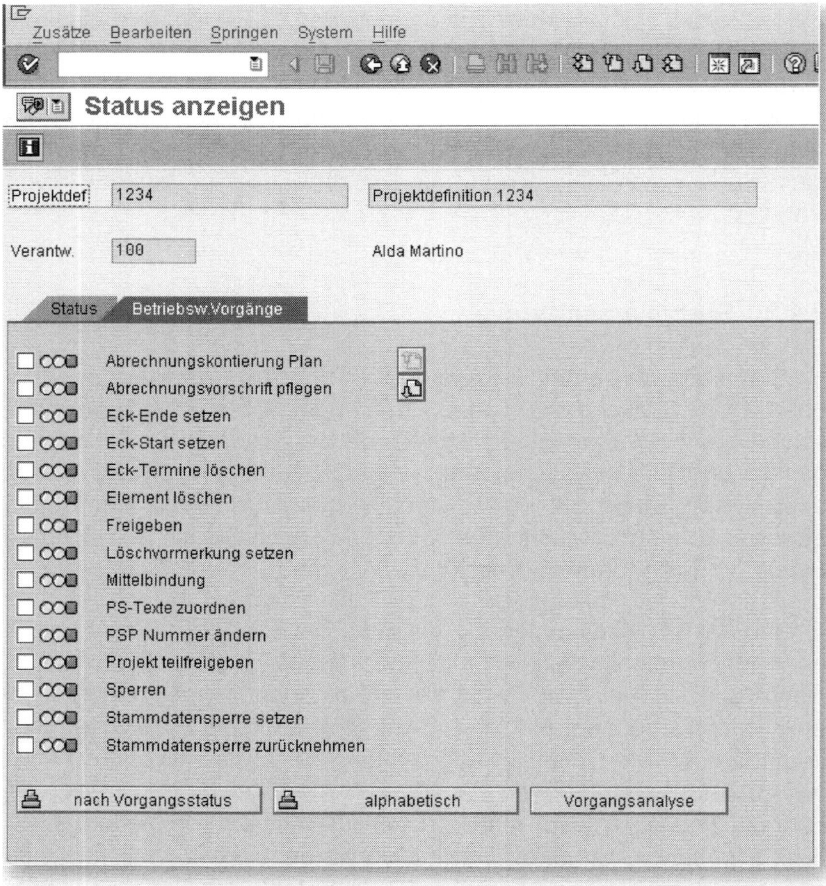

Abbildung 2.6: Systemstatus – erlaubte betriebswirtschaftliche Vorgänge

2.1.4 Organisatorische Zuordnung

Die Organisationsdaten wie Kostenrechnungskreis, Buchungskreis etc. zur Projektdefinition (siehe Abbildung 2.7) wurden als Voreinstellungen aus dem Projektprofil übernommen.

Die einzelnen Objekte haben folgende Bedeutung:

Ein *Kostenrechnungskreis* ist eine Organisationseinheit, für die eine vollständige, in sich geschlossene Kostenrechnung durchgeführt werden kann. Jedes Projekt muss genau einem Kostenrechnungskreis zugeordnet werden. Alle PSP-Elemente eines Projektes müssen zum selben Kostenrechnungskreis gehören.

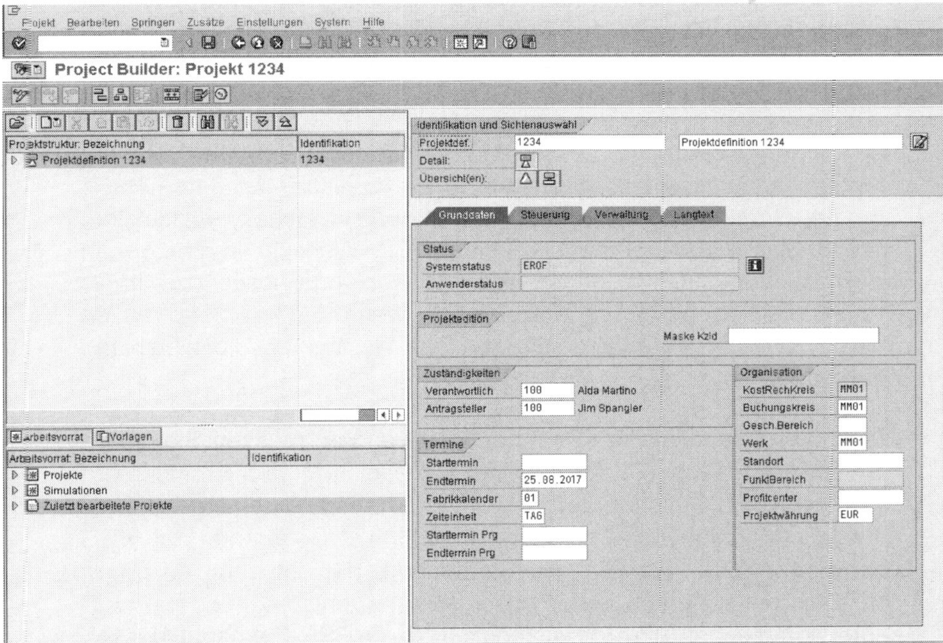

Abbildung 2.7: Projektdefinition – Sicht »Grunddaten«

Sie müssen Ihr Projekt außerdem einem *Buchungskreis* zuordnen. Ein Buchungskreis repräsentiert im SAP-System eine selbstständig bilanzierende Einheit, in der Regel also eine Firma. Sie können mehrere Buchungskreise zu einem Kostenrechnungskreis zuordnen, um eine übergreifende und konsolidierte Kostenrechnung zu ermöglichen. Wenn Sie den Buchungskreis in der Projektdefinition eintragen, wird dieser zwar in alle PSP-Elemente des Projektes hineinkopiert, es ist jedoch durchaus möglich, dass PSP-Elemente desselben Projektes zu unterschiedlichen Buchungskreisen gehören, beispielsweise wenn mehrere Firmen desselben Konzerns gemeinsam an einem Projekt arbeiten. Voraussetzung hierzu ist, dass alle Buchungskreise, in denen das Projekt bearbeitet wird, zum selben Kostenrechnungskreis gehören, da ja, wie oben erwähnt, ein Projekt nicht unterschiedlichen Kostenrechnungskreisen zugeordnet werden darf.

Ein *Geschäftsbereich* ist eine Organisationseinheit des externen Rechnungswesens, die der Segmentberichterstattung dient. Sofern Sie Geschäftsbereiche nutzen, können Sie einen solchen in den Projekt-Organisationsdaten eintragen.

Sie können Ihr Projekt einem *Werk* zuordnen. Ein Werk ist eine grundlegende Organisationseinheit für die Logistik, auf deren Basis Sie die Grundeinstellungen für die Materialwirtschaft, Produktion, Instandhaltung usw. aufbauen können. Ein Werk ist immer genau einem Buchungskreis zugeordnet. Es ist nur dann notwendig, in der Projektdefinition ein Werk einzutragen, wenn Sie im betreffenden Projekt Netzpläne verwenden. Sämtliche Parameter, die Netzpläne betreffen, sind werksabhängig.

Wenn Sie die Profitcenter-Rechnung verwenden, müssen Sie jedem PSP-Element auch ein *Profitcenter* zuweisen. Mittels Profitcentern kann man das Gesamtunternehmen in eigenständige, ergebnisverantwortliche Teilbereiche gliedern, um z. B. die Segmente laut IFRS abzubilden. Damit werden alle Buchungen, die auf dem jeweiligen PSP-Element auflaufen, automatisch auf dem entsprechenden Profitcenter fortgeschrieben. Es ist möglich, dass PSP-Elemente desselben Projektes zu unterschiedlichen Profitcentern gehören.

Falls Sie nach dem Umsatzkostenverfahren berichten, sollten Sie jedem PSP-Element einen *Funktionsbereich* zuordnen. Mittels eines Funktionsbereiches können Sie für jede Buchung in der GuV die Funktion ermitteln, unter der sie im Ergebnis gezeigt werden soll.

Wenn Sie also ein PSP-Element einem Funktionsbereich zuordnen, werden alle Umbuchungen in diesem Projekt automatisch der entsprechenden Funktion zugeschrieben.

Schließlich müssen Sie dem Projekt noch eine *Projektwährung* zuweisen. In der Regel wird dies die gleiche Währung sein, in der auch Ihr Kostenrechnungskreis und/oder Buchungskreis läuft. Für den Fall, dass Ihre Kostenrechnungskreiswährung und Ihre Buchungskreiswährung gleich sind, können Sie für ein Projekt eine davon abweichende Währung eintragen. Das Projekt wird dann in der Projektwährung geführt; alle Belege werden allerdings gleichzeitig auch in der Kostenrechnungskreis- und Buchungskreiswährung fortgeschrieben. Falls Sie für Ihren Kostenrechnungskreis und Ihren Buchungskreis unterschiedliche Währungen einsetzen, können Sie als Projektwährung nur die Buchungskreiswährung verwenden.

Neben den Organisationsdaten sehen Sie im Arbeitsbereich des Project Builders zwei Felder mit Zuständigkeiten. Die Merkmale ANTRAGSTELLER und VERANTWORTLICHER sind dafür vorgesehen, dass Sie hier Personen zuordnen, die eine entsprechende Rolle im Projekt wahrnehmen. Sie können beispielsweise den Projektleiter, den Chefkonstrukteur oder den Kundenbetreuer eintragen. Bevor Personen einem Projekt zuordenbar sind können, müssen diese im Customizing angelegt werden (siehe Abschnitt 2.2.4). Sie können jeweils bis zu 1.000 Personen definieren. Die Verantwortlichen lassen sich zudem mit einem SAP-Benutzernamen verknüpfen. Damit können Sie in bestimmten Situationen automatisch Nachrichten an die Verantwortlichen versenden.

2.1.5 Steuerungsparameter

Sehen wir uns nun die nächste Datenseite der Projektdefinition an, die Steuerung (siehe Abbildung 2.8).

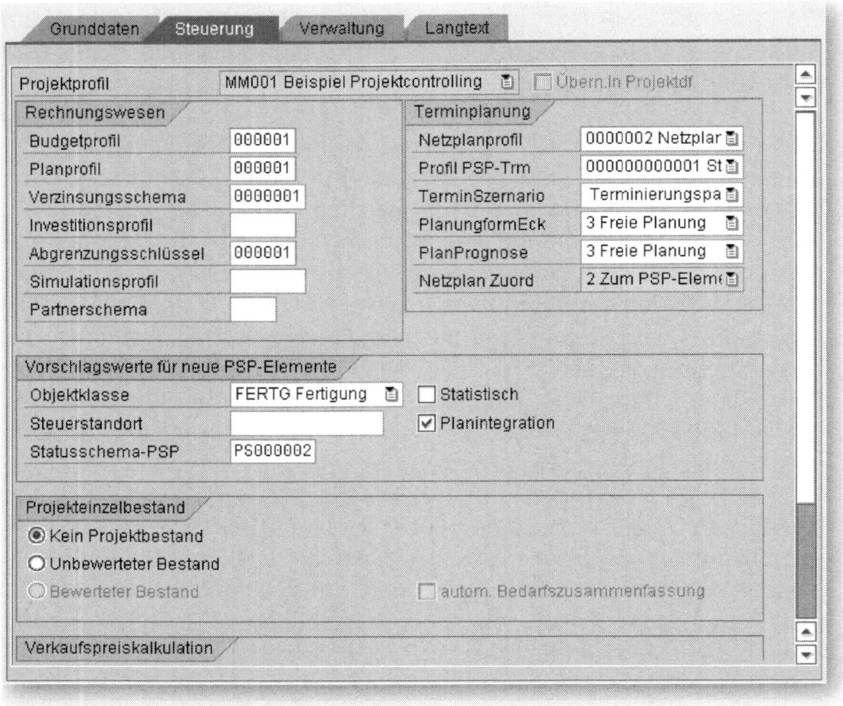

Abbildung 2.8: Projektdefinition – Sicht »Steuerung«

Sie sehen hier eine Reihe von Parametern, die allesamt als Vorschlagswerte aus dem Projektprofil übernommen wurden. Folgende Parameter sind für das Projektcontrolling von Bedeutung:

- PLANPROFIL
  Das Planprofil steuert sowohl die Kosten- als auch die Erlösplanung, die wir beide in Kapitel 3 näher erläutern.

- ABGRENZUNGSSCHLÜSSEL
  Der Abgrenzungsschlüssel ist für die Ermittlung des Auftragseingangs und der Ware in Arbeit zuständig (siehe Kapitel 6).

- NETZPLANPROFIL
  Das Netzplanprofil enthält Steuerungseinstellungen zum Netzplan (siehe Abschnitt 2.2).

Nun kommen wir zum Block mit den Vorschlagswerten für neue PSP-Elemente. Diese Werte werden aus dem Projektprofil ermittelt und in jedes PSP-Element kopiert, das Sie zu diesem Projekt anlegen. Sie können diese Einstellungen allerdings individuell in den PSP-Elementen ändern.

- OBJEKTKLASSE
  Die Objektklasse dient der Klassifizierung des Projektes für weitere Auswertungen, wie etwa für die Analyse von Kostenflüssen.
- STEUERSTANDORT
  Der Steuerstandort wird für die Ermittlung der Steuersätze in den USA benötigt.
- STATUSSCHEMA-PSP
  Wie weiter oben erläutert, können Sie zusätzlich zum Systemstatus eigene Anwenderstatus definieren, die Sie einem Statusschema zuordnen. Um das Statusschema im PSP zu verwenden, tragen Sie es im Projektprofil unter Statusschema-PSP ein.

Eine wichtige und weitreichende Festlegung für ein Projekt ist das Kennzeichen PROJEKTEINZELBESTAND. Sie legen damit fest, wie das System mit Wareneingängen und Warenausgängen zum Projekt (aus Bestellungen, Lieferungen oder Fertigungsaufträgen) umgehen soll (mehr dazu in Abschnitt 2.4).

Projektbestand

Beachten Sie bitte, dass Sie das Kennzeichen nicht mehr ändern können, nachdem Sie das Projekt gesichert haben.

2.1.6 PSP-Struktur

Wir legen nun das erste PSP-Element zu unserer Projektdefinition an. Hierzu erweitern Sie im Vorlagenbereich das Verzeichnis EINZELNE OBJEKTE. Klicken Sie dann auf PSP-ELEMENT, und ziehen Sie es mit der Maus zur Projektdefinition (siehe Abbildung 2.9). Sie sehen nun die Stammdaten, die Sie zu einem PSP-Element pflegen können.

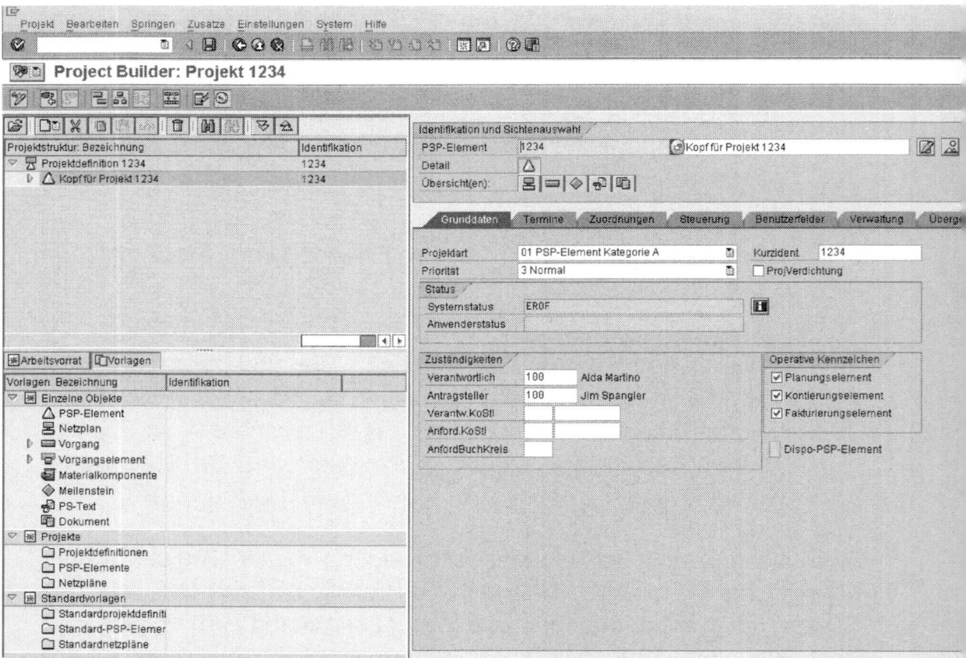

Abbildung 2.9: PSP-Element anlegen

Zuallererst müssen Sie die PSP-ELEMENTnummer eingeben. Ebenso wie die Projektnummer muss auch jede Nummer für ein PSP-Element mandantenweit eindeutig sein.

Im Beispiel haben wir durch weiteres Hinzufügen von PSP-Elementen die Struktur aus Abbildung 2.1, inklusive der dort verwendeten Nummerierungslogik, aufgebaut (siehe Abbildung 2.10).

Projektstruktur: Bezeichnung	Identifikation
Projektdefinition 1234	1234
Kopf für Projekt 1234	1234
PSP-Element 1234-01	1234-01
PSP-Element 1234-01-01	1234-01-01
PSP-Element 1234-01-02	1234-01-02
PSP-Element 1234-02	1234-02

Abbildung 2.10: PSP-Struktur

Kopf-PSP-Element

Jedes Ihrer Projekte sollte auf der obersten Ebene nur ein einziges PSP-Element haben, anstatt mehrerer gleichrangiger PSP-Elemente. Ein solches einzelnes PSP-Element wird auch *Kopf-PSP-Element* genannt. Das System zwingt Sie nicht dazu, jedoch ist es aus den folgenden Gründen ratsam, mit einem Kopf-PSP-Element zu arbeiten:

- Nur mit einem Kopfelement können Sie Kosten, Erlöse und Termine beim Planen top-down vorgeben und beim Auswerten bottom-up verdichten. Sie können zwar Berichte zur Projektdefinition aufrufen und damit die Gesamtwerte des Projektes überblicken, jedoch ist die Projektdefinition kein PSP-Element und damit weder bebuchbar noch beplanbar.
- Monatsabschlusstätigkeiten, wie die Ermittlung der Ware in Arbeit oder des Auftragseingangs, erfolgen in der Regel auf Basis des gesamten Projekts. Hierzu ist es notwendig, ein Kopf-PSP-Element anzulegen.
- Ein weiterer Vorteil ist, dass Sie auf einem Kopf-PSP-Element z. B. Kosten erfassen können, die das gesamte Projekt betreffen und daher keinem der untergeordneten PSP-Elemente zugeordnet werden können, wie z. B. Transportkosten oder Versicherungen.

Idealerweise geben Sie dem Kopf-PSP-Element die gleiche Nummer wie dem Projekt. Sie sollten außerdem im Projektprofil das Kennzeichen NUR EINE WURZEL deaktivieren; dies bewirkt, dass Sie in der obersten Hierarchiestufe nur ein PSP-Element anlegen dürfen (siehe Abschnitt 2.1.9).

2.1.7 Stammdatenfelder für Auswertungszwecke

Ein PSP-Element verfügt über eine Reihe von Stammdatenfeldern, die teils der organisatorischen Zuordnung und teils Auswertungszwecken dienen.

Zunächst kopiert das System die Organisationsdaten, die verantwortliche Person und den Antragsteller aus der Projektdefinition als Vorschlagswerte in jedes PSP-Element. Darüber hinaus stehen Ihnen die folgenden Stammdatenfelder zur Verfügung, die ausschließlich Berichtszwecken dienen und keinerlei weitere Funktionen im SAP-System haben:

Die *Projektart* kann zur Klassifizierung eines Projektes genutzt werden, z. B. zur Unterteilung in Forschungs-, Gemeinkosten- und Kundenprojekte. Sie können bei der Projektart Werte auswählen, die Sie zuvor im Customizing festgelegt haben.

Mit der *Priorität* lässt sich ein weiteres Merkmal festlegen; beispielsweise können Sie, abhängig von der Bedeutung für das Unternehmen, in A-, B- oder C-Projekte unterscheiden. Die Ausprägungen müssen Sie ebenfalls zuvor im Customizing definieren. Sie können bis zu zehn Werte vergeben.

Es steht Ihnen vollkommen frei, wie Sie die genannten *Merkmale* einsetzen, um Ihre Projekte zu klassifizieren. Darüber hinaus stehen Ihnen zehn sogenannte *Benutzerfelder* zur Verfügung, die Sie frei benennen können (siehe Abbildung 2.11). Die Datentypen der Felder sind allerdings bereits festgelegt:

- zwei Textfelder à 20 Zeichen,
- zwei Textfelder à 10 Zeichen,
- zwei Felder für Beträge,
- zwei Datumsfelder,
- zwei Ankreuzfelder.

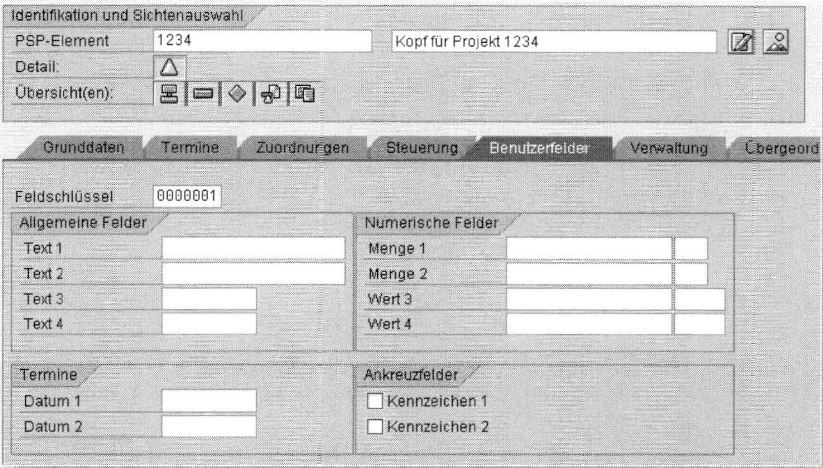

Abbildung 2.11: Benutzerfelder zum PSP-Element

Sie können diesen Feldern im Customizing eine Bezeichnung geben, die auch im Project Builder angezeigt wird. Hierzu legen Sie einen sogenannten *Feldschlüssel* an und ordnen diesen dem Projektprofil zu (siehe Abschnitt 2.1.9). Die aufgeführten Stammdatenmerkmale sowie die zehn Benutzerfelder können Sie in ERP als Selektions- oder Filterkriterien in Berichten verwenden, um Ihre Auswertungen entsprechend zu strukturieren.

2.1.8 Operative Kennzeichen

Wenden wir uns nun den Kennzeichen KONTIERUNGSELEMENT, PLANUNGSELEMENT und FAKTURIERUNGSELEMENT zu (siehe Abbildung 2.12):

- PSP-Elemente, die als Kontierungselement gekennzeichnet sind, erlauben das Buchen von Kosten.

- Auf Planungselemente dürfen Sie nicht nur buchen, sondern auch Kosten für diese planen. Wie strikt dies gehandhabt wird, stellen Sie im Planprofil ein (siehe Abschnitt 3.2.7).
- Nur für Fakturierungselemente können Sie schließlich Erlöse planen und buchen. Zudem können Sie die Ermittlung der Ware in Arbeit bzw. die Ermittlung der Percentage of Completion (PoC) auf Fakturierungselemente einschränken.

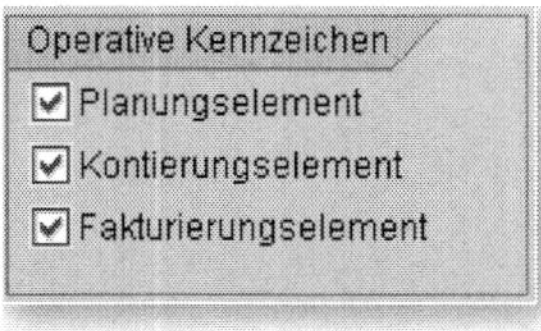

Abbildung 2.12: Operative Kennzeichen

Eine detailliertere Betrachtung des Zusammenhangs zwischen Fakturierungselementen und der Ermittlung der Ware in Arbeit finden Sie in Abschnitt 2.4.

2.1.9 Customizing-Einstellungen zu Projektstrukturplänen

Um Projektstrukturpläne in SAP ERP zu nutzen, ist es zunächst einmal erforderlich, dass Sie bereits einen Kostenrechnungskreis und einen Buchungskreis mit sämtlichen abhängigen Einstellungen, wie Kontenplan, Geschäftsjahresvariante, Hauswährung usw., erstellt haben. Anschließend aktivieren Sie im Customizing über CONTROLLING • CONTROLLING ALLGEMEIN • ORGANISATION • KOSTENRECHNUNGSKREIS PFLEGEN für den Kostenrechnungskreis die Verwendung von Projekten. Sofern noch nicht geschehen, aktivieren Sie das Kennzeichen PROJEKTE (siehe Abbildung 2.13). Sofern Sie die Fortschreibung von Obligos nutzen möchten (siehe 4.3), aktivieren Sie außerdem das Kennzeichen MIT OBLIGOVERWALTUNG.

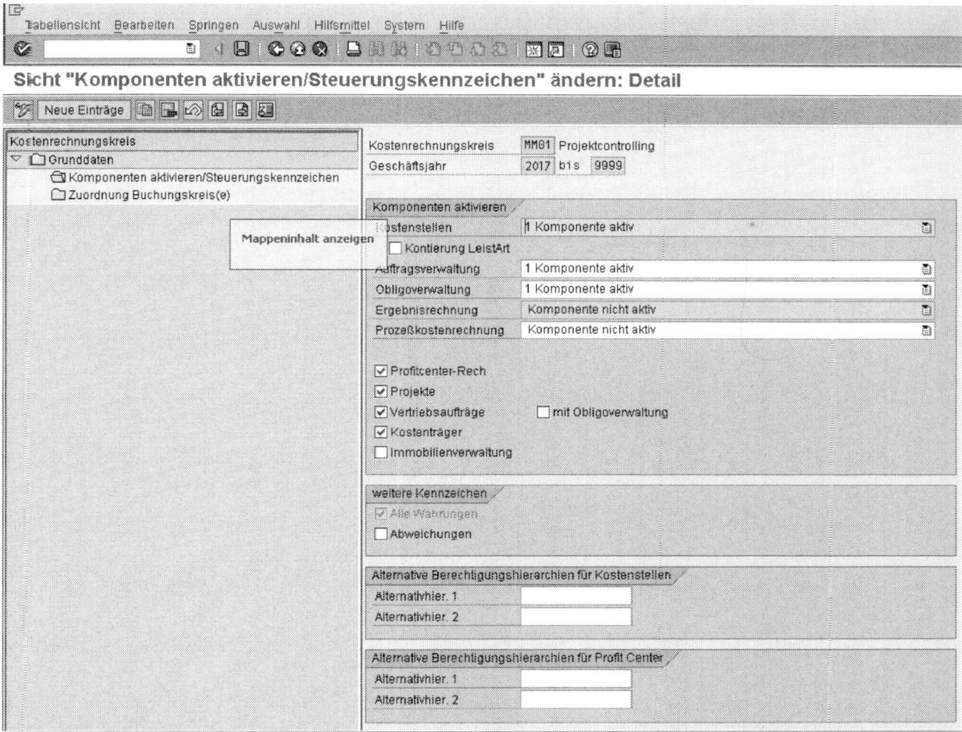

Abbildung 2.13: Projektsystem im Kostenrechnungskreis aktivieren

Als nächste Grundvoraussetzung müssen Sie im Customizing über Projektsystem • Strukturen • Operative Strukturen • Projektstrukturplan • Projektprofil ein Projektprofil anlegen. Kopieren Sie hier das von SAP ausgelieferte Profil 0000001, da es bereits alle Standardeinträge enthält, wie etwa Profile zur grafischen Darstellung, Feldschlüssel, Statusverwaltung usw. Passen Sie Ihr neues Profil an, wo es notwendig ist. In der Steuerungssicht (siehe Abbildung 2.14) überprüfen Sie beispielsweise die Projektart und den Feldschlüssel. In der Regel sollten Sie die Parameter Alle PSP-Elm. kont. (damit wird die Option »Kontierungsobjekt« als Vorschlagswert für alle PSP-Elemente gesetzt) sowie Nur eine Wurzel (dadurch ist nur ein Kopfelement je Projekt erlaubt) aktivieren. Entscheiden Sie außerdem, ob

Sie Ihre Projekte standardmäßig mit oder ohne PROJEKTBESTAND anlegen möchten.

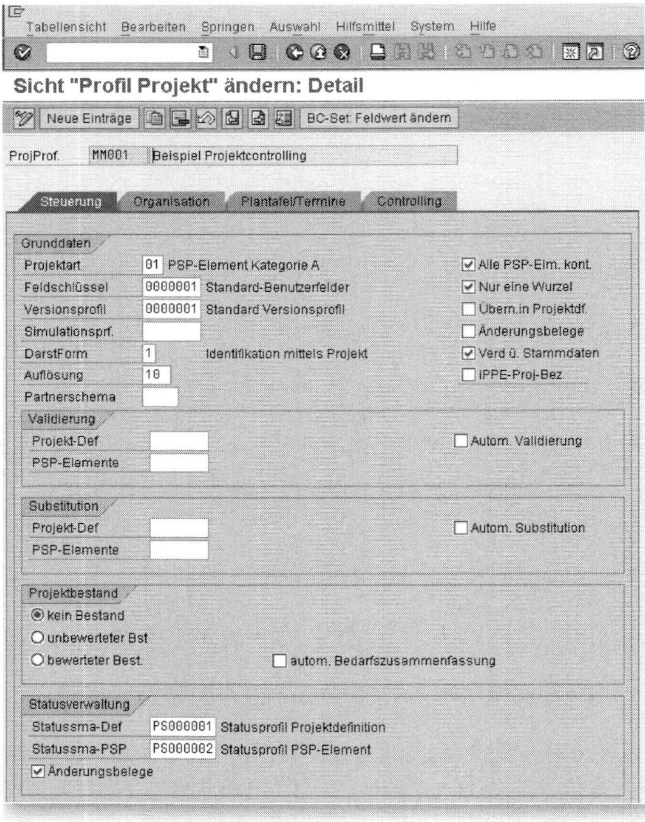

Abbildung 2.14: Projektprofil anlegen – Steuerungsdaten

In der Registerkarte ORGANISATION belegen Sie alle Organisationseinheiten vor, die für Ihre Projekte relevant sind, wie etwa BUCHUNGSKREIS, KOSTENRECHNUNGSKREIS, PROFITCENTER usw. (siehe Abbildung 2.15).

Unter CONTROLLING können Sie schließlich die OBJEKTKLASSE und die Kennzeichen, ob Ihr Projekt statistisch oder planintegriert sein soll, vorbelegen (siehe Abbildung 2.16).

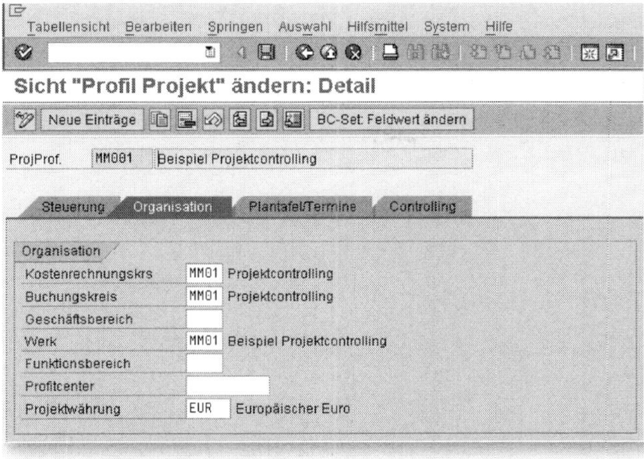

Abbildung 2.15: Projektprofil – Organisationsdaten

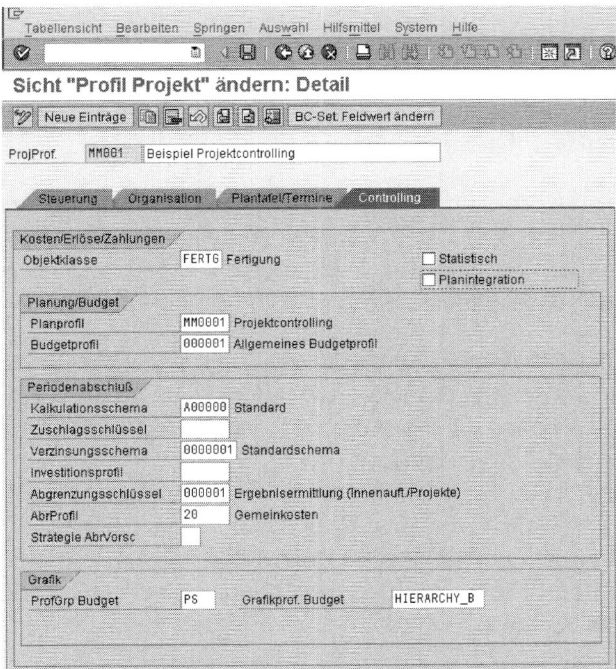

Abbildung 2.16: Projektprofil – Controlling

Sofern Sie ein eigenes Statusschema einsetzen möchten, legen Sie dieses unter PROJEKTSYSTEM • STRUKTUREN • OPERATIVE STRUKTUREN • PROJEKTSTRUKTURPLAN • ANWENDERSTATUS PROJEKTSTRUKTURPLAN an. Legen Sie ein neues Schema an und pflegen Sie einen Schlüssel sowie einen TEXT und die PFLEGESPRACHE (siehe Abbildung 2.17).

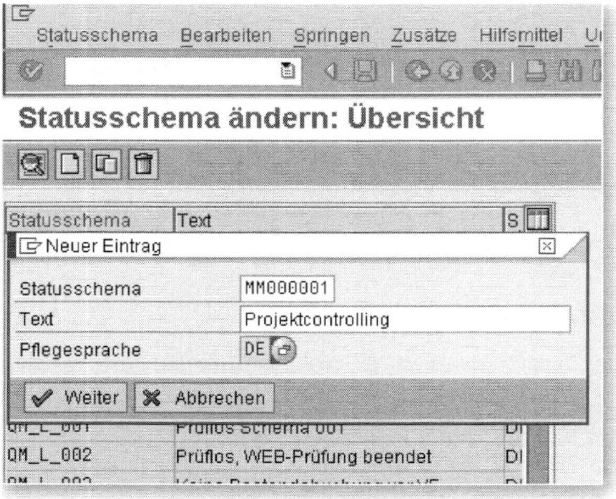

Abbildung 2.17: Statusschema anlegen

Sie können nun eigene Status nach Ihren Anforderungen anlegen. Im Beispiel zeigen wir, wie Sie ein Statusschema erstellen, das das Anlegen von Bestellungen im Initialstatus verhindert – dies ist nämlich im Standard-Statusschema erlaubt, jedoch nicht immer erwünscht.

Zu diesem Zweck legen wir zwei Status an: INIT und REL (siehe Abbildung 2.18). Wir vergeben zunächst für jeden Status eine Ordnungsnummer in der ersten Spalte (ORDN...) – diese dient der eindeutigen Identifizierung. In der Spalte INITIALS... legen wir mit einem Häkchen fest, dass INIT der *Initialstatus* ist, also automatisch als erster Status gilt. Anhand der Spalten für die niedrigste (NIEDRIG...) und höchste Ordnungsnummer (HÖCHST) verwalten wir die logische Reihenfolge der Status. Diese Einträge geben an, in welchen niedrigsten bzw. höchsten Status Sie vom Ausgangsstatus aus wechseln dürfen.

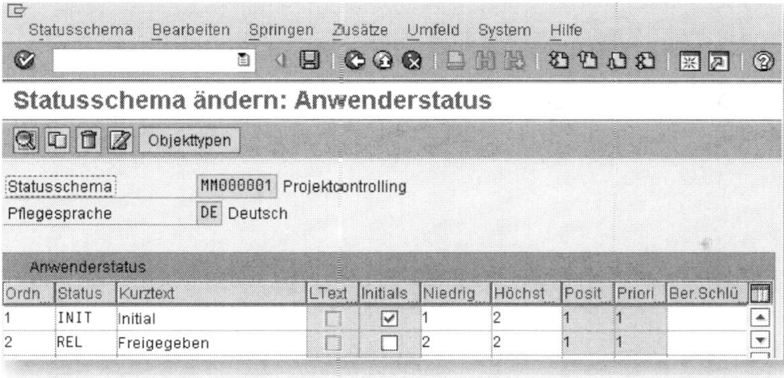

Abbildung 2.18: Status pflegen

Im Beispiel gilt für den Status **INIT** (Ordnungsnummer **1**), dass Sie minimal in den Status **1** (also in denselben Status) und maximal in den Status mit der Ordnungsnummer **2** (also REL) wechseln dürfen. Dies bedeutet, dass Sie vom Initialstatus in den Folgestatus umschalten dürfen. Für den Status **REL** gilt hingegen, dass Sie minimal und maximal nur in den Status **2** (also ebenfalls REL) springen dürfen. Damit haben wir festgelegt, dass vom Status REL nicht wieder in den Status INIT zurückgeschaltet werden kann.

Im nächsten Schritt müssen Sie bestimmen, für welche Objekttypen das Statusschema gelten soll. Klicken Sie hierzu auf den Button OBJEKTTYPEN. Sie sehen dann eine Auswahlliste aller möglichen Objekttypen; wählen Sie hier den Eintrag PROJEKTSTRUKTURPLANELEMENT aus.

Nun können Sie festlegen, welche betriebswirtschaftlichen Vorgänge Sie über das Statusschema erlauben bzw. verbieten möchten. Führen Sie hierzu in der Übersicht einen Doppelklick auf den entsprechenden Status aus. Sie sehen daraufhin eine Liste aller Vorgänge, die Sie im Zusammenhang mit einem PSP-Element beeinflussen können (siehe Abbildung 2.19).

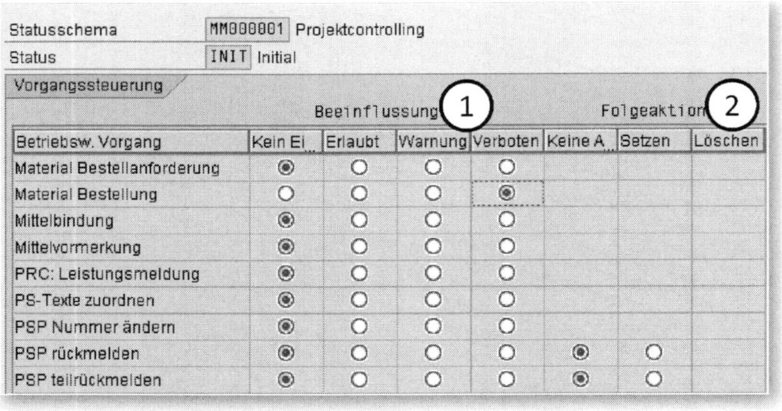

Betriebsw. Vorgang	Kein Ei...	Erlaubt	Warnung	Verboten	Keine A...	Setzen	Löschen
Material Bestellanforderung	◉	○	○	○			
Material Bestellung	○	○	○	◉			
Mittelbindung	◉	○	○	○			
Mittelvormerkung	◉	○	○	○			
PRC: Leistungsmeldung	◉	○	○	○			
PS-Texte zuordnen	◉	○	○	○			
PSP Nummer ändern	◉	○	○	○			
PSP rückmelden	◉	○	○	○	◉	○	
PSP teilrückmelden	◉	○	○	○	◉	○	

Abbildung 2.19: Betriebswirtschaftliche Vorgänge durch Statusschema beeinflussen

Im Spaltenblock BEEINFLUSSUNG ❶ haben Sie die Möglichkeit, den jeweiligen Vorgang zu erlauben, mit einer Warnung zu versehen oder ganz zu verbieten. Die Standardeinstellung ist KEIN EI... (kein Einfluss). Im Block FOLGEAKTION ❷ können Sie außerdem festlegen, dass eine bestimmte Aktion (z. B. die Freigabe des PSP-Elementes) den betreffenden Status automatisch setzt. Hierzu aktivieren Sie in der Zeile des betriebswirtschaftlichen Vorgangs FREIGEBEN den Schalter in der Spalte SETZEN.

Neben dem Statusschema müssen Sie die Stammdatenfelder für Projektart, Priorität, Verantwortliche und Antragsteller im Customizing vorbelegen, falls Sie diese verwenden möchten. Alle diese Einstellungen finden Sie unter dem Menüpfad PROJEKTSYSTEM • STRUKTUREN • OPERATIVE STRUKTUREN • PROJEKTSTRUKTURPLAN. Legen Sie hier jeweils neue Einträge an, versehen sie mit einem Schlüssel und geben Sie eine Bezeichnung an.

Mittels eines *Feldverwendungsschemas* vergeben Sie Bezeichnungen für die Benutzerfelder im PSP-Element, wie in Abbildung 2.20 dargestellt. Gehen Sie hierzu im selben Pfad zu EINSTELLUNGEN ZUR BENUTZEROBERFLÄCHE • BENUTZERFELDER FÜR PSP-ELEMENTE DEFINIEREN.

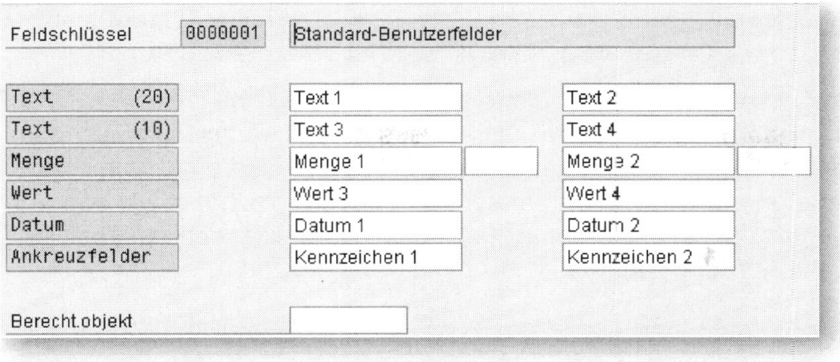

Abbildung 2.20: Benutzerfelder definieren

Prüfung für Benutzerfelder

Standardmäßig liegt keine Prüftabelle hinter den Benutzerfeldern; das System prüft also Ihre Eingaben nicht. Falls Sie die Benutzerfelder für das Reporting in SAP NetWeaver Business Warehouse benutzen möchten, sollten Sie jedoch sicherstellen, dass die gleichen Einträge nicht unterschiedlich geschrieben werden. Um eine Prüfung der Benutzerfelder zu hinterlegen, legen Sie über die Transaktion **CMOD** eine Erweiterung an. Über Erweiterungen bietet Ihnen das SAP-System die Möglichkeit, an fest vorgegebenen Stellen eigene Prüfroutinen zu programmieren, ohne dass Sie das System modifizieren müssen. Der Name der hier relevanten Erweiterung lautet CNEX0001. Etwas ausführlichere Informationen zu dieser Erweiterung finden Sie, indem Sie die Dokumentation zur Customizing-Transaktion PROJEKTSYSTEM • STRUKTUREN • OPERATIVE STRUKTUREN • PROJEKTSTRUKTURPLAN • ERWEITERUNGEN FÜR PROJEKTDEFINITION UND PSP-ELEMENTE • PRÜFUNG DER BENUTZERFELDER IM PSP ENTWICKELN aufrufen.

2.2 Netzpläne

Ein *Netzplan* dient dazu, ein Projekt in einen zeitlich-logischen Ablauf zu gliedern. Ein Netzplan besteht aus einem *Netzplankopf*, in dem, ähnlich wie bei der Projektdefinition für PSP-Elemente, Vorschlagswerte und Steuerungsparameter vorgegeben werden, sowie aus *Vorgängen*, die über *Anordnungsbeziehungen* miteinander verknüpft sind (siehe Abbildung 2.21).

Netzpläne können wie PSP-Elemente zur Planung und Verbuchung von Kosten sowie zur Terminplanung eingesetzt werden. Sie können Netzpläne entweder als Ganzes einem PSP-Element zuordnen oder eine Zuordnung der einzelnen Vorgänge vornehmen.

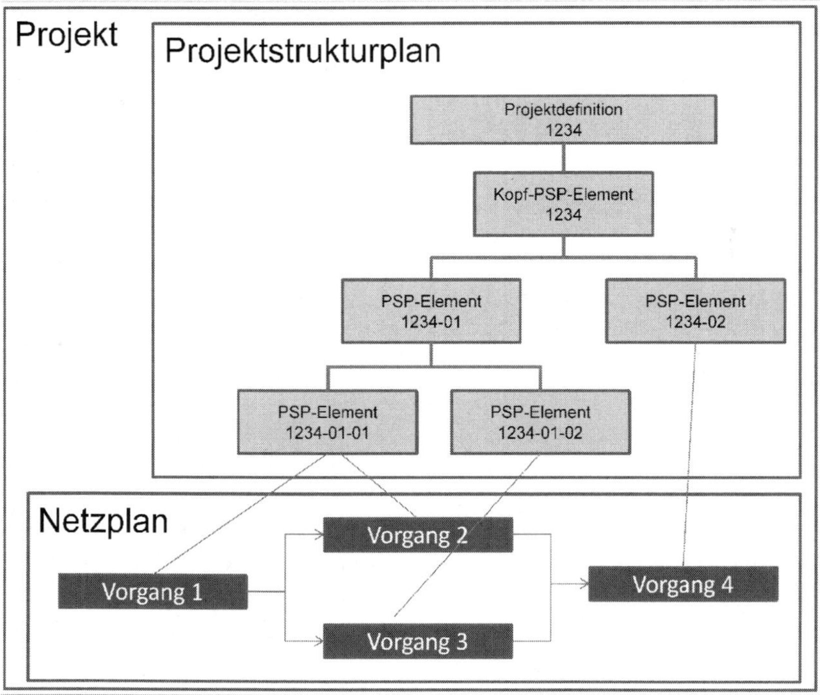

Abbildung 2.21: Projekt mit Netzplan

Damit werden sämtliche Kosten, die auf einem Netzplan anfallen, auf den verknüpften PSP-Elementen fortgeschrieben.

2.2.1 Vorgänge

Vorgänge stellen die einzelnen Arbeitsschritte eines Projektes dar, deren zeitlich-logische Reihenfolge durch die Anordnungsbeziehungen abgebildet wird. Es gibt vier verschiedene Vorgangsarten:

1. *Eigenvorgänge* werden von internen Ressourcen (Personen, Maschinen) des Unternehmens durchgeführt. Die konkrete Ressource, die einen Vorgang bearbeitet, wird über die Verknüpfung mit einem *Arbeitsplatz* ausgewählt. Zu einem Eigenvorgang planen Sie zum einen die zeitliche Dauer (für die Terminierung) und zum anderen die Arbeitseinheiten (in der Regel Stunden), die für die Ausführung des betreffenden Vorgangs benötigt werden. Die Arbeit wird von einem Arbeitsplatz aus ausgeführt. Für einen Arbeitsplatz hinterlegen Sie außerdem einen Arbeitstarif (z. B. Stundensatz) und können somit die Plan- sowie die Ist-Arbeitskosten ermitteln.

2. *Fremdvorgänge* stellen in sich abgeschlossene Aktivitäten dar, die als Ganzes (z. B. die komplette Konstruktion einer Maschine) von externen Dienstleistern eingekauft werden. Die Kosten, die dafür anfallen, werden über einen *Einkaufsinfosatz* aus der Materialwirtschaft bestimmt. Sie können dadurch die geplanten Kosten zum Fremdvorgang ermitteln und später die Istkosten erfassen.

3. *Dienstleistungsvorgänge* sind den Fremdvorgängen sehr ähnlich, da auch dort Dienste von extern bezogen werden. Das System bietet hier allerdings eine noch weitergehende Funktionalität: Während Sie bei einem Fremdvorgang genau eine abgeschlossene Einheit beziehen, können Sie bei einem Dienstleistungsvorgang über ein Leistungsverzeichnis einen ganzen Katalog von Dienstleistungen verwalten, die unterschiedlich detailliert sein

können. Die Ermittlung der Plan- und Istkosten erfolgt auf die gleiche Weise wie bei einem Dienstleistungsvorgang.

4. *Kostenvorgänge* dienen lediglich der Planung von Kosten, die im Verlauf eines Projektes anfallen, aber keiner Zeit- oder Ressourcenplanung bedürfen. Sie geben lediglich eine Kostenart ein, unter der die Kosten geplant werden sollen, und einen Betrag, aus dem sich die Plankosten für den entsprechenden Kostenvorgang ergeben. Ein typisches Beispiel ist eine Versicherung, die im Rahmen eines Projektes abgeschlossen wird.

Vorgänge bilden die Grundbausteine von Netzplänen. Im Folgenden stellen wir Ihnen nun die Konzepte der Vorgangselemente, Anordnungsbeziehungen, Teilnetze und Kontierungseinstellungen vor, anhand derer Sie Vorgänge weiter unterteilen und verknüpfen können.

2.2.2 Kontierungseinstellungen

Netzpläne lassen sich grundsätzlich in kopfkontiert und vorgangskontiert unterteilen.

Kopfkontiert bedeutet, dass alle Plan- und Istkosten, die auf den Vorgängen des Netzplanes erfasst werden, auf dem Kopf verdichtet werden. Die Kosten der einzelnen Vorgänge sind somit nicht auswertbar. Kopfkontierte Netzpläne lassen sich vor allem dann verwenden, wenn der Netzplan selbst einen in sich geschlossenen Abschnitt eines Projektes darstellt und als Ganzes an einen anderen Netzplan oder an ein übergeordnetes PSP-Element weiterverrechnet werden soll. Dies ist z. B. dann der Fall, wenn Sie einen Netzplan in der Fertigung oder Montage einsetzen und er genau der Fertigstellung einer einzelnen Baugruppe entspricht.

Bei einem *vorgangskontierten* Netzplan weisen Sie die Plan- und Istkosten zu jedem Vorgang einzeln aus und können somit Vorgänge individuell unterschiedlichen PSP-Elementen zuordnen, wobei die Kosten der einzelnen Vorgänge entsprechend hochverdichtet werden. Eine solche Vorgehensweise werden Sie beispielsweise wählen, wenn Sie eine relativ einfache Projektstruktur haben, z. B. mit nur einem Netzplan, der sich über die einzelnen Projektphasen hinweg erstreckt, wie in Abbildung 2.21 dargestellt.

Technisch gesehen sind Netzpläne im SAP-System logistische Aufträge, die daher vor allem Ähnlichkeiten mit Fertigungs- und Instandhaltungsaufträgen aufweisen. Neben der Ablaufplanung über Vorgänge verfügen beide Auftragstypen über Funktionalitäten zur Kapazitätsplanung, Terminierung und Verbrauchsplanung für Material.

2.2.3 Netzpläne im Project Builder anlegen

Netzpläne legen Sie ebenso wie PSP-Elemente über den *Project Builder* an. Im Vorlagenbereich unten links finden Sie die entsprechenden Objekte, wie z. B. Netzplan und Vorgänge. Um einen neuen NETZPLAN zu Ihrem Projektstrukturplan hinzuzufügen, ziehen Sie ihn einfach an die Stelle, der Sie ihn zuordnen möchten (siehe Abb ldung 2.22). Das System legt daraufhin einen Netzplankopf an.

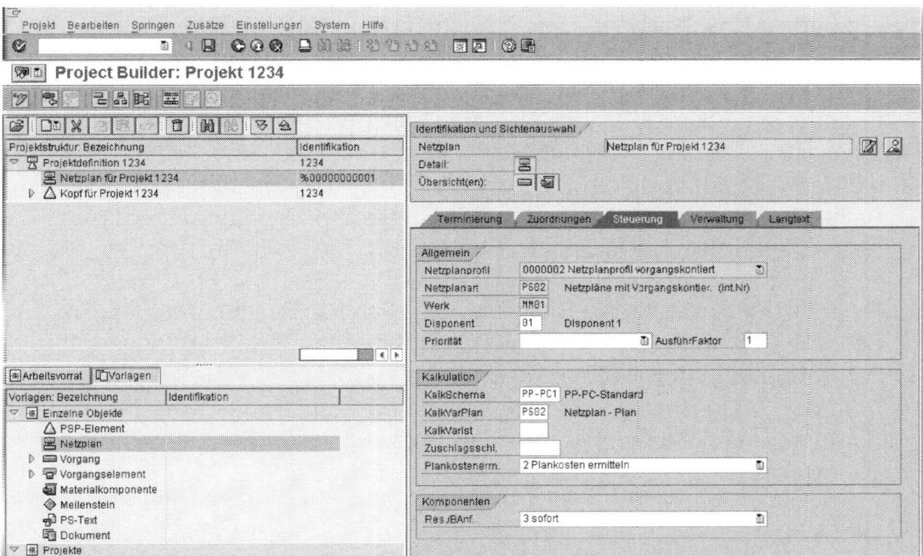

Abbildung 2.22: Netzplan anlegen

Sie müssen nun ein *Netzplanprofil* auswählen, das, ähnlich wie das Projektprofil, Voreinstellungen bezüglich der organisatorischen Zuordnung sowie der Kostenermittlung enthält. Über die Wahl der NETZPLANART bestimmen Sie im Reiter STEUERUNG, ob der Netzplan kopf- oder vorgangskontiert ist und ob Sie eine externe oder interne Nummernvergabe wählen. Bei interner Nummernvergabe vergibt das System automatisch eine laufende Nummer für den Netzplan; bei externer Nummernvergabe müssen Sie selbst eine Nummer eingeben.

Aus dem Netzplanprofil übernimmt das System u. a. das WERK und den DISPONENTEN. Der *Disponent* ist eine organisatorische Einheit aus der Produktion – hier zeigt sich die enge Verwandtschaft von Netzplänen und Fertigungsaufträgen. Der Disponent ist ein Pflichtfeld; Sie werden ihn allerdings nur benötigen, falls Sie Netzpläne in der Fertigung einsetzen.

Im gleichen Reiter können Sie außerdem eine Priorität für den Netzplan festlegen (es stehen Ihnen dabei die gleichen Werte zur Verfügung wie für den PSP). Des Weiteren finden Sie hier einige Einstellungen zur Kalkulation, die wir in Abschnitt 3.3 näher erläutern.

In der Sicht ZUORDNUNGEN pflegen Sie die organisatorischen Zuordnungen; im Beispiel ist der Netzplankopf der Projektdefinition 1234 zugeordnet. Kostenrechnungskreis, Buchungskreis und Profitcenter werden vom zugeordneten Projekt bzw. vom PSP-Element abgeleitet. Falls der Netzplan ein Teilnetz zu einem anderen Vorgang ist, ist diese Zuordnung auch hier ersichtlich.

Netzplanvorgänge legen Sie über den Project Builder per Drag & Drop an. Im Vorlagenbereich stehen Ihnen dafür alle Vorgangsarten zur Verfügung. Ziehen Sie die Vorgänge zunächst zum Netzplankopf, um dem System mitzuteilen, zu welchem Netzplan der Vorgang gehören soll. Von dort ziehen Sie den Vorgang zum PSP-Element, um ihn mit diesem zu verknüpfen (siehe Abbildung 2.23).

Der *Steuerschlüssel* bestimmt, ob ein Vorgang eigen- oder fremdbearbeitet, ein Dienstleistungsvorgang oder ein Kostenvorgang ist. Abhängig davon werden auch unterschiedliche Sichten dargestellt. Bei

Netzplanvorgängen stehen Ihnen in der Sicht BENUTZERFELDER dieselben benutzerdefinierten Felder wie bei den PSP-Elementen zur Verfügung, die Sie frei benennen können.

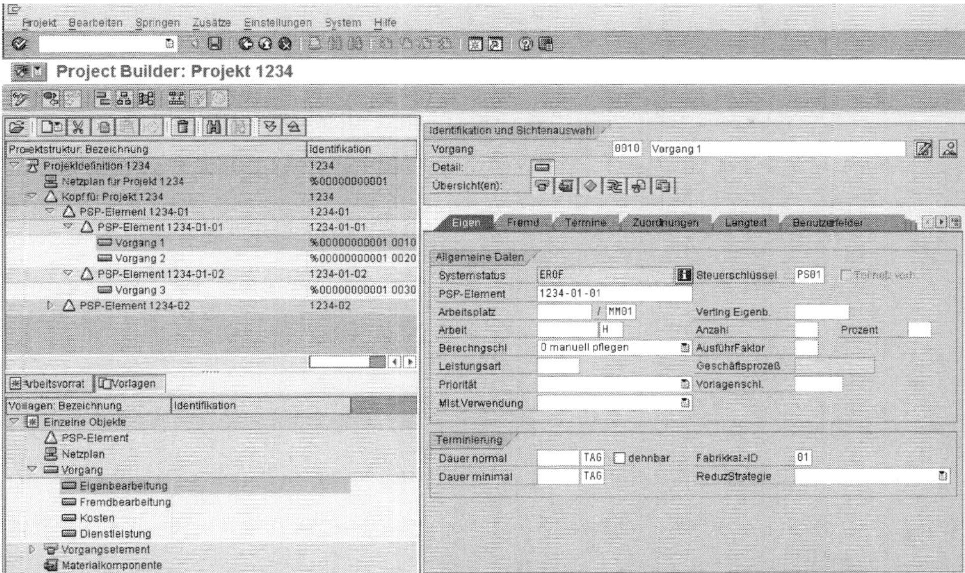

Abbildung 2.23: Netzplanvorgang anlegen

2.2.4 Customizing-Einstellungen zu Netzplänen

Um Netzpläne nutzen zu können, müssen Sie zunächst in Ihrem Werk die Netzplanarten zulassen, die Sie verwenden möchten. Die Netzplanarten sind bereits im SAP-System vordefiniert. So gibt es kopfkontierte und vorgangskontierte Netzplanarten, jeweils mit interner und externer Nummernvergabe.

Parameter zur Netzplanart

Um die gewünschten *Netzplanarten* für Ihr Werk zuzulassen, gehen Sie im Customizing zu PROJEKTSYSTEM • STRUKTUREN • OPERATIVE

STRUKTUREN • NETZPLAN • STEUERUNG FÜR NETZPLÄNE • PARAMETER FÜR NETZPLANART FESTLEGEN. Fügen Sie neue Einträge hinzu, und geben Sie das gewünschte Werk sowie die gewünschte Netzplanart ein (siehe Abbildung 2.24).

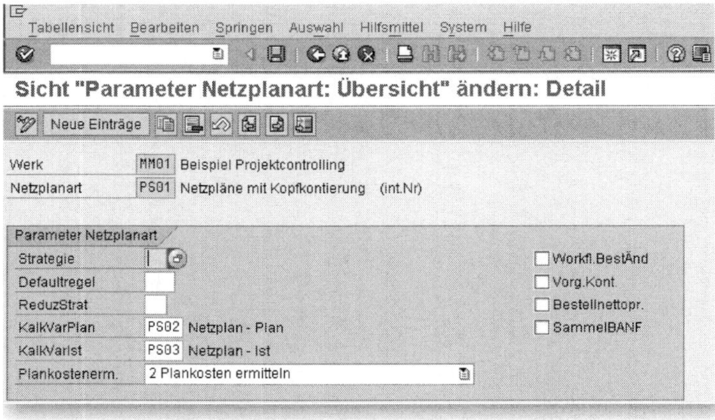

Abbildung 2.24: Parameter zum Netzplan im Werk eintragen

Netzplanprofil

Ähnlich wie beim PSP benötigen Sie auch ein *Netzplanprofil*, das Vorschlagswerte sowie Steuerungsparameter enthält, die für einen Netzplan gelten sollen. Sie legen das Netzplanprofil unter PROJEKTSYSTEM • STRUKTUREN • OPERATIVE STRUKTUREN • NETZPLAN • STEUERUNG FÜR NETZPLÄNE • NETZPLANPROFILE PFLEGEN an.

Im Reiter NETZPLAN belegen Sie u. a. das Werk, die Netzplanart und den Disponenten (siehe Abbildung 2.25) vor. In der Sicht VORGÄNGE tragen Sie die Steuerschlüssel sowie weitere Vorgaben zu den Vorgängen ein, wie z. B. die Einheiten für die Dauer (dies ist in der Regel eine Einheit für Zeit) und Arbeit (hier hängt die Einheit von der verwendeten Leistungsart ab, dies kann eine Zeiteinheit sein, aber auch Stück, Tonne etc.), die Kostenart für Kostenvorgänge usw.

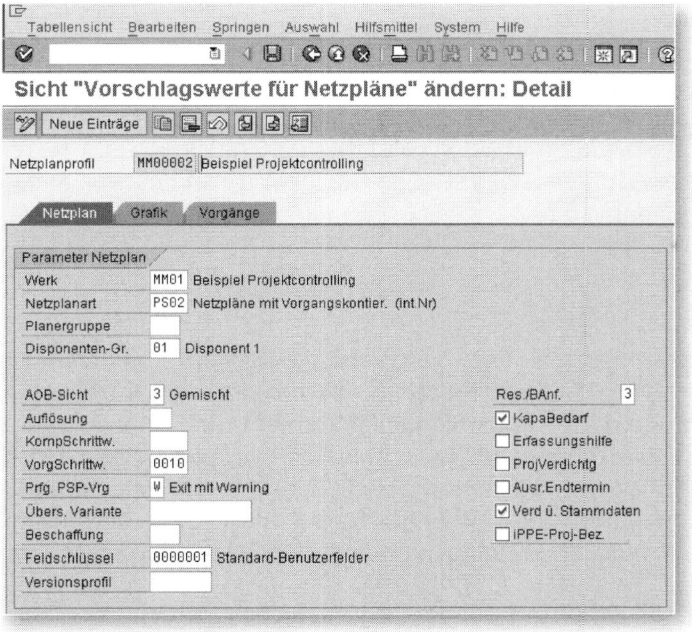

Abbildung 2.25: Netzplanprofil anlegen

Steuerschlüssel

Steuerschlüssel bestimmen das Verhalten von Netzplanvorgängen – ob sie also eigenbearbeitet, fremdbearbeitet usw. sind. SAP liefert standardmäßig fünf Steuerschlüssel für Netzplanvorgänge aus; in der Regel werden diese für Ihre Zwecke ausreichen. Sollten Sie dennoch etwas an den Steuerschlüsseln ändern wollen, so kopieren Sie die Standardeinträge und passen die neuen Einträge an Ihre Anforderungen an. In keinem Fall sollten Sie die SAP-Originaleinstellungen verändern, da Sie diese eventuell später wieder benötigen und dann möglicherweise nicht mehr wissen, wie die Standardeinstellungen waren.

Disponenten

Als Nächstes müssen Sie für Ihr Werk mindestens einen Disponenten anlegen. Dies tun Sie im Customizing unter PROJEKTSYSTEM • STRUKTUREN • OPERATIVE STRUKTUREN • NETZPLAN • STEUERUNG FÜR NETZPLÄNE • DISPONENTEN PFLEGEN. Geben Sie Ihr Werk und eine Nummer für den Disponenten ein.

Prüfregel

Wenn Sie einen Netzplan freigeben, kann das System Prüfungen zur Verfügbarkeit von Material, Fertigungshilfsmitteln oder Kapazitäten durchführen und die Freigabe verhindern, sofern die Prüfung fehlgeschlagen ist. Sie müssen für jede Auftragsart in der Logistik, also auch für Netzpläne, im Customizing unter PROJEKTSYSTEM • MATERIAL • VERFÜGBARKEITSPRÜFUNG • PRÜFUNGSSTEUERUNG DEFINIEREN festlegen, welche Prüfungen je Netzplanart und Werk stattfinden sollen.

Da Projekte in aller Regel langfristiger geplant werden als Fertigungsaufträge, empfehlen wir Ihnen, keine Prüfungen durchzuführen, denn zum Zeitpunkt der Freigabe wird beispielsweise gerade erst die Beschaffung von Fehlteilen in Gang gesetzt.

2.3 Meilensteine

Ein *Meilenstein* kennzeichnet ein Ereignis von bestimmter Bedeutung im Projektverlauf, wie z. B. die Fertigstellung eines Teilprojektes oder einer Projektphase. Zum einen können Sie für Meilensteine den Plan- mit dem Isttermin vergleichen und so Auswertungen, wie z. B. eine Fortschrittsanalyse oder eine Meilensteintrendanalyse fahren. Darüber hinaus können Sie Meilensteine so einstellen, dass bei deren Erreichen automatisch Folgefunktionen angestoßen werden.

Meilensteine können mit PSP-Elementen und Netzplanvorgängen verknüpft werden und bieten in beiden Fällen unterschiedliche Funktionalitäten an. Die Zuordnung erfolgt wie gewohnt im Project Builder.

Ziehen Sie den Meilenstein aus dem Vorlagenbereich zu dem Objekt, welches Sie ihm zuordnen möchten (siehe Abbildung 2.26).

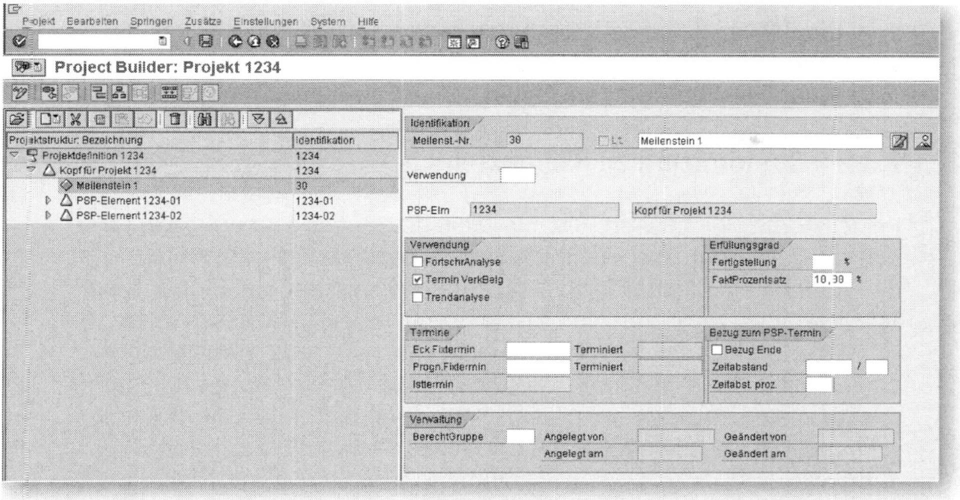

Abbildung 2.26: Meilenstein im PSP-Element

2.3.1 Zuordnung zum PSP-Element

In Abbildung 2.26 sehen Sie einen Meilenstein, der einem PSP-Element zugeordnet wurde. Im Bereich VERWENDUNG können Sie entscheiden, ob der Meilenstein für die FORTSCHRITTSANALYSE oder zur MEILENSTEINTRENDANALYSE verwendet werden soll. Außerdem können Sie einen Meilenstein mit einem Fakturierungsplan in einem Kundenauftrag verknüpfen; sobald der Meilenstein erreicht ist und Sie einen Isttermin eintragen, wird automatisch eine Teilfaktura ausgelöst. Hierzu sind folgende Einstellungen notwendig:

1. Aktivieren Sie das Kennzeichen TERMIN VERKBELEG.

2. Wählen Sie im Bereich VERWENDUNG einen Eintrag aus; die Verwendung wird im Customizing direkt mit einer Fakturierungsplanposition verknüpft, um festzulegen, auf welche Teilfaktura sich der Meilenstein bezieht.

3. Tragen Sie einen Wert in FAKTPROZENTSATZ ein, der den zu fakturierenden Prozentsatz der Gesamtrechnung bestimmt.

Wie Sie Meilensteine zur Fakturierung einsetzen können, erläutern wir detailliert im Abschnitt 4.9.2.

2.3.2 Customizing zu Meilensteinen

Im Customizing müssen Sie für Meilensteine sogenannte *Verwendungen* festlegen, die Sie mit Fakturierungsplänen verknüpfen, um die Meilensteinfakturierung zu nutzen. Sie pflegen die Einträge zur Meilensteinverwendung im Customizing unter PROJEKTSYSTEM • STRUKTUREN • OPERATIVE STRUKTUREN • MEILENSTEINE • VERWENDUNG DER MEILENSTEINE festlegen. Geben Sie pro Verwendung eine Nummer und eine Beschreibung ein. Im Beispiel haben wir die Fakturierungsplanart 01 eingetragen und je einen *Termintyp* zugeordnet. Ein Termintyp enthält u. a. Voreinstellungen darüber, ob ein Meilenstein eine Anzahlungsanforderung, eine Teilrechnung oder eine Schlussrechnung auslösen soll (siehe Abbildung 2.27).

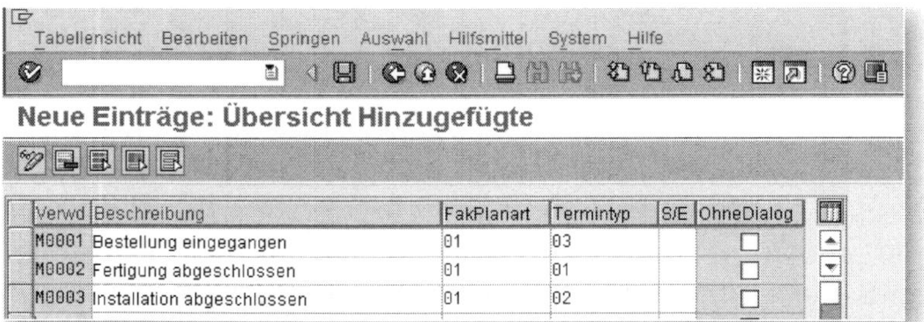

Abbildung 2.27: Meilensteinverwendung

2.4 Abbildung der Projektstrukturen für die Beispielprojekte

Überlegen wir uns nun, wie eine geeignete Projektstruktur für die drei Beispielprojekte aussehen könnte. Zunächst erläutern wir, anhand welcher grundsätzlichen Fragestellungen wir uns dabei orientieren und zeigen Ihnen anschließend, wie die Projekte strukturiert werden sollen.

2.4.1 Vorüberlegungen für die Strukturierung von Projekten

Mit der Festlegung der Projektstruktur treffen Sie grundsätzliche und weitreichende Entscheidungen zur weiteren Abwicklung Ihres Projektes. Sie sollten sich bereits jetzt darüber im Klaren sein, welche Informationen zu Ihrem Projekt Sie für das Controlling benötigen und das Projekt entsprechend strukturieren. Ist die Struktur einmal festgelegt und hat das Projekt begonnen, ist es schwierig bzw. nicht mehr möglich, nachträgliche Änderungen vorzunehmen. Wir stellen Ihnen nun die wichtigsten Entscheidungsmöglichkeiten vor, die Ihnen zu Beginn eines Projektes vorliegen.

Nach welcher Logik soll der Projektstrukturplan aufgebaut werden?

Folgende Gliederungen sind z. B. möglich:

- **Organisatorische Gliederung**
  Die Projektstruktur orientiert sich an den beteiligten Organisationseinheiten, wie etwa Einkauf, Entwicklung und Produktion. Dies ist vor allem dann sinnvoll, wenn mehrere Abteilungen an einem Projekt beteiligt sind, um den geplanten Aufwand der jeweiligen Organisationseinheiten transparent zu machen.

- **Produktorientierte Gliederung**
In diesem Fall wird die Projektstruktur analog zur Komponentenstruktur des zu fertigenden Produktes aufgebaut. Bei einem Auto entspräche dies z. B. einer Aufteilung in Karosserie, Motor, Getriebe, Innenausstattung usw. Eine solche Vorgehensweise empfiehlt sich bei komplexen Anlagen mit hohem Kapitaleinsatz, um die Kosten der einzelnen Baugruppen zu ermitteln.

- **Phasenorientierte Gliederung**
Eine dritte Möglichkeit ist es, das Projekt nach seinem zeitlich-logischen Ablauf zu unterteilen. Bei einem IT-Projekt könnte man z. B. die Phasen »Analyse«, »Konzeption« und »Realisierung« wählen. Zum einen erleichtert dies die Terminplanung, zum anderen kann man bei mehreren gleichartigen Projekten eine Tendenz ermitteln, ob bei einem bestimmten Projekt eine gewisse Phase auffällig teuer war, und entsprechende Rückfragen stellen.

Selbstverständlich ist es auch möglich, mehr als einen Ansatz in einem Projekt zu verwenden. Beispielsweise könnte man auf der ersten Ebene einen phasenorientierten Ansatz und darunter eine organisatorische Gliederung wählen.

Soll ein Netzplan verwendet werden oder nicht?

Solange es um Kosten, Erlöse und Cashflow geht, ist es aus Sicht des Controllings nicht entscheidend, ob die Kosten über einen Netzplan oder andere Planungsfunktionen (mehr Details hierzu in Kapitel 4) ermittelt werden. Die Stärke von Netzplänen ist, dass sie vor allem komplexe Vorhaben in einen zeitlich-logischen Ablauf gliedern und sich diese somit transparenter gestalten lassen. Termine und Kapazitäten werden dabei automatisch über die Terminierung ermittelt. Die *Terminierung* ist ursprünglich ein Werkzeug aus der Produktion; um sie sinnvoll nutzen zu können, müssen Voraussetzungen gegeben sein, die denen der Produktion ähnlich sind:

- Für alle beteiligten Ressourcen muss ein Arbeitsplatz vorhanden sein, zu dem die genauen Arbeitszeiten gepflegt sind, inklusive der geplanten Abwesenheiten, der Feiertage usw.
- Die Kapazität der beteiligten Ressourcen muss komplett über SAP ERP gesteuert werden, um verlässliche Ergebnisse zu liefern. Falls etwa eine Entwicklungsabteilung nur einen Teil ihrer Kapazität über SAP plant (z. B. nur die Zeit, die für Entwicklungsprojekte verwendet wird), den restlichen Teil jedoch nicht, kann die Kapazitätsplanung keine brauchbaren Ergebnisse liefern. Das Gleiche gilt, falls Zeiten nur geplant, jedoch nicht im Istzustand erfasst werden – das System hat so keinen Überblick darüber, welche Aufgaben schon abgearbeitet sind und wofür noch Kapazitätsbedarf zu erwarten ist.
- Die Zeitdauer, die ein Vorgang in Anspruch nimmt, muss genau abschätzbar sein, ebenso wie die Konsequenzen, die eine Verzögerung mit sich bringt. Je kleiner die Zeiteinheit ist und je detaillierter die Vorgänge sind, desto genauere Ergebnisse kann eine Terminierung liefern.

Ein Beispiel für die Zeitdauer wäre etwa in der Fertigung das Verschweißen zweier Rohre, das 20 Minuten dauert. Dieser Vorgang wurde schon viele Hundert Male auf identische Weise durchgeführt und ist daher sehr genau planbar. Sind die nachfolgenden Vorgänge ähnlich detailliert geplant, so wird eine Verzögerung des Schweißvorgangs um fünf Minuten mit hoher Wahrscheinlichkeit auch die nachfolgenden Vorgänge verschieben, sofern sie mit einer Normalfolge angeknüpft sind und keinen Zeitpuffer haben. Die Auswirkungen eines defekten Schweißgerätes wären damit deutlich und zuverlässig zu erkennen. In einem IT-Projekt, als weiteres Beispiel, wird hingegen auf einer wesentlich gröberen Ebene (Tage, Wochen, Monate) geplant, und die Vorgänge sind auf einer abstrakteren Ebene. Eine typische Aktivität wäre z. B. das Erstellen eines Feinkonzeptes für die Debitorenbuchhaltung mit einer geplanten Dauer von sechs Wochen. Zum einen hängt die Dauer einer solchen Aktivität von weitaus mehr Faktoren als beim Schweißen ab: von der Größe und der Komplexität der Finanzbuchhaltung, vom Trainingsstand der Beteiligten, von den

Urlaubszeiten sowie von der Einbindung des verantwortlichen IT-Spezialisten in andere Aufgaben. Es ist schwer abschätzbar, welche Einflussgrößen welche konkreten Auswirkungen haben. Zum anderen sind alle Vorgänge so angelegt, dass sie parallel starten und enden. Auch die nachfolgenden Vorgänge können eventuell bereits beginnen, bevor das Feinkonzept abgeschlossen ist. Eine Terminierung in diesem IT-Projekt würde demnach keine brauchbaren Aussagen liefern.

Soll das Projekt einen bewerteten oder unbewerteten Bestand führen?

Das Kennzeichen PROJEKTBESTAND in der Projektdefinition hat folgende Auswirkungen:

Kein Projektbestand (Standardeinstellung): Das Projekt führt keinen Bestand. Dies bedeutet, dass alle Wareneingänge zu diesem Projekt direkt als Verbrauch und damit als Kosten gebucht werden. Jegliches Material, das Sie zum Projekt bestellen, wird als Verbrauchsmaterial betrachtet. Es ist damit kein Bestand zu diesem Projekt sichtbar, und es ist daher auch nicht möglich, einen Warenausgang zum Projekt zu erfassen. Projekte ohne Projektbestand sind vor allem für Dienstleistungsprojekte geeignet oder für Vorhaben, in denen ausschließlich Fremdteile verwendet werden, die nicht eingelagert werden sollen.

Unbewerteter Projektbestand: Mit dieser Option bewirken Sie, dass sämtliche Wareneingänge zum Projekt mengenmäßig fortgeschrieben werden, das heißt, dass Sie auswerten können, welchen Bestand Sie zu welchem Teil in Ihrem Projekt haben. Jedoch erfolgt die Buchung wie bei der Einstellung **Kein Projektbestand**: Beim Wareneingang bucht das System den Wert des Materials als Verbrauch. Aus finanzbuchhalterischer Sicht ist das Material damit nicht mehr vorhanden, und daher erfolgt die Warenausgangsbuchung rein mengenmäßig. Beim Warenausgang erfolgt keine Buchung mehr im Finanzwesen. Der unbewertete Projektbestand ist schwierig nachzuvollziehen, da hier Wert- und Mengenfluss getrennt voneinander erfolgen. Es empfiehlt sich, diese Option zu wählen, wenn einerseits eine Übersicht über die zum Projekt gehörenden Materialbestände gewünscht ist und andererseits die Projektkosten so früh wie möglich sichtbar sein sollen, z. B. zum Zwecke der Bewertung oder der Ermittlung der Percentage of Completion.

Bewerteter Projektbestand: Dies bedeutet, dass Werte- und Mengenfluss parallel verlaufen. Beim Wareneingang wird das Material in den Bestand des Projektes gebucht. Das Material ist damit aus logistischer Sicht in einem speziellen Bestand, sodass es direkt nur von logistischen Aufträgen verbraucht werden kann, die ebenfalls dem Projekt zugeordnet sind, wie z. B. Fertigungsaufträge, Netzpläne oder Lieferungen. Aus buchhalterischer Sicht befindet sich das Material in der Bilanz im Materialbestand; es ist damit noch nicht verbraucht und taucht auch noch nicht in den Kosten auf. Beim Warenausgang wird entsprechend der logistische Bestand wieder vermindert und ein Verbrauch auf das Projekt gebucht. Diese Option bietet sich für komplexere Projekte an, die der Herstellung eines Produktes dienen. Zum einen ist hierdurch gewährleistet, dass speziell für das Projekt beschafftes Material nicht von anderen Aufträgen verbraucht wird, und zum anderen ist die Kapitalbindung des Projektes sichtbar.

Welche PSP-Elemente sollen als Kontierungs-, Planungs- bzw. als Fakturierungselemente gekennzeichnet werden?

In der Regel sollten Sie alle PSP-Elemente in Ihren Projekten als Kontierungselemente kennzeichnen; denn aus Controlling-Gesichtspunkten ergibt ein PSP-Element wenig Sinn, wenn nicht darauf gebucht werden kann. In bestimmten Fällen kann es jedoch dennoch sinnvoll sein, z. B. beim Kopf-PSP-Element oder in anderen Hierarchieknoten, das Kennzeichen auszuschalten. Wenn Sie beispielsweise die darunterliegende Struktur nach festen Kriterien aufteilen, wie z. B. Phasen oder Abteilungen, möchten Sie vielleicht verhindern, dass jemand Kosten auf das Kopfelement bucht, das in diesem Fall ausschließlich der Verdichtung von Informationen dient. Das Kopfelement gehört dann zu keiner Teilstruktur des restlichen PSPs, und die Werte dort wären nicht eindeutig zugeordnet.

Welche PSP-Elemente Sie als Planungselemente festlegen, hängt davon ab, auf welche Weise Sie das Projekt planen möchten. Wenn Sie top-down planen, würden Sie zunächst auf den obersten Ebenen

Planwerte vorgeben, die anschließend nach unten aufgeteilt würden. Sie würden dann alle PSP-Elemente, die an der Top-down-Planung teilnehmen, als Planungselemente kennzeichnen. Planen Sie hingegen bottom-up, so fangen Sie auf den untersten Ebenen der PSP-Hierarchie an zu planen und kennzeichnen die PSP-Elemente dort entsprechend als Planungselemente. Möchten Sie verhindern, dass Planwerte auf den obersten PSP-Elementen erfasst werden, so lassen Sie das Kennzeichen dort entsprechend weg.

Bei der Entscheidung, welche PSP-Elemente Sie als Fakturierungselemente kennzeichnen möchten, spielt zunächst folgende Überlegung eine Rolle: Wo sollen im Falle eines Kundenprojektes die Erlöse verbucht werden? Erlöse buchen Sie in aller Regel über das SD-Modul; deshalb müssen Sie die Fakturierungselemente auch als Kontierung in der Kundenauftragsposition im SD eintragen (siehe Abschnitt 3.4). Üblicherweise stellen Sie dem Kunden nur eine Rechnung über das Gesamtprojekt aus (bzw. mehrere Teilrechnungen, die über dasselbe PSP-Element verbucht werden), sodass Sie in der Regel nur ein Fakturierungselement im Projekt haben. Eine weitere wichtige Überlegung ist, auf welcher Ebene Sie die Ware in Arbeit ermitteln möchten. Um diesen Wert korrekt zu ermitteln, müssen Sie den aufgelaufenen Erlösen auch die Kosten gegenüberstellen, die zum Erwirtschaften der Erlöse beigetragen haben (siehe Abschnitt 5.3). Dies können Sie am einfachsten sicherstellen, wenn Sie das Kopf-PSP-Element als Fakturierungselement kennzeichnen und auf diesem auch die Faktura verbuchen. Da alle Kosten hier verdichtet werden, können Sie auf dem Kopfelement auch die Ermittlung der Ware in Arbeit durchführen. Es sind jedoch auch andere Konstellationen möglich; da alle Werte, Erlöse sowie Kosten auf dem Kopf-PSP-Element verdichtet werden, können Sie Fakturierungselemente auch an tieferer Stelle in der Hierarchie einbauen und trotzdem die Ermittlung der Ware in Arbeit auf dem Kopf-PSP-Element durchführen.

Im Zusammenhang mit der Ermittlung der Ware in Arbeit ist der Abgrenzungsschlüssel entscheidend, den wir bereits bei der Projektdefinition vorgestellt haben (vgl. Abschnitt 2.1.5). Dieser Schlüssel bestimmt, für welche PSP-Elemente die Ware in Arbeit ermittelt werden soll. Dies ist nur für Fakturierungselemente erlaubt. Im Regelfall sollten Sie die Ermittlung der Ware in Arbeit nur für ein PSP-Element je Projekt durchführen; am einfachsten geht dies auf dem Kopf-PSP-Element.

Werden Meilensteine für die Meilensteinfakturierung benötigt?

Aus Sicht des Controllings sind Meilensteine vor allem im Hinblick auf die Meilensteinfakturierung interessant. Gerade bei komplexen Projekten liegt häufig die Situation vor, dass zum einen der Kunde wegen der hohen Kapitalbindung eine Vorauszahlung leistet und zum anderen die Projektstruktur eher kompliziert ist. Durch den Einsatz von Meilensteinen können Sie sicherstellen, dass die Anzahlungsanforderung an den Kunden automatisch erstellt wird, ohne dass ein Mitarbeiter aus dem Vertrieb daran erinnert werden muss.

Werden Netzpläne verwendet?

Falls Netzpläne verwendet werden, sind folgende Fragen zu klären:

- Sollen die Netzpläne kopfkontiert oder vorgangskontiert sein, oder soll es womöglich eine Mischung aus beidem geben?
- Wie sollen die Netzpläne den PSP-Elementen zugeordnet werden?
- Welche eigenbearbeiteten, fremdbearbeiteten usw. Vorgänge soll es geben?

Wir zeigen Ihnen nun, wie wir die genannten Vorüberlegungen bei der Strukturierung der Beispielprojekte umsetzen.

2.4.2 Projektstruktur für Beispiel 1: Einführung von SAP ERP

Für ein IT-Projekt ist es in der Regel sinnvoll, eine phasenorientierte Gliederung zu verwenden. Da kein Produkt hergestellt wird und das Projekt für die meisten beteiligten Abteilungen (außer für die IT) einen

Ausnahmefall darstellt, erscheint sowohl eine produktorientierte als auch eine organisatorische Gliederung von vornherein eher ungeeignet. Für das Phasenmodell spricht auch, dass die Terminplanung im Vordergrund steht und es eventuell interessant sein könnte, die Kosten für die einzelnen Phasen im Verhältnis zu den Gesamtkosten mit anderen Projekten zu vergleichen. Für ein SAP-Einführungsprojekt ist eine Aufteilung in folgende Phasen typisch:

1. Analyse
2. Konzeption
3. Realisierung
4. Test
5. Training
6. Produktivstartvorbereitung
7. Produktivstart
8. Nachbetreuung

Da SAP ERP eine Reihe von Teilmodulen enthält und an deren Implementation unterschiedliche Abteilungen beteiligt sind, erfolgt unterhalb der Phasenebene die folgende organisatorische Strukturierung:

- Finanzbuchhaltung
- Controlling
- Einkauf
- Lagerverwaltung
- Vertrieb
- Produktion

Noch eine Ebene tiefer werden die detaillierten Aufgaben für die einzelnen Abteilungen innerhalb der Phasen angelegt, wie etwa:

- Analyse Organisationsstruktur, Stammdaten, Prozesse, Schnittstellen usw.,
- Feinkonzeption, Grobkonzeption usw.,
- Realisierung Debitorenbuchhaltung, Kreditorenbuchhaltung usw.,
- Einzeltest, Integrationstest,
- Training für Buchhaltung, Controlling, Auftragsbearbeitung, Einkauf,
- Übernahme für Produktivstart für Stammdaten, offene Posten.

Die Phase »Produktivstart« ist relativ kurz und überschaubar, während die »Nachbetreuung« nicht planbar ist, da Sie noch nicht wissen, in welchen Bereichen Nacharbeiten anfallen werden. Deshalb werden diese beiden Phasen nicht weiter unterteilt (siehe Abbildung 2.28).

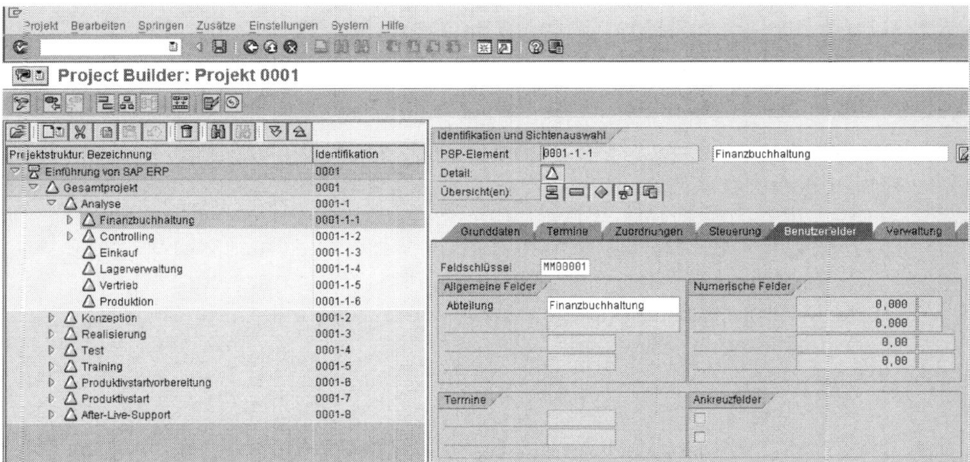

Abbildung 2.28: Projektstrukturplan für Beispiel 1

Alle übergreifenden Tätigkeiten, wie z. B. das Projektmanagement, werden auf dem Kopf-PSP-Element geplant und erfasst.

In der gewählten Struktur ist es nicht ohne Weiteres möglich, den Aufwand je Abteilung zu ermitteln. Um dies zu vereinfachen, wurde ein Feldschlüssel angelegt, in dem ein Textfeld als »Abteilung« gekennzeichnet wurde. Hier wird für jedes PSP-Element, das einer Abteilung zugeordnet ist, ein entsprechender Eintrag gemacht. Falls Sie eine ähnliche Vorgehensweise wählen, sollten Sie eine Prüftabelle für die Benutzerfelder hinterlegen, um Tippfehler zu vermeiden (siehe den Hinweistext am Ende von Abschnitt 2.1.9). Um anhand der Textfelder den Aufwand je Abteilung auszuwerten, können Sie z. B. einen Strukturbericht (siehe Abschnitt 6.1) oder eine Query in SAP NetWeaver BW verwenden.

Das Projekt erhält keinen Netzplan. Wie bereits weiter oben ausführlich verdeutlicht, ist ein IT-Projekt kein geeignetes Szenario, um eine automatische Terminierung oder eine Kapazitätsplanung durchzuführen. Ein Netzplan könnte zwar sinnvoll sein, um z. B. Fremdvorgänge oder Dienstleistungsvorgänge abzubilden, doch lässt sich dies auch realisieren, indem Sie manuell Bestellungen zum PSP-Element erfassen, wie wir es in Abschnitt 4.3 genauer beschreiben. Das entscheidende Argument im Rahmen dieses Buches ist jedoch, dass wir ein Beispiel für ein Projekt zeigen möchten, das ohne Netzplan auskommt.

Da in diesem Projekt nichts gefertigt wird, benötigen wir auch keinen Projektbestand.

Das Projekt wird nicht weiterfakturiert; deshalb ist es nicht notwendig, PSP-Elemente als Fakturierungselemente zu kennzeichnen. Alle PSP-Elemente sind allerdings sowohl als Kontierungs- als auch als Planungselemente angelegt.

2.4.3 Projektstruktur für Beispiel 2: Installation einer Lkw-Wägebrücke

Bei diesem Projekt bietet sich eine produktorientierte Gliederung an, da das Endprodukt aus mehreren, voneinander relativ unabhängigen Komponenten besteht, von denen eine extern beschafft wird. Es sind an diesem Projekt zwar mehrere Abteilungen beteiligt (Auftragsabwicklung, Konstruktion, Einkauf, Fertigung), es ist jedoch nicht von großem Interesse, den Aufwand je Unternehmensbereich transparent zu machen: Da die eigenen Teile auf Lager gefertigt und von dort entnommen werden, ist die Fertigung nicht direkt am Projekt beteiligt. Auch für den Einkauf ist das Projekt eine Routinearbeit, da er die Bedarfe mehrerer Projekte bündelt und gesammelt bestellt. Zwar ist die Terminplanung ein so wichtiger Aspekt, dass theoretisch auch ein Phasenmodell infrage käme, aber das Controlling legt hier großen Wert auf die Vergleichbarkeit unterschiedlicher Projekte und hat sich deshalb für eine produktorientierte Gliederung entschieden. Die Produktstruktur gliedert sich wie folgt:

1. Grube
2. Deck
3. Wägesystem
4. Software
5. Leitsystem

Im Projektbeispiel 2 wird ein Netzplan eingesetzt, vor allem aus der Überlegung heraus, dass viele unterschiedliche Aktivitäten aufeinander abgestimmt werden müssen, die von verschiedenen Abteilungen und teilweise von Kunden oder Dritten durchgeführt werden (siehe Abbildung 2.29). Da diese Art von Projekten eine Routinetätigkeit für das Unternehmen darstellt, können die einzelnen Vorgänge relativ genau geplant werden. Es wird ein vorgangskontierter Netzplan für den gesamten Projektablauf angelegt, um die gesamten notwendigen Aktivitäten abzubilden:

- Konstruktion (eigenbearbeitete Vorgänge für Grube, Deck, Installation des Wägesystems, Leitsystem und für die Softwarekonzeption)
- Beschaffung (Dienstleistungsvorgänge für das Errichten der Grube; Fremdvorgänge für das Fertigen des Decks, der Hal-

tevorrichtung des Wägesystems sowie von Teilen des Leitsystems)

- Software-Entwicklung (eigenbearbeitete Vorgänge für die Software)
- Installation (Eigenvorgänge für die Installation des Wägesystems, des Leitsystems und der Software)

Die Vorgänge werden den entsprechenden PSP-Elementen zugeordnet.

Alle Materialien, die für das Projekt extern bestellt werden, werden direkt zum Kunden geliefert und dort verbaut. Es handelt sich größtenteils um Sonderanfertigungen, die nicht wiederverwendet werden können. Deshalb will das Controlling diese Güter sofort in den Kosten und nicht im Bestand sehen. Die eigenen Produkte sind Standardartikel, die vom anonymen Lager entnommen und zum Kunden geschickt werden – es erfolgt keine Montage im eigenen Werk, sodass auch hier der Bestand des Projektes nicht relevant ist. Das Projekt wird deshalb keinen Projektbestand führen.

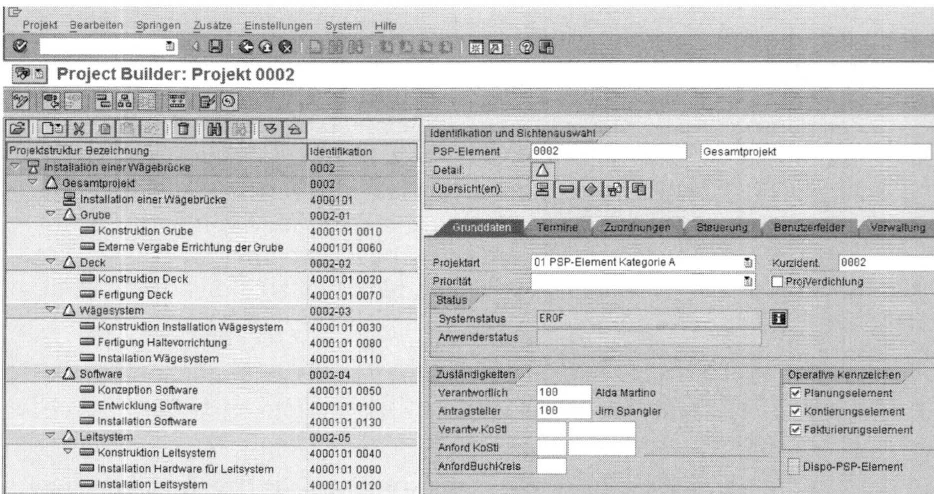

Abbildung 2.29: PSP mit Netzplan für Beispiel 2

Alle Kosten werden auf dem Kopf-PSP-Element zusammenlaufen, das wiederum mit einem Kundenauftrag verknüpft wird, über den die Plan- und Isterlöse des Projekts fortgeschrieben werden. Das Kopf-PSP-Element wird außerdem zur Ermittlung der Ware in Arbeit herangezogen, weshalb es als einziges PSP-Element im Projekt als Fakturierungselement gekennzeichnet wird.

2.4.4 Projektstruktur für Beispiel 3: Herstellung einer Universaldrehmaschine in Kundeneinzelfertigung

In diesem Beispiel möchte das Controlling ein übergreifendes Reporting über alle Kundenprojekte aufbauen. Dabei sollen zum einen die Projekte bestimmten Produktsegmenten zugeordnet und zum anderen die Kosten und der Kapitaleinsatz für die einzelnen Baugruppen ausgewiesen werden. Zu diesem Zweck hat die Firma eine Standardprojektstruktur je Produktsegment aufgebaut, die in allen entsprechenden Projekten verwendet wird. Hierzu wurde eine produktorientierte Struktur gewählt, und in die Standardprojektstruktur je Segment wurden alle Baugruppen aufgenommen, die theoretisch vorkommen können. Das Produktsegment wird über die Projektart im PSP-Element gekennzeichnet und die Baugruppen über ein Benutzerfeld. Die Struktur für Drehmaschinen ist wie folgt aufgebaut (siehe Abbildung 2.30):

1. Gestell
2. Motor
3. Getriebe
4. Drehmaschinenbett
5. Spindelstock
6. Werkzeugschlitten
7. Reitstock
8. Lünette

Alle PSP-Elemente werden als Planungs- und Kontierungselemente gekennzeichnet. Wie beim zweiten Beispiel erfolgt sowohl die Fakturierung als auch die Ermittlung der Ware in Arbeit auf dem Kopf-PSP-Element, sodass dieses als einziges Fakturierungselement angelegt wird.

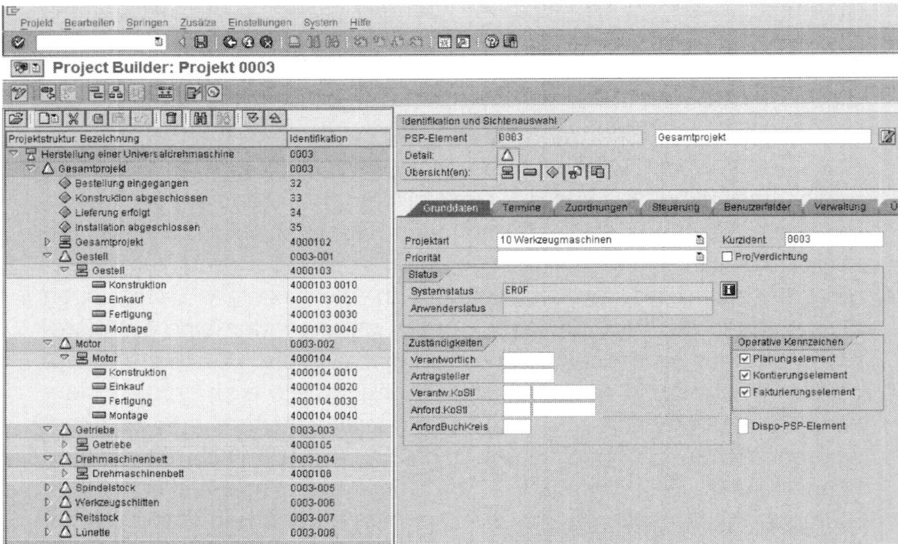

Abbildung 2.30: PSP mit Netzplan für Beispiel 3

Für jede Baugruppe wird je ein kopfkontierter Netzplan angelegt, der die gesamte Abwicklung der entsprechenden Baugruppe über Konstruktion, Einkauf, Fertigung und Montage beinhaltet und dem entsprechenden PSP-Element zugeordnet wird. Dem Kopf-PSP-Element, das der kompletten Drehmaschine entspricht, wird ebenfalls ein Netzplan zugeordnet, der alle übergreifenden Tätigkeiten wie Projektmanagement, Auftragsabwicklung, Gesamtkonstruktion und Endmontage umschließt. Alle Vorgänge sind eigen-bearbeitet.

Die Firma fertigt viele Teile und Baugruppen selbst und kauft eine Reihe von Teilen (z. B. Motoren, Getriebe) auftragsbezogen ein, die einen relativ hohen Wert haben und damit eine beträchtliche Kapitalbindung mit sich bringen. Hinzu kommt, dass die meisten Teile auch in anderen Projekten verwendet werden können. Es ist daher wichtig, die Kaufteile eindeutig dem entsprechenden Projekt zuzuordnen, um zu verhindern, dass sie von anderen Aufträgen verbraucht werden. Deshalb wird das Projekt einen bewerteten Projektbestand führen, der dafür sorgt, dass in der Bestellung und beim Wareneingang automatisch eine eindeutige Zuordnung zum Projekt erfolgt.

Es werden außerdem Meilensteine angelegt, um später in Verbindung mit einem Fakturierungsplan Anzahlungsanforderungen und Rechnungen auszulösen.

2.5 Zusammenfassung

Sie haben in diesem Kapitel die grundlegenden Strukturen im Projektsystem – Projektstrukturpläne, Netzpläne und Meilensteine kennengelernt. Dabei haben wir die Elemente besonders hervorgehoben und vertieft, die für das Controlling von entscheidender Bedeutung sind, wie etwa Kriterien zum Anlegen einer Projektstruktur, Projektbestand, Kontierungskennzeichen, Stammdatenfelder zur Auswertung und die Meilensteinfakturierung. Anhand dreier praktischer Beispiele haben wir veranschaulicht, wie die Werkzeuge, die PS bietet, eingesetzt werden können.

Wir widmen uns im folgenden Kapitel der Projektplanung.

3 Planung

PS stellt Ihnen eine Reihe von Werkzeugen zur Verfügung, um Kosten und Erlöse zu planen, die wir Ihnen in diesem Kapitel vorstellen werden. Sie können Ihre Planung auf unterschiedlichen Ebenen der Projektstruktur in beliebigen Detailstufen durchführen. Das Spektrum reicht dabei von einer sehr groben Erfassung mit nur einem Abschlagswert je PSP-Element über eine detaillierte kostenarten- und periodengenaue manuelle Planung bis hin zur systemunterstützten Kalkulation von Netzplänen.

Für PSP-Elemente können Sie Plandaten grundsätzlich nur manuell erfassen oder sie aus abhängigen Aufträgen übernehmen. Für die manuelle Planung bietet das System vom Groben ins Feine die *hierarchische Kostenplanung*, die *Primärkostenplanung* und *Leistungsaufnahme*, die *Einzelkalkulation* und das *Easy Cost Planning*.

Im Anschluss an die manuelle Planung beschäftigen wir uns mit den unterschiedlichen Möglichkeiten, die die Netzplankalkulation bietet. Dabei können Sie den Materialverbrauch, eigene Leistungen, Fremdleistungen, Dienstleistungen sowie reine Kostenvorgänge planen.

Zum Schluss des Kapitels beschreiben wir, wie wir unsere drei Beispielprojekte planen.

3.1 Planversionen

Alle Planwerte, die Sie in SAP ERP im Projektsystem (oder auch im Controlling) erfassen, ordnen Sie einer *Planversion* zu. Indem Sie verschiedene Planversionen anlegen, können Sie unterschiedliche Planungsstände (z. B. die Grobplanung zu Projektbeginn, die monatliche mitlaufende Kalkulation usw.) getrennt voneinander sichern und miteinander vergleichen. In Version 0 sollte jeweils Ihre aktuell gültige Planung stehen, da manche Funktionen, wie z. B. die Netzplankalkulation, automatisch in dieser Version fortschreiben. Sie können die Werte einer Planversion in eine andere kopieren (siehe Abschnitt 3.5), um diese einzufrieren und vor Änderungen zu schützen. In Abschnitt 3.2.7 zeigen wir Ihnen, wie Sie Planversionen im Customizing anlegen.

Wir gehen nun zum eigentlichen Planen über.

3.2 Manuelle Planung im PSP

Grundsätzlich können Sie zu PSP-Elementen Kosten und Erlöse nur manuell planen. Dabei entscheiden Sie selbst, wie aufwendig und detailliert Sie Ihre Planung benötigen. Die hierarchische Kosten- bzw. Erlösplanung, die wir Ihnen zuerst vorstellen, erlaubt lediglich eine sehr grobe Erfassung der Plandaten. Von dort aus können Sie jedoch Ihre Daten weiter verfeinern, indem Sie beispielsweise kostenartengenau planen oder – im Falle von Kosten – auch sekundäre Kostenarten berücksichtigen.

Mit der Einzelkalkulation und dem komfortablen Easy Cost Planning können Sie Kosten in großer Detailtiefe planen.

3.2.1 Hierarchische Kostenplanung

Die hierarchische Kostenplanung bietet sich an, um auf einfache und unkomplizierte Weise grobe Planwerte zu einem PSP zu erfassen. Im Menü können Sie die Transaktion über den Menüpfad RECHNUNGSWESEN • PROJEKTSYSTEM • CONTROLLING • PLANUNG • KOSTEN IM PSP • GESAMT • ÄNDERN oder direkt über den Transaktionscode **CJ40** aufrufen. Wählen Sie dort ein Projekt sowie eine Planversion aus, und klicken Sie auf den Button KOSTENPLANUNG. Sie sehen nun eine Übersicht über Ihre Projektstruktur und können hierzu Planwerte erfassen. Im Menü können Sie über EINSTELLUNGEN • DARST.ELM.-ÜBERSICHT festlegen, ob die PSP-Elemente anhand ihrer Nummern oder Bezeichnungen dargestellt werden sollen (siehe Abbildung 3.1).

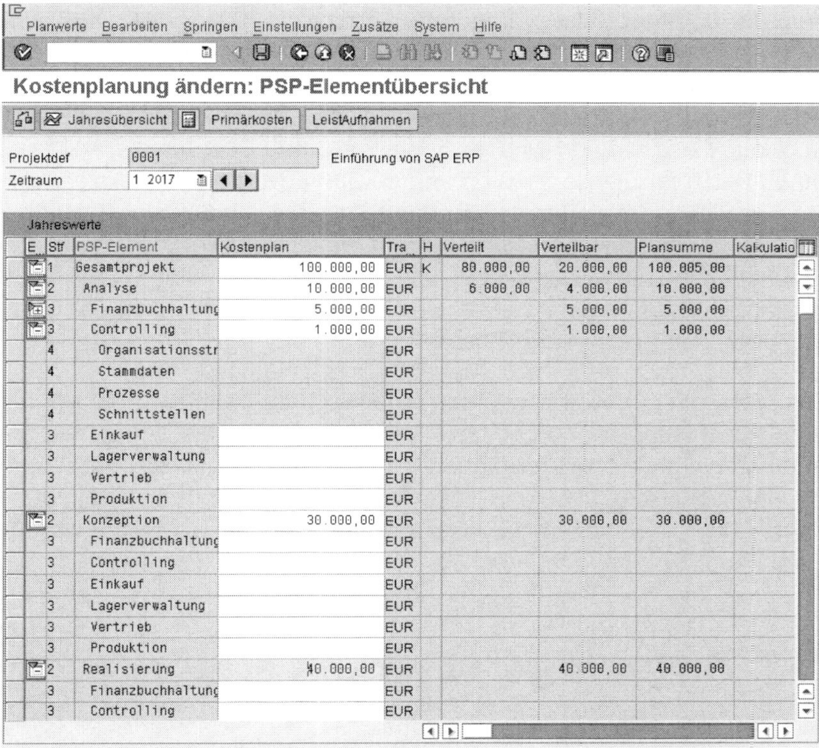

E	Stf	PSP-Element	Kostenplan	Tra	H	Verteilt	Verteilbar	Plansumme	Kalkulatio
	1	Gesamtprojekt	100.000,00	EUR	K	80.000,00	20.000,00	100.005,00	
	2	Analyse	10.000,00	EUR		6.000,00	4.000,00	10.000,00	
	3	Finanzbuchhaltung	5.000,00	EUR			5.000,00	5.000,00	
	3	Controlling	1.000,00	EUR			1.000,00	1.000,00	
	4	Organisationsstr		EUR					
	4	Stammdaten		EUR					
	4	Prozesse		EUR					
	4	Schnittstellen		EUR					
	3	Einkauf		EUR					
	3	Lagerverwaltung		EUR					
	3	Vertrieb		EUR					
	3	Produktion		EUR					
	2	Konzeption	30.000,00	EUR			30.000,00	30.000,00	
	3	Finanzbuchhaltung		EUR					
	3	Controlling		EUR					
	3	Einkauf		EUR					
	3	Lagerverwaltung		EUR					
	3	Vertrieb		EUR					
	3	Produktion		EUR					
	2	Realisierung	40.000,00	EUR			40.000,00	40.000,00	
	3	Finanzbuchhaltung		EUR					
	3	Controlling		EUR					

Abbildung 3.1: Hierarchische Kostenplanung

In dieser Form der Planung erfassen Sie die Werte lediglich je Geschäftsjahr oder als Gesamtwert. Im Beispiel wird nach Geschäftsjahr geplant; welche Planungsarten möglich sind, können Sie im Planprofil hinterlegen, in dem alle Einstellungen zur manuellen Planung vorgenommen werden (siehe Abschnitt 3.2.7). Sie können weder auf Perioden noch auf Kostenarten herunterbrechen. Die hierarchische Planung eignet sich somit für eine erste Vorabplanung oder für Projekte, in denen keine detaillierte Planung benötigt wird.

In der Spalte KOSTENPLAN geben Sie die Planwerte ein; wenn Sie mit der **Eingabe**-Taste bestätigen, werden die Planwerte in die Spalte Plansumme kopiert. Unter VERTEILT wird je PSP-Element der Planwert der untergeordneten Elemente angezeigt; in der Spalte VERTEILBAR steht entsprechend der Restwert der Plansumme, der noch nicht zugeordnet wurde. Im Beispiel wurde ein Gesamtbetrag von **100.000 EUR** für das Gesamtprojekt geplant. Davon wurden bereits **80.000 EUR** auf die einzelnen Phasen verteilt (**10.000 EUR** für die Analyse, **30.000 EUR** für die Konzeption und **40.000 EUR** für die Realisierung). Der verteilbare Wert für das Gesamtprojekt entspricht somit **20.000 EUR**. Die Analyse-Phase wurde bereits weiter detailliert, indem für die Finanzbuchhaltung **5.000 EUR** und für das Controlling **1.000 EUR** geplant wurden. In der Analyse sind noch 4.000 EUR übrig, die noch nicht den untergeordneten Phasen zugeteilt wurden.

Die hierarchische Kostenplanung ist einfach zu benutzen und gut für eine Abschlagsplanung geeignet; in späteren Phasen genügt sie allerdings nicht den Anforderungen an ein Projektcontrolling, denn ohne eine weitere Aufteilung in Kostenarten ist eine Planung wenig aussagekräftig. Aus diesem Grunde zeigen wir Ihnen als Nächstes die Primärkostenplanung, mit der Sie weiter detaillieren können.

3.2.2 Primärkostenplanung

Mit der Primärkostenplanung können Sie Ihre Planwerte je PSP-Element nach Kostenarten und auch nach Perioden aufteilen. Wählen Sie hierzu in der Eingabemaske der hierarchischen Kostenplanung (siehe Abbildung 3.1) ein PSP-Element aus, und klicken Sie anschließend auf den Button PRIMÄRKOSTEN. Sie können nun Ihre Plankosten anhand von Kostenarten eingeben und sie damit weiter detaillieren, als es bei der hierarchischen Planung der Fall ist (siehe Abbildung 3.2).

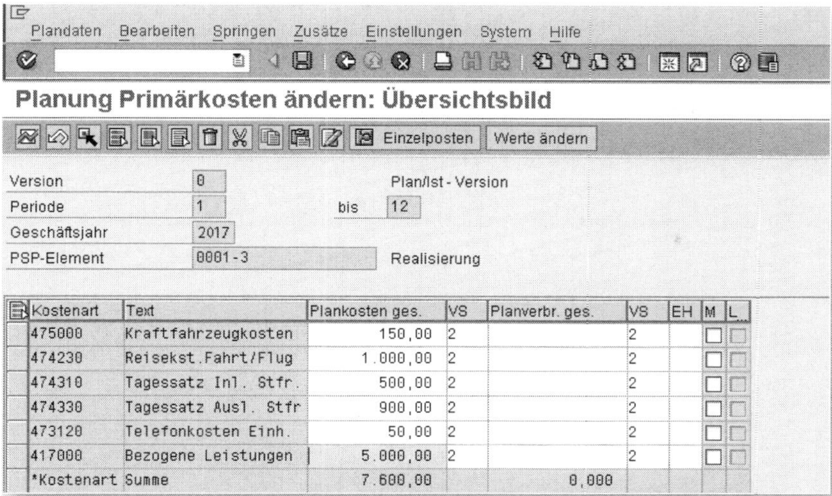

Abbildung 3.2: Kostenartenplanung

Ein weiterer Unterschied zur hierarchischen Planung, die nur Gesamtwerte nach Projekt oder Jahr kennt, ist die Aufteilung nach Perioden. Wie Sie in Abbildung 3.2 erkennen können, bezieht sich die Primärkostenplanung auf die Perioden 1 bis 12 im Geschäftsjahr 2017. Die genaue Aufteilung der Kosten können Sie entweder manuell pflegen oder über einen *Verteilungsschlüssel* in der Spalte VS automatisch vorgeben. Der Verteilungsschlüssel **2** (analoge Verteilung) bewirkt, dass die Gesamtkosten analog zu bereits vorhandenen Planwerten verteilt werden. Sie haben jedoch noch weitere Schlüssel zur Auswahl, wie z. B. eine Verteilung analog zur Anzahl der Tage in den Perioden. Sie pflegen die periodische Zuordnung der Plankosten, indem Sie die entsprechende Zeile selektieren und im Menü SPRINGEN • PERIODENBILD wählen.

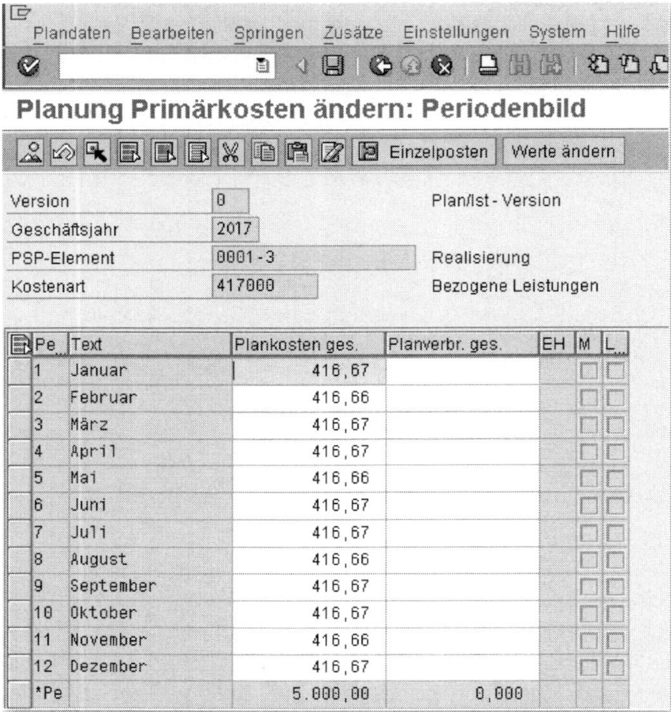

Abbildung 3.3: Periodenbild zur Primärkostenplanung

In Abbildung 3.3 sehen Sie das Ergebnis der analogen Verteilung durch den Verteilungsschlüssel 2. In dieser Eingabemaske haben Sie nun die Möglichkeit, die Kosten periodengerecht zu planen.

Beachten Sie, dass Planwerte aus der Primärkostenplanung zur hierarchischen Planung addiert werden. Im Beispiel sind wir zurück in die Übersichtsmaske gesprungen und haben das Bild etwas nach rechts gescrollt; in Abbildung 3.4 sind in der Spalte KOSTENARTENPL... die Werte dargestellt, die wir kostenartengerecht eingegeben haben; diese sind unter PLANSUMME zu den Werten der hierarchischen Planung addiert worden.

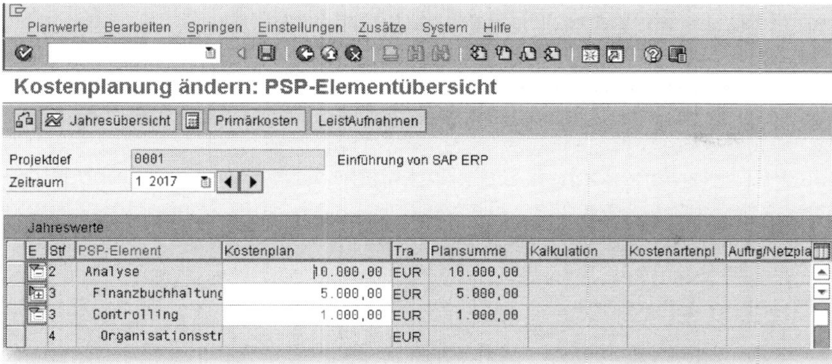

Abbildung 3.4: Kombination aus hierarchischer Planung und Kostenartenplanung

Die Kostenartenplanung bietet gegenüber der hierarchischen Planung die Möglichkeit, detaillierter zu planen und empfiehlt sich daher, wenn Sie kostenarten- bzw. periodengenau planen möchten. Sie sollten es vermeiden, beide Planungsarten miteinander zu vermischen, da die Planwerte sonst nicht sauber in Berichten dargestellt werden können und Sie zudem zwischen verschiedenen Eingabeebenen der Planungsfunktion hin und her navigieren müssten.

Wir zeigen Ihnen nun, wie Sie neben primären Kostenarten auch sekundäre Leistungsaufnahmen planen können.

3.2.3 Planung von Leistungsaufnahme

Neben primären, also externen, Kosten haben Sie auch die Möglichkeit, anhand von Leistungsarten Kosten für interne Leistungen, z. B. von Servicetechnikern oder IT-Fachleuten, zu planen. Eine *Leistungsart* kennzeichnet eine Leistung, die von einer Kostenstelle erbracht und in einer Einheit gemessen wird (in der Regel in Stunden). Eine Leistungsart ist fest mit einer Sekundärkostenart verknüpft, über die sie verrechnet wird. Je Kostenstelle müssen Sie dann über RECHNUNGSWESEN • CONTROLLING • KOSTENSTELLENRECHNUNG • PLANUNG • LEISTUNGSERBRINGUNG/TARIFE • ÄNDERN (Transaktion **KP26**) pro Leistungsart einen Tarif planen, der einen Preis je Ausbringungseinheit angibt (z. B. Stundensatz). Wenn Sie Ihre Kostenstellen, Leistungsarten und Tarife entsprechend eingestellt haben, können Sie aus der hierarchischen Kostenplanung heraus über den Button LEISTAUFNAHMEN die Leistungsaufnahme planen.

Je PSP-Element können Sie nun angeben, von welcher Senderkostenstelle und Leistungsart Sie welche Leistung in Anspruch nehmen möchten (siehe Abbildung 3.5).

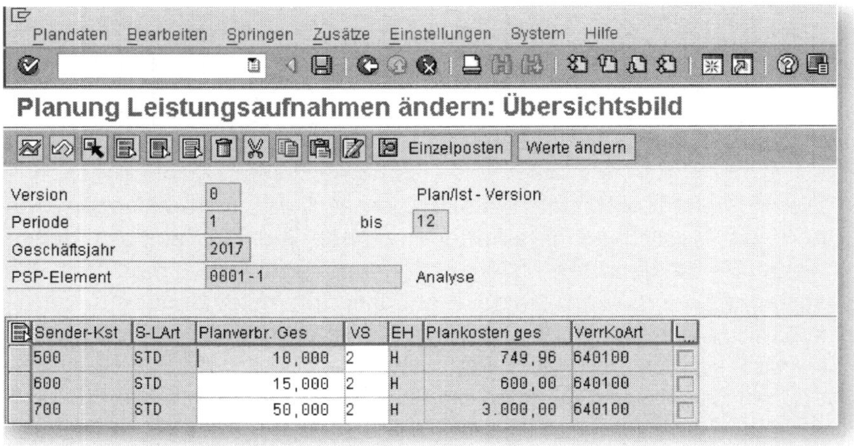

Abbildung 3.5: Leistungsaufnahme planen

In der Spalte EH sehen Sie die Einheit, unter der die Leistungsart verrechnet wird. Unter PLANKOSTEN GES rechnet das System anhand des hinterlegten Stundensatzes den gesamten Planwert je Zeile aus, und unter VERRKOART sehen Sie schließlich die Verrechnungskostenart, die zu der Leistungsart hinterlegt wurde.

Die Aufteilung auf die einzelnen Perioden erfolgt analog zur Primärkostenplanung.

Die geplanten Werte werden automatisch zur Detailplanung hinzuaddiert und entsprechend in der Übersicht dargestellt.

Planversionen von Leistungsarten

Beachten Sie bitte, dass auch die Tarife von Leistungsarten in unterschiedlichen Planversionen geplant werden können. Nur die Werte in Version 0 sind die aktuell gültigen, unter denen auch gebucht wird. Wenn Sie Sekundärkosten in einer anderen Version planen möchten, müssen Sie sicherstellen, dass in der entsprechenden Version auch Tarife hinterlegt sind. Diese sollten mit denen von Version 0 übereinstimmen, um die Werte abstimmen zu können.

Die Planung der Leistungsaufnahme ergänzt die Primärkostenplanung um den Aspekt der Sekundärkosten. Beide Methoden können zusammen eingesetzt werden; es gilt jedoch die gleiche Empfehlung wie zur Primärkostenplanung, nämlich dass Sie die Leistungsaufnahme nicht mit der hierarchischen Kostenplanung vermischen sollten.

3.2.4 Erlösplanung

Um Erlöse zu PSP-Elementen manuell zu planen, steht Ihnen mit der hierarchischen Planung dieselbe Funktionalität wie für die Kostenplanung zur Verfügung. Diese rufen Sie über den Menüpfad RECHNUNGSWESEN • PROJEKTSYSTEM • CONTROLLING • PLANUNG • ERLÖSE IM PSP • ÄNDERN bzw. direkt über die Transaktion **CJ42** auf. Der Bildschirmaufbau ist analog zur Kostenplanung; bitte beachten Sie, dass Sie Erlöse nur zu PSP-Elementen planen können, die Sie als Fakturierungselemente gekennzeichnet haben.

Um die Erlöse kostenarten- bzw. periodengenau zu planen, klicken Sie in der hierarchischen Erlösplanung auf den Button DETAILPLANUNG.

Übernahme von Erlösplanung aus dem Kundenauftrag

Wenn Sie Ihr Projekt über einen Kundenauftrag fakturieren möchten, können Sie Ihre Planerlöse automatisch aus dem Nettobetrag des Kundenauftrags in das Projekt übernehmen und müssen die Erlöse somit nicht manuell planen. Weitere Details zu diesem Thema finden Sie in Abschnitt 3.4.

3.2.5 Einzelkalkulation

Eine wesentlich detailliertere Methode der Kostenplanung zu PSP-Elementen bietet die Einzelkalkulation: Neben manuell eingegebenen Planzahlen lassen sich für die Planung auch Werte aus Materialstammsätzen, Dienstleistungen oder Leistungsarten in einem Formular kombinieren.

Sie rufen die Einzelkalkulation aus der Übersicht zur hierarchischen Kostenplanung über den entsprechenden Button auf (siehe Abbildung 3.6). Anschließend werden Sie aufgefordert, im Feld Kalk.Var eine Kalkulationsvariante einzugeben. Über diese steuern Sie, welche Preise zur Bewertung von beispielsweise Materialnummern, Einkaufsinfosätzen oder Leistungsarten herangezogen werden sollen. Detaillierte Informationen zur Einstellung einer Kalkulationsvariante finden Sie in Abschnitt 3.2.7.

Außerdem haben Sie die Möglichkeit, die Einzelkalkulation eines anderen PSP-Elementes oder eine zuvor definierte Musterkalkulation zu kopieren. Eine Musterkalkulation legen Sie über Rechnungswesen • Projektsystem • Controlling • Musterkalkulation • Anlegen (Transaktion **KKE1**) an.

Die Einzelkalkulation bezieht sich zeitlich auf das Geschäftsjahr, das Sie in der hierarchischen Kostenplanung zum entsprechenden PSP-Element ausgewählt haben. Sie können Ihre Werte mit dieser Planungsform nicht auf Perioden herunterbrechen.

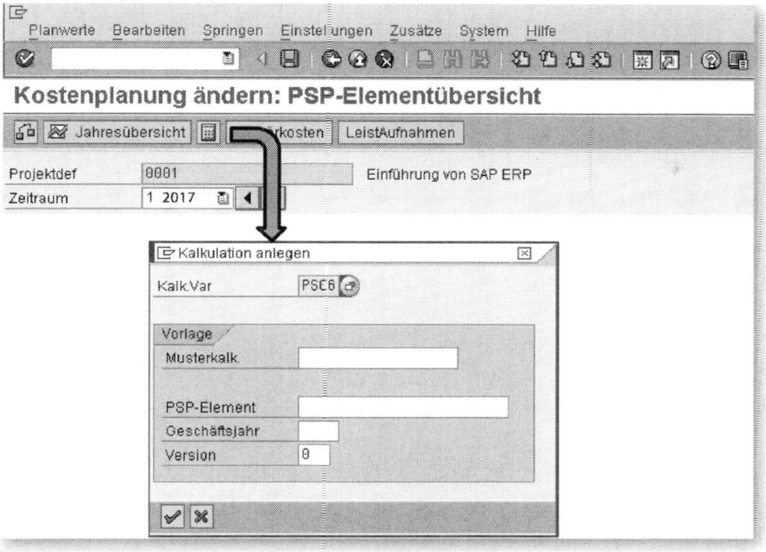

Abbildung 3.6: Aufruf der Einzelkalkulation

Im Pflegebild zur Einzelkalkulation erfassen Sie Ihre Planung zeilenweise, wobei der Positionstyp (Spalte POSIT...) darüber entscheidet, wie die Werte ermittelt werden (siehe Abbildung 3.7). Die Einzelkalkulation erfolgt kostenartengenau, wobei in der entsprechenden Spalte die Kostenart – wenn möglich – automatisch ermittelt wird, z. B. anhand der Leistungsart oder der Materialnummer). In der Spalte PREIS – GESAMT steht der Einzelpreis der jeweiligen Position, der multipliziert mit der Menge den Gesamtwert ergibt, der in der Spalte WERT – GESAMT angezeigt wird. Der Inhalt der weiteren Spalten hängt vom Positionstyp ab.

Über den Positionstyp **E (Eigenleistung)** planen Sie interne Stundenverrechnungen über Leistungsarten. Hierzu tragen Sie unter RESSOURCE die verrechnende Kostenstelle ein und unter WERK/... die entsprechende Leistungsart. Der Preis wird anhand des Tarifes ermittelt, der für die Kombination aus Kostenstelle und Leistungsart geplant wurde.

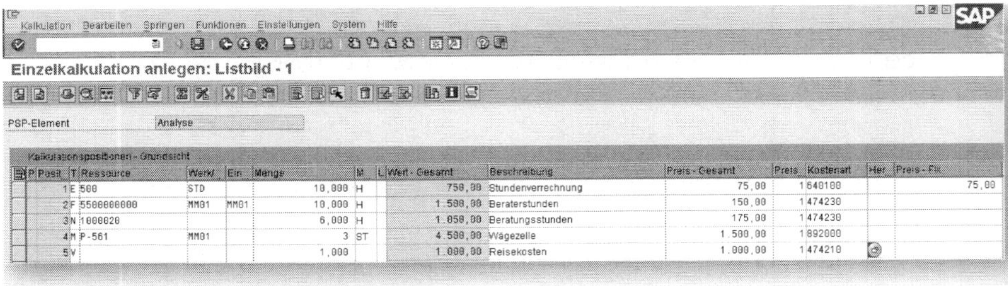

Abbildung 3.7: Einzelkalkulation pflegen

Wenn Sie den Positionstyp **F** wie **Fremdleistung** bzw. **L** wie **Lohnbearbeitung** eintragen, planen Sie Kosten für extern eingekaufte Dienstleistungen. In der Spalte RESSOURCE geben Sie dazu einen Einkaufsinfosatz ein, der die für den Einkauf relevanten Informationen (u. a. den Preis) zu einer Dienstleistung bei einem bestimmten Lieferanten enthält. Hierzu müssen Sie noch die Einkaufsorganisation in der entsprechenden Spalte eintragen; nun werden Preis und Kostenart aus dem Einkaufsinfosatz errechnet.

Sofern Sie mit Dienstleistungsstämmen arbeiten, können Sie Leistungen übergreifend verwalten und von Fall zu Fall entscheiden, ob sie intern erbracht oder extern eingekauft werden sollen. Über den Positionstyp **N (Dienstleistung)** können Sie Dienstleistungsstämme in die Einzelkalkulation einbinden. Hierzu tragen Sie den Stammsatz unter RESSOURCE ein und pflegen die Menge. Den Preis und die Kostenart entnimmt das System dem Dienstleistungsstammsatz.

Anhand des Positionstyps **M** für **Material** können Sie den Verbrauch eines bestimmten Materials planen. Hierzu tragen Sie in der Spalte RESSOURCE die Materialnummer ein und in der Spalte WERK/... das Werk. Der Preis wird anhand des gültigen Materialpreises ermittelt und die Kostenart anhand der Kontierungssteuerung in der Materialwirtschaft.

Schließlich steht Ihnen noch der Positionstyp **V (variabel)** zur Verfügung, anhand dessen Sie lediglich eine Kostenart auswählen und dazu manuell die Kosten planen. Auch hier können Sie eine Menge eingeben, die mit dem eingetragenen Planwert multipliziert wird.

Sofern Sie für das ausgewählte PSP-Element Gemeinkostenzuschläge ermitteln möchten (siehe Abschnitt 5.2) und ein entsprechendes Kalkulationsschema eingetragen haben, werden diese beim Sichern der Einzelkalkulation errechnet; die Gemeinkostenzuschläge können Sie sich außerdem über FUNKTIONEN • GEMEINKOSTEN RECHNEN sofort anzeigen lassen.

Keine Verknüpfung zwischen Einzelkalkulation und Logistik

Wenn Sie in der Einzelkalkulation Plandaten zu Objekten aus der Logistik (z. B. zu Materialnummern oder Einkaufsinfosätzen) anlegen, hat dies keinerlei Auswirkungen auf die logistische Mengenplanung. Anhand der Einzelkalkulation werden keinerlei Bedarfe generiert, mittels derer Beschaffungsprozesse ausgelöst werden können. Wenn Sie Ihre Kosten manuell zu PSP-Elementen planen, müssen Sie später manuell Reservierungen oder Bestellanforderungen anlegen und diese auf die PSP-Elemente kontieren, um die Beschaffung anzustoßen.

Die Einzelkalkulation ist eine sehr detaillierte und flexible Planungsmethode, um PSP-Elemente, die technisch gesehen Objekte aus dem Controlling darstellen, mit Planwerten anhand von Stammdaten aus der Logistik zu verknüpfen. Dieser Brückenschlag bringt allerdings Einschränkungen mit sich: Wie bereits erwähnt, ist die Einzelkalkulation zum einen nicht periodengenau und zum anderen verhältnismäßig unkomfortabel zu handhaben; darüber hinaus ist sie sehr unübersichtlich. Bevor Sie daran denken, Logistikdaten in Bezug zu PSP-Elemente manuell zu planen, sollten Sie stattdessen erwägen, Netzpläne einzusetzen. Diese sind speziell für das Einbinden von Plandaten aus der Logistik konzipiert und bieten wesentlich mächtigere und komfortablere Planungsmöglichkeiten, wie wir Ihnen in Abschnitt 3.3 vorstellen werden.

3.2.6 Easy Cost Planning

Mit dem Easy Cost Planning stellt Ihnen das SAP-System eine Planungsfunktionalität zur Verfügung, die wesentlich komfortabler als alle bisher vorgestellten Methoden ist. Dieses Werkzeug erlaubt es Ihnen, die Plandaten direkt aus dem Project Builder heraus zu pflegen und bietet darüber hinaus die Möglichkeit, Primärkosten, Sekundärkosten und Erlöse in ein und derselben Eingabemaske zu planen. Um Planwerte anhand von Objekten aus der Logistik zu ermitteln, können Sie Einzelkalkulationen einbinden oder anhand von sogenannten *Kalkulationsmodellen* voreingestellte *Templates* erstellen. In einem Kalkulationsmodell geben Sie feste Felder vor, anhand derer geplant wird. Zu jedem Feld hinterlegen Sie, wie bei einer Einzelkalkulation, wie die Planwerte ermittelt werden sollen – als variable Position durch direkte Eingabe eines Wertes zu einer vorgegebenen Kostenart, über eine Leistungsmenge in Bezug auf eine Leistungsart, als Verbrauchsmenge zu einer Materialnummer usw.

Kalkulationsmodell anlegen

Sie erstellen ein Kalkulationsmodell über den Menüpfad RECHNUNGSWESEN • PROJEKTSYSTEM • GRUNDDATEN • VORLAGEN • MODELLE FÜR EASY COST PLANNING bzw. über die Transaktion **CKCM**. Wählen Sie zunächst den Button ANLEGEN; im Pop-up-Fenster tragen Sie dann einen Namen (dieser muss eindeutig sein und darf nicht mit einer Zahl beginnen) sowie eine BEZEICHNUNG ein (siehe Abbildung 3.8).

Um das Kalkulationsmodell zu vervollständigen, gehen Sie in drei Schritten vor:

1. **Zuordnung von Merkmalen**
   Zu jedem Planwert, der über das Kalkulationsmodell eingegeben werden soll, benötigen Sie ein *Merkmal*. Dabei handelt es sich um eine Entität aus dem Klassensystem, die vorgibt, um welchen Datentyp (z. B. Währung zur Eingabe eines Betrags oder numerisch zur Eingabe einer Menge), um welche Maßeinheit (z. B. Stunden oder Stück) bzw. um welche Währung es sich handeln soll.

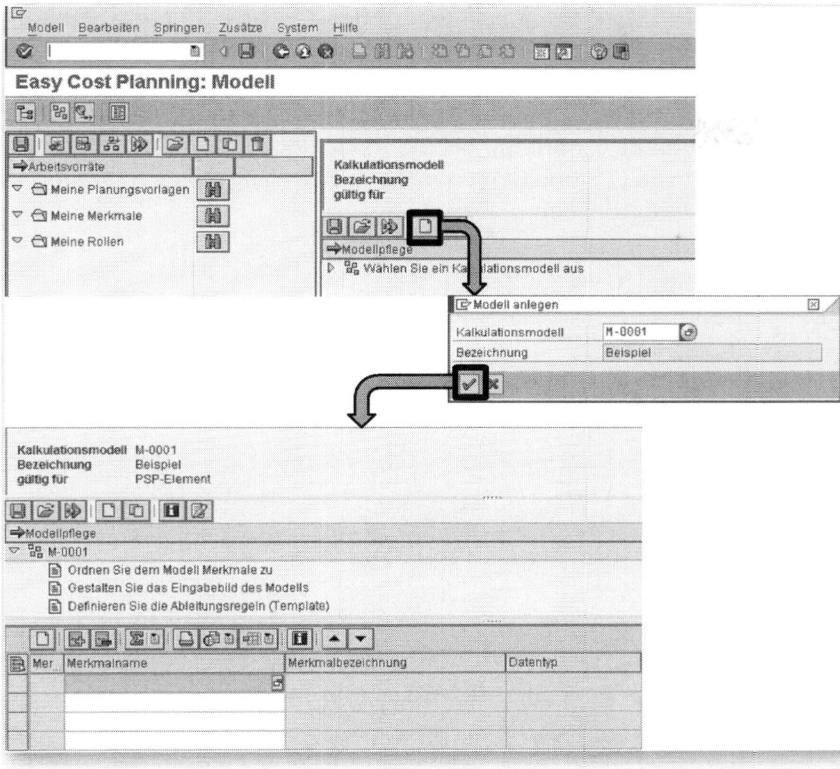

Abbildung 3.8: Kalkulationsmodell anlegen

2. **Gestaltung des Eingabebildes**
   Die Eingabe der Plandaten erfolgt über ein HTML-Template, das Sie bei Bedarf individuell gestalten können. Im Rahmen dieses Buches werden wir uns auf das SAP-Standard-Template beschränken.

3. **Definition von Ableitungsregeln**
   Über Ableitungsregeln legen Sie je Merkmal fest, wie die eingegebenen Werte interpretiert werden sollen – ob sie sich also z. B. als variables Objekt auf eine Primärkostenart beziehen, als Stundenzahl auf eine Leistungsart, als Stückzahl auf ein Material usw.

Um ein neues Merkmal anzulegen, tragen Sie es in die entsprechende Zeile ein. Beachten Sie dabei aber, dass die Bezeichnung (nicht der Name), die Sie dem Merkmal geben, später in der Planungsmaske erscheint. Sofern das Merkmal noch nicht existiert, weist Sie das System darauf hin und fragt, ob Sie es anlegen möchten. Bestätigen Sie dies mit »Ja«; Sie gelangen dann in den Pflegebildschirm für das Merkmal (siehe Abbildung 3.9).

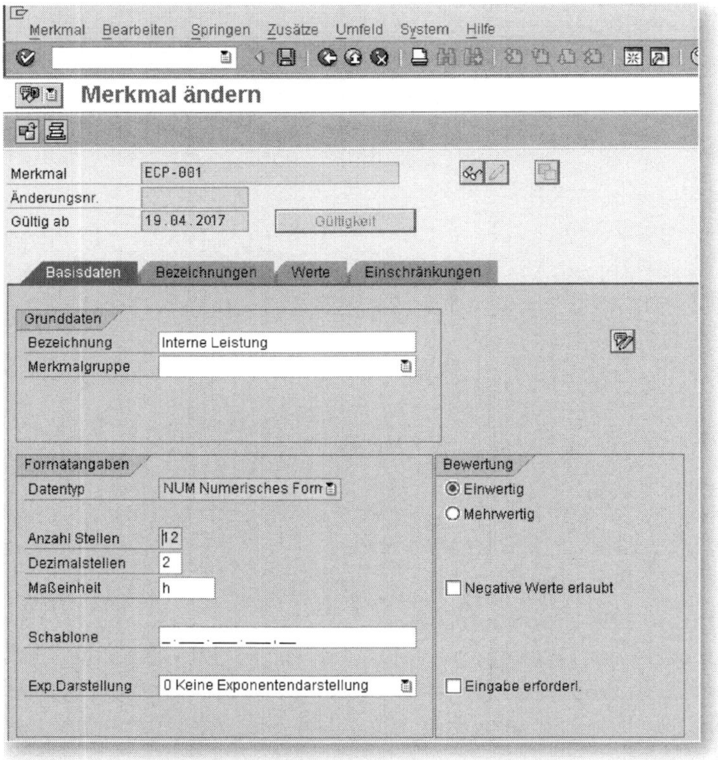

Abbildung 3.9: Merkmal anlegen

Für das Merkmal geben Sie eine Bezeichnung und den *Datentyp* ein – für das Easy Cost Planning sind hier nur die Typen **numerisches Format** und **Währungsformat** relevant. Sie können Merkmale in verschiedenen Kalkulationsmodellen verwenden, sollten dazu aber die

Bezeichnung möglichst allgemein halten, damit Sie sie in den verschiedenen Modellen gut auseinanderhalten können.

Außerdem müssen Sie die maximal erlaubte Anzahl von Stellen und Dezimalstellen angeben sowie eine Maßeinheit eintragen. Sichern Sie das Merkmal, und kehren Sie zurück zur Pflege des Kalkulationsmodells.

Im Beispiel haben wir zu unserem Kalkulationsmodell drei Merkmale angelegt: zwei mit numerischem Datenformat (NUM) zur Erfassung von Stunden bzw. Stückzahlen sowie eins vom Datentyp »Währung« (CURR) – siehe Abbildung 3.10. Um die Ableitungsregeln zu pflegen, klicken Sie auf den entsprechenden Button.

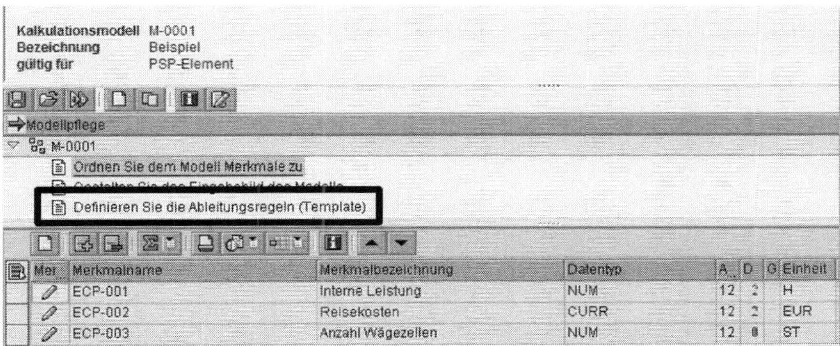

Abbildung 3.10: Anlegen der Ableitungsregeln

Das System erkundigt sich sodann, zu welchem Bezugsobjekt Sie die Ableitungsregeln anlegen möchten; Sie können die Ableitungsregeln für alle Objekte zulassen oder auf bestimmte Objekte einschränken (in PS z. B. auf PSP-Elemente). Wenn Sie auf ein bestimmtes Objekt einschränken, darf die Regel nur für das entsprechende Bezugsobjekt angewendet werden, und für kein anderes. Beachten Sie bitte, dass Sie diese Festlegung nicht mehr nachträglich ändern können.

Sie können nun in einem speziellen Editor über die sogenannte *Template-Technik* bestimmen, wie anhand der vom Benutzer eingegebenen Zahlen Planwerte zu den Merkmalen ermittelt werden sollen. Templates erlauben komplexe Berechnungen und können dabei auf eine Vielzahl von Stammdatenfeldern aus dem Controlling und dem Projektsystem zurückgreifen.

Zunächst legen Sie, ähnlich wie bei der Einzelkalkulation, je Zeile den Typ fest, aus dem die weitere Logik der Berechnung hervorgehen soll. Im Beispiel haben wir je eine Zeile als Kombination von Kostenstelle und Leistungsart (KOSTENSTELLE/LEISTUNGS), als MATERIAL und als VARIABLE POSITION gekennzeichnet (siehe Abbildung 3.11).

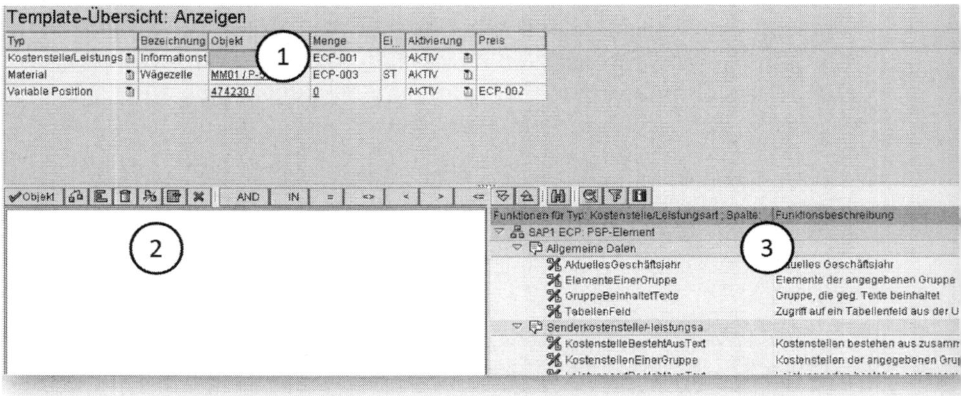

Abbildung 3.11: Ableitungsregel für Kostenstelle/Leistungsart pflegen

In der Spalte OBJEKT geben Sie fest vor, um welche Kostenstelle und welche Leistungsart es sich handeln soll. Indem Sie einen Doppelklick auf das hervorgehobene Feld ❶ ausführen, öffnet sich ein Editor ❷, anhand dessen Sie das Feld spezifizieren können. Unter ❸ sehen Sie eine Liste aller zur Verfügung stehenden Stammdaten und Funktionen. Sie können nun eine Kombination aus Kostenstelle und Leistungsart fest vorgeben oder diese über Formeln dynamisch bestimmen lassen. Der Einsatz von Formeln erfordert jedoch einige Kenntnisse der Template-Technik, die wir im Rahmen dieses Buches aus Platzgründen nicht weiter erläutern können.

Wenn Sie sich nicht sicher sind, welche Stammdaten Sie jeweils spezifisch vorgeben müssen, können Sie sich diese vom System vorschlagen lassen (siehe Abbildung 3.12). Hierzu brechen Sie die Eingabe im Editor zunächst über den Button ab. Klicken Sie anschließend erneut auf das Feld in der Spalte OBJEKT und öffnen Sie die Eingabehilfe. Nun werden Ihnen alle gültigen Kombinationen aus Kostenstellen und Leistungsarten vorgeschlagen. Wenn Sie eine davon auswählen, werden die Werte entsprechend in den Editor übertragen.

Anhand der Leistungsart kann das System nun die entsprechende Kostenart und mithilfe des Tarifes den Stundensatz ermitteln. Die Anzahl der zu planenden Stunden soll anhand der Eingabe des Benutzers für das zugeordnete Merkmal ermittelt werden. Deshalb müssen Sie in der Spalte Menge das entsprechende Merkmal eintragen (Abbildung 3.12).

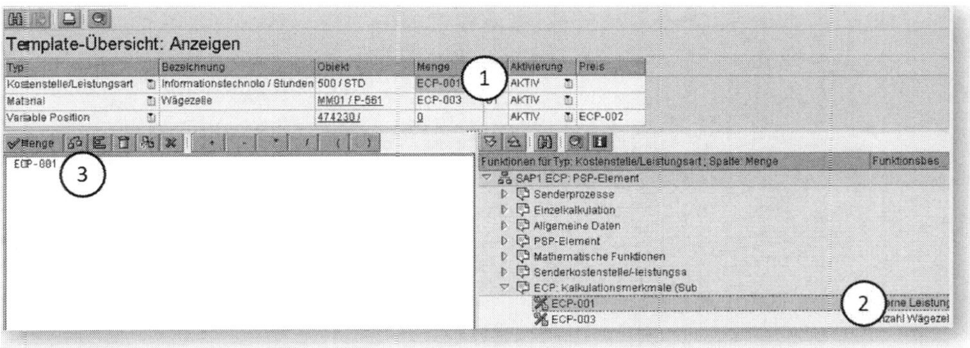

Abbildung 3.12: Angabe der Menge anhand des Merkmals

Führen Sie zunächst einen Doppelklick auf das entsprechende Feld aus ❶. Ihnen wird nun eine große Anzahl an Funktionen angeboten; die dem Kalkulationsmodell zugeordneten Merkmale finden Sie am Ende ❷. Wählen Sie das entsprechende Merkmal aus, und es wird in den Editor übernommen ❸.

In Abbildung 3.13 sehen Sie das im Beispiel fertiggestellte Template. Die zweite Zeile dient der Planung des Verbrauchs eines bestimmten Materials; entsprechend haben wir hier unter Objekt das Werk mit der Materialnummer eingetragen und unter Menge das passende Merkmal ausgewählt. Beachten Sie, dass wir in den ersten beiden Zeilen keine Einträge in der Spalte PREIS vornehmen müssen, da diese Werte automatisch ermittelt werden.

Template-Übersicht: Anzeigen

Typ	Bezeichnung	Objekt	Menge	Ei...	Aktivierung	Preis
Kostenstelle/Leistungsart	Informationstechnolo / Stunden	500 / STD	ECP-001	H	AKTIV	
Material	Wägezelle	MM01 / P-561	ECP-003	ST	AKTIV	
Variable Position		474230 /	0		AKTIV	ECP-002

Abbildung 3.13: Fertiggestelltes Template

In der dritten Zeile haben wir eine variable Position erstellt, für die wir als OBJEKT lediglich eine Kostenart benötigen. Da hier keine Mengen geplant werden, benötigen wir ein Merkmal vom Typ »Währung«, das wir nicht in der Spalte MENGE, sondern unter PREIS eintragen. Beachten Sie bitte, dass Sie bei einer variablen Position eine 1 in der Spalte MENGE eintragen müssen, da das System grundsätzlich den Planwert als Produkt aus Menge und Preis errechnet.

Erlösplanung mit dem Easy Cost Planning

Sie können mit dem Easy Cost Planning auch Erlöse manuell planen. Hierzu definieren Sie eine variable Position und ordnen dieser eine Erlösart zu. Da Erlöse im Controlling als negative Werte fortgeschrieben werden, müssten Sie in die Spalte Menge »–1« eintragen. Weil allerdings der Editor die Eingabe »–1« nicht akzeptiert, geben Sie »0–1« ein.

Wir zeigen Ihnen nun, wie Sie das fertiggestellte Kalkulationsmodell für die Kostenplanung mit dem Easy Cost Planning verwenden können.

Aufruf und Benutzung des Easy Cost Plannings

Bevor Sie das Easy Cost Planning benutzen können, müssen Sie einige spezielle Einstellungen in Customizing vornehmen (siehe Abschnitt 3.2.7). Beachten Sie außerdem, dass Sie nur zu PSP-Elementen planen können, die

- als Planelement gekennzeichnet sind,
- nicht planintegriert sind und
- nicht über eine Einzelkalkulation beplant wurden.

Sie rufen die Funktionalität aus dem Project Builder über den Menüpunkt SPRINGEN • EASY COST PLANNING auf. Das System erfragt nun eine Kalkulationsvariante, die die Planung über Easy Cost Planning erlaubt; standardmäßig liefert SAP die Variante PS06 aus. Sie können dieses Dialogfenster unterdrücken, indem Sie die Kalkulationsvariante im Customizing in Ihr Planprofil eintragen.

Beachten Sie außerdem, dass das System die erfassten Planwerte in der Buchungsperiode fortschreibt, in der der Eckstarttermin des Projektes liegt.

Sie gelangen nun zu einer Strukturdarstellung des Projektes und können dort mithilfe des Buttons PLANUNGSVORLAGE AUSWÄHLEN für jedes PSP-Element jeweils ein zuvor erstelltes Kalkulationsmodell auswählen.

In Abbildung 3.14 sehen Sie, wie wir das Kalkulationsmodell eingebunden haben, dessen Entstehung wir im vorherigen Abschnitt gezeigt haben. Sie können nun die INTERNE LEISTUNG als Stundenzahlen, die REISEKOSTEN in Euro und die Materialkosten für WÄGEZELLEN in Stückzahlen planen. Das System ermittelt automatisch die dazugehörigen Plankosten.

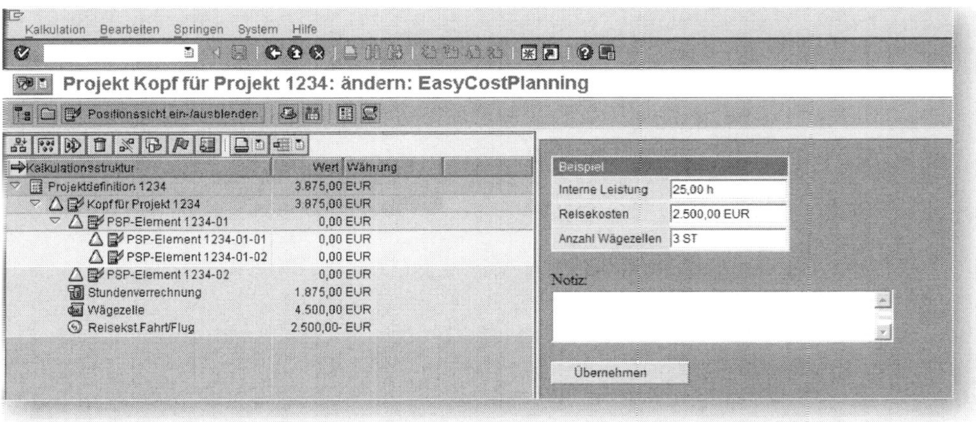

Abbildung 3.14: Planung mit Planvorlage im Easy Cost Planning

Kein Einfluss des Easy Cost Plannings auf die Logistik

Für das Easy Cost Planning gilt in ähnlicher Weise wie für die Einzelkalkulation, dass anhand der hier eingegebenen Plandaten mit Bezug zu Materialnummern, Kostenstellen/Leistungsarten oder Einkaufsinfosätzen keinerlei Folgefunktionen angestoßen werden. Das System generiert keine Bestellanforderungen oder Planaufträge in der Logistik aufgrund von Planzahlen aus dem Easy Cost Planning. Es gibt allerdings die Möglichkeit, über die Funktionalität *Execution Services* anhand der über das Easy Cost Planning erfassten Planzahlen Bestellanforderungen, Warenausgänge und Leistungsverrechnungen zu erzeugen. Mehr dazu finden Sie in Abschnitt 4.7.

Das Easy Cost Planning ist die anwenderfreundlichste Funktionalität, die SAP zur Kostenplanung zu PSP-Elementen anbietet. Es ist verhältnismäßig einfach zu benutzen, übersichtlich und kombiniert außerdem die Funktionalität der zuvor vorgestellten Funktionen (Primärkostenplanung, Leistungsaufnahme und Einzelkalkulation). Ein weiterer Aspekt, der die Arbeit für den Anwender erleichtert, ist die flexible Gestaltung der Planungsvorlagen. Bei der Planung nach Kostenarten muss der Erfasser die Bedeutung der einzelnen Konten genau kennen; dies kann allerdings bei Mitarbeitern außerhalb des Rechnungswesens nicht immer vorausgesetzt werden. Indem Sie die Merkmale, die den Vorlagen zugrunde liegen, dem Kontext entsprechend benennen, können Sie sicherstellen, dass sich auch Mitarbeiter damit zurechtfinden, die keine gelernten Buchhalter sind.

Die wichtigste Einschränkung des Easy Cost Plannings ist dessen mangelnde Flexibilität. Insbesondere wenn Sie mit Planungsvorlagen arbeiten, setzen Sie stetig wiederkehrende Projektstrukturen voraus. Für jede Kombination aus Kostenstelle und Leistungsart und für jede

Materialnummer müssen Sie eine eigene Zeile in der Vorlage anlegen. Wenn Sie jedoch in Ihren Projekten ständig neue Konstellationen zu erwarten haben, sollten Sie Ihre Planungsvorlagen so allgemein wie möglich halten, indem Sie beispielsweise die gesamten Materialkosten als Gesamtwert je PSP-Element erfassen. Eine detailliertere Planung ist dann nur über die Einzelkalkulation oder eben über die Netzplankalkulation möglich.

3.2.7 Customizing-Einstellungen zur manuellen Planung

Bevor Sie manuell Kosten planen können, müssen Sie zunächst einige Einstellungen im Customizing vornehmen:

CO-Versionen anlegen

Sie pflegen Planversionen im Customizing-Punkt PROJEKTSYSTEM • KOSTEN • CO-VERSIONEN ANLEGEN (siehe Abbildung 3.15). Hierzu müssen Sie festlegen, ob in der jeweiligen Version Plandaten und Istdaten fortgeschrieben werden sollen. Istdaten werden immer in Version 0 erfasst. Ein weiterer relevanter Punkt ist die Einstellung in der Spalte WIP/ERGERM, durch die Sie erlauben, dass eine Ermittlung von Ware in Arbeit zum Projekt durchgeführt werden kann (mehr dazu erläutern wir in Abschnitt 5.3).

Wenn Sie die Version angelegt haben, müssen Sie zu ihr noch weitere Einstellungen vornehmen. Selektieren Sie nun die entsprechende Version und wählen Sie in der Dialogstruktur links EINSTELLUNGEN IM KOSTENRECHNUNGSKREIS. Nun wählen Sie erneut die Planversion aus und gehen anschließend links zum Punkt EINSTELLUNGEN PRO GESCHÄFTSJAHR. Für jedes Geschäftsjahr, das Sie planen möchten, müssen Sie einen Eintrag vornehmen.

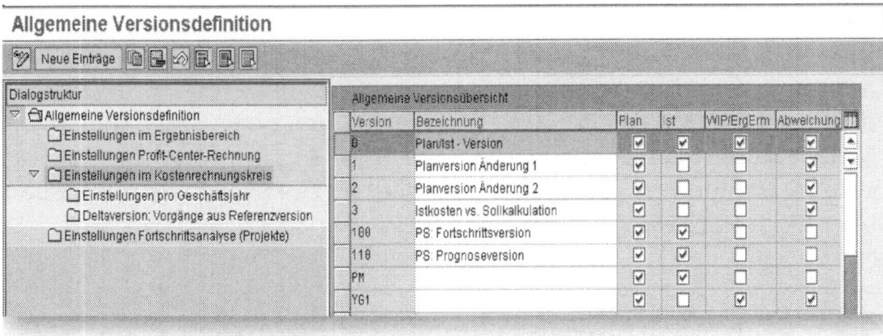

Abbildung 3.15: Planversionen pflegen

Planprofil anlegen

Im Planprofil nehmen Sie alle wesentlichen Einstellungen vor, die Sie für die manuelle Kosten- und Erlösplanung zu PSP-Elementen benötigen. Sie pflegen es im Customizing-Eintrag PROJEKTSYSTEM • KOSTEN • PLANKOSTEN • MANUELLE KOSTENPLANUNG IM PSP • HIERARCHISCHE KOSTENPLANUNG • PLANPROFIL ANLEGEN/ÄNDERN (Transaktion **OPSB**).

Im Block MANUELLE PLANUNG legen Sie mit dem Kennzeichen BOTTOM-UP PLANUNG fest, dass bei der Planung zu PSP-Elementen beim Sichern jeweils die Plankosten der PSP-Elemente auf das nächsthöhere PSP-Element hochkopiert werden (siehe Abbildung 3.16). Wenn Sie den Parameter PLANELEMENTE auswählen, dürfen Sie mit diesem Planprofil nur zu PSP-Elementen planen, die als Planelemente gekennzeichnet sind.

Unter ZEITHORIZONT können Sie vorgeben, um wie viele Jahre man beim Planen in die Vergangenheit oder in die Zukunft gehen darf; im Feld START können Sie das Startjahr für die Planung festlegen; es errechnet sich aus dem aktuellen Jahr plus dem Wert, den Sie hier eintragen.

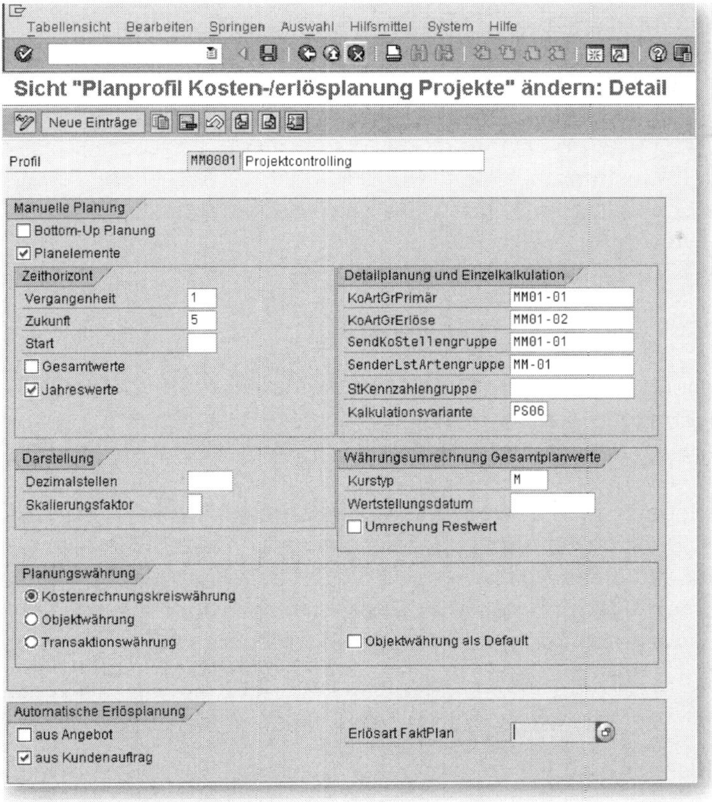

Abbildung 3.16: Planprofil anlegen

Im Bereich DETAILPLANUNG UND EINZELKALKULATION geben Sie Stammdatengruppen vor, die die Auswahl der angezeigten Kostenarten, Kostenstellen, Leistungsarten usw. bei der Planung einschränken. Bei der Primärkostenplanung werden beispielsweise nur die Kostenarten der Kostenartengruppe **MM01-01** zur Planung angeboten. Die KALKULATIONSVARIANTE ist ein Vorschlagswert für das Easy Cost Planning.

Ein weiterer wichtiger Punkt ist der Parameter AUS KUNDENAUFTRAG unten im Block AUTOMATISCHE ERLÖSPLANUNG. Damit legen Sie fest, dass die Auftragswerte von Kundenaufträgen, die dem Projekt zugeordnet sind, als Planerlöse übernommen werden.

Im nächsten Customizing-Punkt PLANPROFIL PROJEKTPROFIL ZUORDNEN im selben Teilbaum können Sie das soeben erstellte Planprofil mit Ihrem Projektprofil verknüpfen.

Einstellungen zum Easy Cost Planning

Alle Einstellungen zum Easy Cost Planning nehmen Sie im Customizing im Teilbaum PROJEKTSYSTEM • KOSTEN • PLANKOSTEN • EASY COST PLANNING AND EXECUTION SERVICES • EASY COST PLANNING vor.

Als Erstes legen Sie fest, welche Planversion standardmäßig für das Easy Cost Planning herangezogen werden soll. Tragen Sie hier als Version »**0**« ein (siehe Abbildung 3.17). Über den Parameter PLANERLÖSE bestimmen Sie, ob geplante Erlöse aus den Fakturierungsplänen als Planwerte übernommen werden sollen oder nicht.

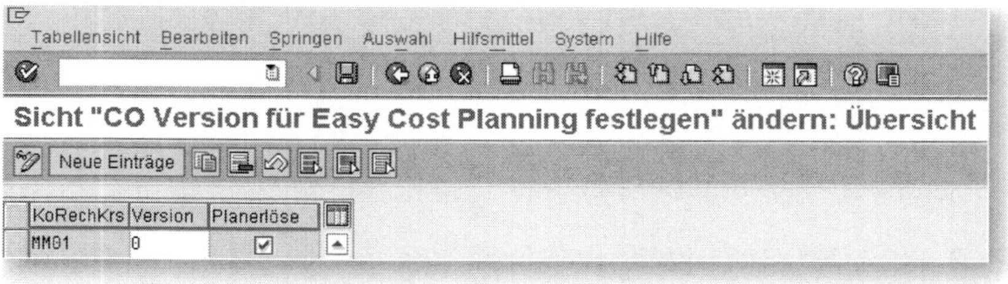

Abbildung 3.17: CO-Version für das Easy Cost Planning festlegen

In den nächsten Schritten KALKULATIONSVARIANTE ANLEGEN und KALKULATIONSVARIANTE PLANPROFIL ZUORDNEN legen Sie die Kalkulationsvariante fest, die für das Easy Cost Planning benutzt werden soll. Hier liefert SAP die Variante **PS06** aus, die speziell auf diese Anforderungen zugeschnitten wurde und an der Sie nichts ändern sollten. Ordnen Sie die Variante Ihrem Planprofil zu, damit sie immer als Vorschlagswert beim Anlegen einer Kalkulation gezogen wird.

SAP hat die Nutzung von Easy Cost Planning in unterschiedlichen Planversionen erst nachträglich (ab Release R/3 Enterprise Extension 2.0) ermöglicht. Um diese Option zu aktivieren, gehen Sie zunächst in die Transaktion ALTERNATIVE CO-VERSIONEN FESTLEGEN. Tragen Sie dort – wie in Abbildung 3.18 – alle Versionen ein, die Sie benutzen möchten (inklusive Version 0, auch wenn Sie sie bereits vorher eingetragen hatten).

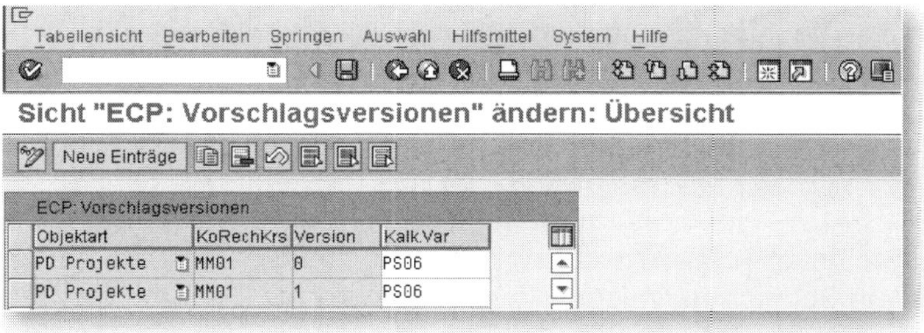

Abbildung 3.18: Mehrere Planversionen für das Easy Cost Planning

Im Anschluss führen Sie die Aktivität MEHRERE CO-VERSIONEN AKTIVIEREN aus. Geben Sie dort Ihren Kostenrechnungskreis ein, und führen Sie die Aktivierung aus. Beim Anlegen einer Kalkulation können Sie dann mit dem Easy Cost Planning die Planversion auswählen.

Elementeschema

Beim *Elementeschema* handelt es sich um ein Konzept aus der Produktkalkulation, um die Herstellkosten eines Produktes in sogenannte *Kostenelemente* zu untergliedern, wie z. B. Verbrauch von Rohstoffen, Personalkosten, Fremdleistungen, Gemeinkostenzuschläge usw. Hierzu legen Sie Kostenelemente nach Ihren Anforderungen an und ordnen diesen die entsprechenden Kostenarten zu. Die Aufgliederung der Herstellkosten anhand der Produktkalkulation können Sie in der Ergebnisrechnung (Modul CO-PA) auswerten.

Im Easy Cost Planning ist diese Funktionalität jedoch stark eingeschränkt, denn Sie können sich die Aufteilung in die Kostenelemente (auch Kostenschichtung genannt) lediglich in der Planung anzeigen lassen, indem Sie die entsprechenden Spalten einblenden; sichern können Sie diese Aufteilung allerdings nicht. Damit können Sie die Kostenschichtung weder in CO-PA übergeben noch im Informationssystem auswerten. Gleichwohl müssen Sie für das Easy Cost Planning ein Elementeschema angeben und alle Kostenarten zuordnen – ansonsten erhalten Sie beim Planen Fehlermeldungen.

Wir empfehlen Ihnen daher, für das Easy Cost Planning ein möglichst einfaches Elementeschema zu erstellen. Gehen Sie dazu im Customizing zu PROJEKTSYSTEM • KOSTEN • PLANKOSTEN • EASY COST PLANNING AND EXECUTION SERVICES • EASY COST PLANNING • ELEMENTESCHEMA DEFINIEREN (Transaktion **OKTZ**).

Legen Sie unter ELEMENTESCHEMA zunächst ein Elementeschema an. Zu diesem Schema benötigen Sie ein sogenanntes *Element*, das Sie unter ELEMENTE MIT EIGENSCHAFTEN erstellen; da Sie dieses Element nicht weiterverwenden können, benötigen Sie hier keine weiteren Einstellungen. Dem Element ordnen Sie unter ZUORDNUNG: ELEMENT – KOSTENARTENINTERVALL alle Ihre Kostenarten zu. Anschließend verknüpfen Sie das Elementeschema unter ZUORDNUNG: ORGANISATIONSEINHEITEN – ELEMENTESCHEMA mit Ihrem Buchungskreis.

Wichtig: Nachdem Sie alle Einstellungen fertiggestellt haben, müssen Sie das Elementeschema noch aktivieren. Solange ein Elementeschema aktiv ist, dürfen Sie keine Änderungen daran vornehmen – Sie müssen es also vor jeder Modifikation deaktivieren und hinterher wieder aktivieren.

3.3 Netzplankalkulation

Bisher haben wir Ihnen gezeigt, auf welche unterschiedliche Weisen Sie manuell Kosten und Erlöse zu PSP-Elementen planen können. Dabei haben wir bereits darauf hingewiesen, dass Sie vor allem dann Kompromisse hinsichtlich des Planungskomforts eingehen müssen, wenn Sie logistische Objekte wie Materialnummern oder Einkaufsinfosätze mit PSP-Elementen verknüpfen möchten. Genau an dieser Stelle liegt die Hauptstärke der Netzpläne – sie erlauben es, zu Vorgängen direkt Bedarfe zu erzeugen und zu diesen die Plankosten zu errechnen. Anhand der Bedarfe werden Folgeprozesse in der Logistik angestoßen. Darüber hinaus können Sie mithilfe von Netzplänen die Kosten für eigenbearbeitete Vorgänge und von Kostenvorgängen ermitteln.

Ein weiterer Vorteil von Netzplänen gegenüber der manuellen Planung zu PSP-Elementen ist, dass Sie die Kosten periodengenau ermitteln können. Wenn Sie Ihre Netzpläne terminieren, werden die Plankosten jeweils zum Ecktermin des dazugehörigen Vorgangs eingeplant.

3.3.1 Durchführen der Kalkulation

Sie können Netzpläne manuell kalkulieren, indem Sie im Project Builder einen Netzplankopf oder -vorgang auswählen und über das Menü den Punkt BEARBEITEN • KOSTEN • KOSTEN ERMITTELN auswählen. Ansonsten ermittelt das System die Plankosten jeweils beim Sichern des Netzplanes neu oder aktualisiert nur die Objekte, die geändert wurden. Im Netzplankopf stellen Sie im Reiter STEUERUNG unter PLANKOSTENERM. ein, wie das System die Plankosten ermitteln soll (siehe Abbildung 3.19).

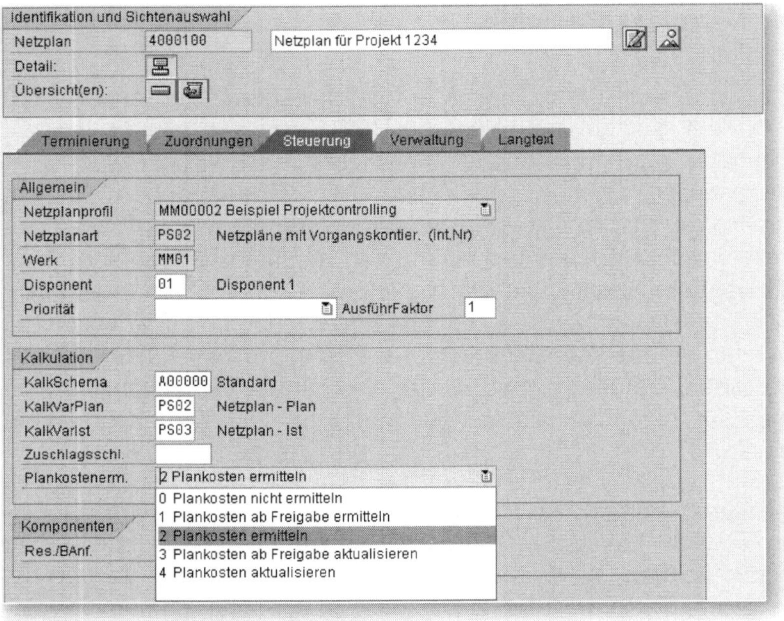

Abbildung 3.19: Steuerungsparameter im Netzplankopf

Um die Plankosten für eigenbearbeitete Vorgänge zu ermitteln, müssen Sie im entsprechenden Vorgang einen ARBEITSPLATZ hinterlegen (siehe Abbildung 3.20). Zu einem Arbeitsplatz wird u. a. festgelegt, wie viele Personen dort beschäftigt sind, wie viele Stunden diese am Tag arbeiten usw. Darüber hinaus wird ein Arbeitsplatz mit einer Kostenstelle und mindestens einer Leistungsart verknüpft, sodass die Kosten für die erbrachte Leistung berechnet werden können. Wie Sie Arbeitsplätze anlegen, beschreiben wir in Abschnitt 3.3.2.

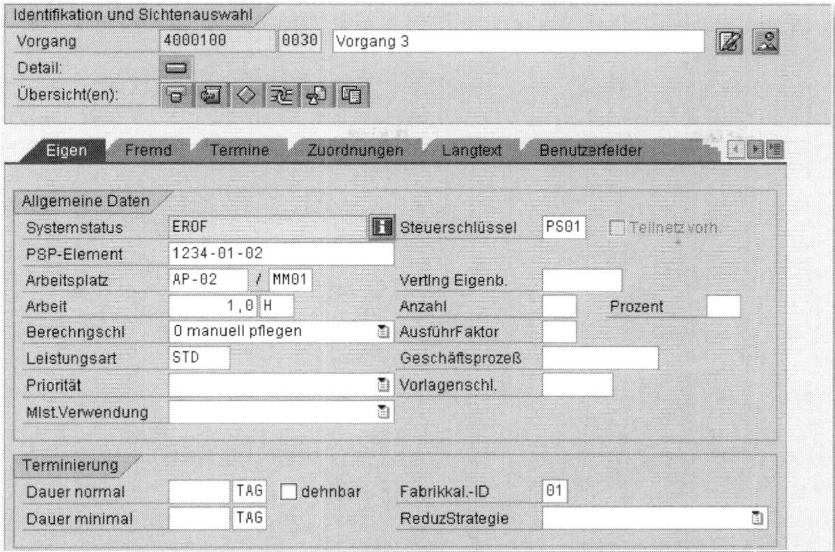

Abbildung 3.20: Planung zum eigenbearbeiteten Vorgang

Wenn Sie einen ARBEITSPLATZ ausgewählt haben, tragen Sie im Feld ARBEIT die für den Vorgang geplante Arbeitszeit und die Leistungsart ein. Beachten Sie außerdem, dass der STEUERSCHLÜSSEL korrekt für eigenbearbeitete Vorgänge gesetzt ist.

Zur Planung von Materialkosten zu einem Vorgang stellt SAP sogenannte *Materialkomponenten* zur Verfügung. Dabei handelt es sich um ein weiteres Strukturelement im Projektsystem, das Sie im Project Builder mit einem Netzplanvorgang verknüpfen können (siehe Abbildung 3.21).

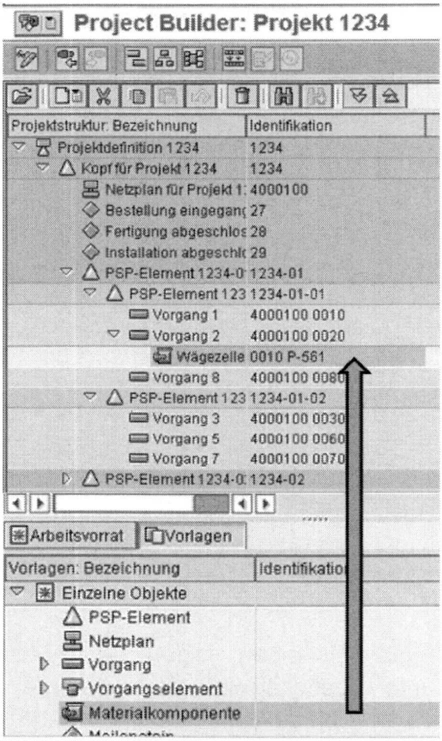

Abbildung 3.21: Anlegen einer Materialkomponente

Zum Anlegen ziehen Sie die MATERIALKOMPONENTE wie gewohnt mit der Maus aus dem Vorlagenvorrat zum betreffenden Vorgang. Sie können dann entscheiden, ob es sich um eine Lager- oder Nichtlagerposition handelt, die Bedarfsmenge festlegen sowie weitere für die Beschaffung relevante Informationen eingeben.

Bei einer Nichtlagerposition können Sie den zu kalkulierenden Preis entweder manuell eingeben oder anhand eines Einkaufsinfosatzes bestimmen, sofern ein solcher vorhanden ist. Sie können auch eine Materialnummer für ein nichtlagerfähiges Material (z. B. eine Dienstleistung) angeben. In einem solchen Falle ermittelt das System den Preis aus dem Materialstammsatz.

Wenn Sie eine Lagerposition anlegen, müssen Sie eine Materialnummer eintragen. Somit wird der Planpreis anhand des gültigen Materialpreises errechnet.

Mit dem Anlegen einer Materialkomponente erzeugt das System Reservierungen bzw. Bestellanforderungen in der Logistik, wodurch der Beschaffungsprozess angestoßen wird. Dies ist ein wesentlicher Unterschied zur manuellen Kostenplanung zu PSP-Elementen. Beachten Sie außerdem, dass das System mit dem Erstellen von Bestellanforderungen sofort ein Obligo in Höhe des geplanten Wertes fortschreibt.

Wenn Sie zunächst nur eine grobe Planung der Materialkosten durchführen möchten, ohne sofort konkrete Materialnummern zuzuordnen bzw. Reservierungen auszulösen, können Sie das Feld MATVORPLANUNG nutzen, das Sie im Vorgang im Reiter ZUORDNUNGEN finden (siehe Abbildung 3.22). Wenn Sie später anhand von Materialkomponenten detailliertere Planwerte erfassen, werden diese von dem hier eingegebenen Wert subtrahiert. Damit ist gewährleistet, dass die Planwerte nicht doppelt erfasst werden.

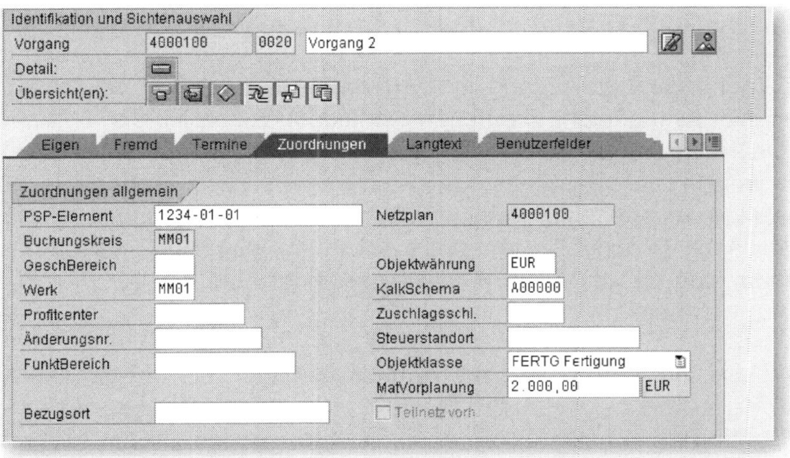

Abbildung 3.22: Materialvorplanung zum Vorgang

Bei Fremdvorgängen tragen Sie die Plankosten entweder manuell ein, oder Sie geben einen Einkaufsinfosatz an, aus dem die Kosten ermittelt werden können (siehe Abbildung 3.23). In jedem Fall erzeugt das System eine Bestellanforderung, mit der ein Obligo ausgelöst wird.

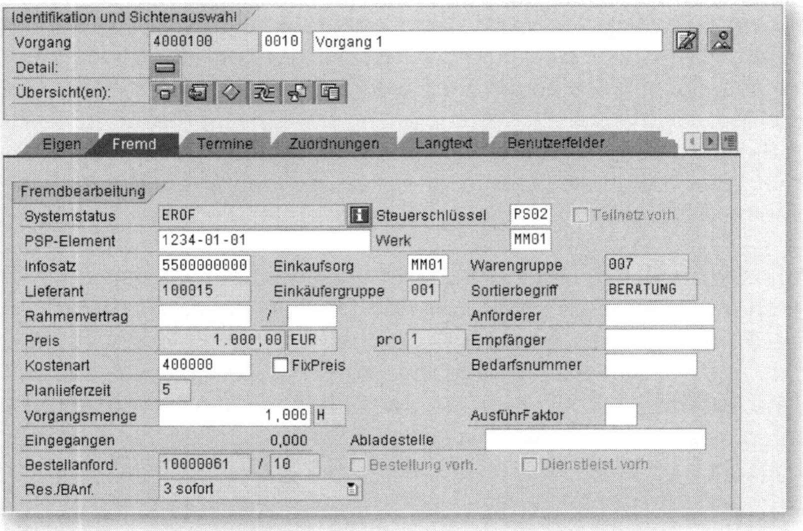

Abbildung 3.23: Kostenplanung zum Fremdvorgang

Ein Dienstleistungsvorgang wird grundsätzlich analog zu einem Fremdvorgang geplant. Sie haben hier jedoch zusätzlich die Möglichkeit, ein Leistungsverzeichnis zu pflegen, in dem Sie genau hinterlegen, welche Dienstleistungen beschafft werden sollen. Tragen Sie die Leistungen entweder anhand von Dienstleistungsstammsätzen oder lediglich als Textposition ein (siehe Abbildung 3.24). Sie müssen außerdem den Bruttopreis je Leistungseinheit, die Menge und die Kostenart angeben.

Wenn Sie Ihre Plandaten gepflegt haben, können Sie über Bearbeiten • Kosten • Kosten ermitteln die Kosten kalkulieren; bei kopfkontierten Netzplänen steht Ihnen dann ein Kostenreport für den gesamten Netzplan zur Verfügung, bei vorgangskontierten können Sie die Kosten nur je Vorgang anzeigen lassen. Den Kostenreport rufen Sie über Bearbeiten • Kosten • Plan/Ist • Netzplan bzw. Vorgang/Element auf (siehe Abbildung 3.25).

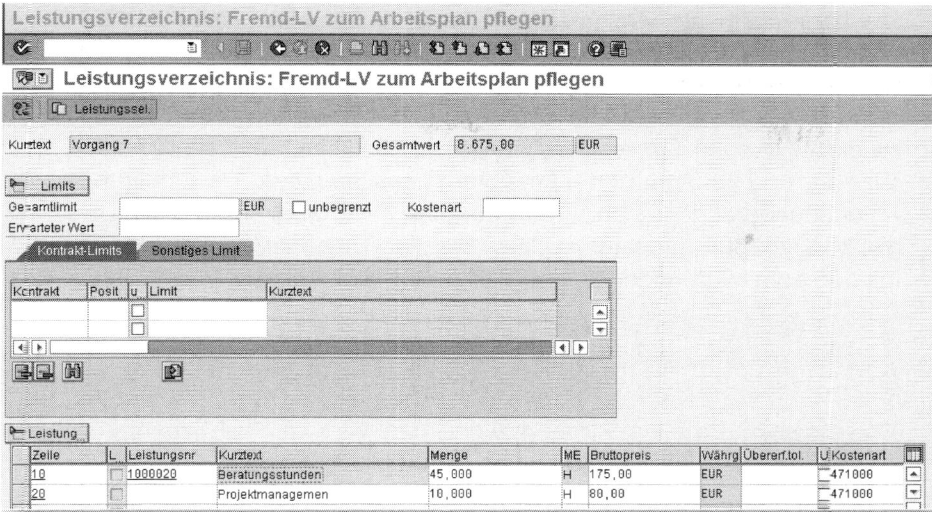

Abbildung 3.24: Leistungsverzeichnis pflegen

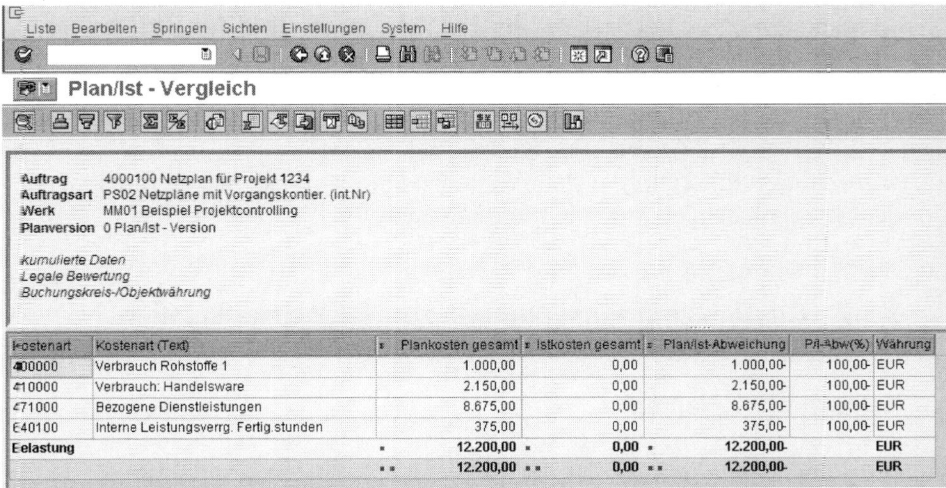

Abbildung 3.25: Kostenbericht zum Netzplan

Sie haben nun die wesentlichen Elemente der Netzplankalkulation kennengelernt. Wie bereits eingangs erwähnt, ist diese Form der Kostenplanung wesentlich besser zur Integration mit der Logistik geeignet als die manuelle Planung zu PSP-Elementen. Im Vergleich zu dieser können Sie mit Netzplänen darüber hinaus wesentlich detaillierter und genauer und – im Zusammenspiel mit der Terminierung – periodengerecht planen. Wenn Sie also Ihr Projekt eng mit der Logistik verknüpfen möchten, sollten Sie den Einsatz von Netzplänen mit den damit verbundenen Vorteilen in Betracht ziehen.

Kombinieren von manueller Planung und Netzplankalkulation

Es ist möglich, sowohl manuell zu PSP-Elementen zu planen als auch die Netzplankalkulation einzusetzen. Beachten Sie allerdings, dass sich die Daten aus beiden Planungsformen dabei addieren.

Kombinieren können Sie beide Planungsformen jedoch, indem Sie für bestimmte PSP-Elemente, die keine enge Verknüpfung zur Logistik haben, manuell planen und für andere PSP-Elemente, die Netzpläne enthalten, die Netzplankalkulation nutzen.

Wir erläutern Ihnen nun, welche Einstellungen im Customizing Sie für die Netzplankalkulation vornehmen müssen.

3.3.2 Customizing-Einstellungen zur Netzplankalkulation

Kalkulationsvarianten

Um festzulegen, wie genau die Plankosten zum Netzplan bestimmt werden sollen, müssen Sie jeder Netzplanart eine Kalkulationsvariante zuordnen.

Im Customizing-Punkt PROJEKTSYSTEM • KOSTEN • PLANKOSTEN • MASCHINELLE KALKULATION IM NETZPLAN/VORGANG • KALKULATION • KALKULATIONSVARIANTEN FESTLEGEN können Sie eigene Kalkulationsvarianten erstellen bzw. bestehende zunächst kopieren und dann verändern. Verändern Sie jedoch niemals direkt die von SAP im Standard ausgelieferten Einstellungen!

Im Standard liefert SAP für Netzpläne die KALKULATIONSVARIANTE **PS02** aus (siehe Abbildung 3.26). Die erste mögliche Einstellung, die Sie vornehmen können, ist die Kalkulationsart, die bestimmt, für welche Szenarien diese Variante genutzt werden soll. Kalkulationsvarianten können für die Ermittlung von Plan- oder Istwerten und für unterschiedliche Auftragsarten eingesetzt werden. Im Beispiel haben wir die Kalkulationsart **06 – Fertigungsauftrag Plan** gewählt, weil wir Planwerte ermitteln wollen. Da Netzpläne den Fertigungsaufträgen technisch sehr ähnlich sind, stellt SAP hier als Vorschlagswert nur eine Kalkulationsart bereit, die für beide Auftragsarten eingesetzt werden kann.

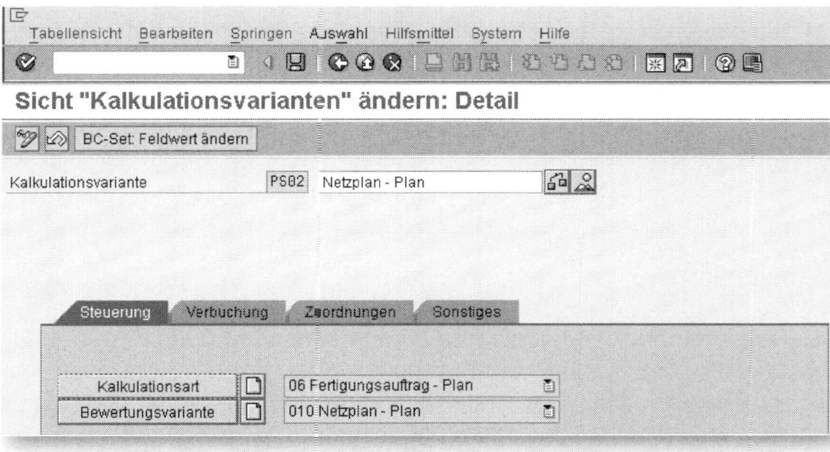

Abbildung 3.26: Kalkulationsvariante

Im Reiter SONSTIGES finden Sie noch weitere Einstellungen zu der Thematik, mit welcher Kalkulationsvariante Kostenvorgänge und Materialkomponenten kalkuliert werden sollen.

Die Bewertungsvariante, die der Kalkulationsvariante unter Steuerung zugeordnet ist, bestimmt, wie Materialien, Leistungsarten usw. bewertet werden sollen (siehe Abbildung 3.27 am Beispiel »Material«). Hierzu wendet das System eine sogenannte *Strategiefolge* an: Zunächst wird ermittelt, ob für das betreffende Material ein Standardpreis hinterlegt ist. Ist dies der Fall, so wird das Material zu diesem Preis bewertet. Wird kein Standardpreis gefunden, so geht das System zum nächsten Schritt in der Strategiefolge über; in diesem Beispiel wird der **gleitende Durchschnittspreis** herangezogen. Sie können bei Bedarf noch weitere Schritte einfügen.

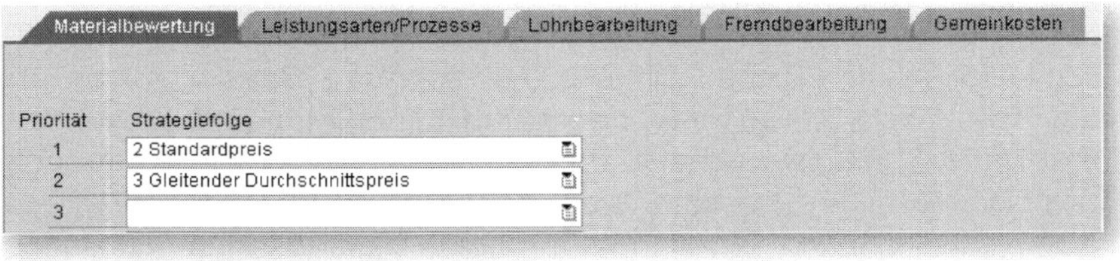

Abbildung 3.27: Bewertungsvariante

In den weiteren Reitern erfolgen auf analoge Weise die Einstellungen für Leistungsarten, Lohnbearbeitung usw.

Bevor Sie kalkulieren können, müssen Sie nun noch die Transaktion **Plan-Kalkulationsvarianten zu Netzplanarten zuordnen** im selben Teilbaum des Customizing-Menüs durchführen.

Arbeitsplätze

Sie legen einen Arbeitsplatz im Anwendungsmenü über RECHNUNGSWESEN • PROJEKTSYSTEM • GRUNDDATEN • STAMMDATEN • ARBEITSPLATZ • STAMMSATZ • ANLEGEN (Transaktion **CNR1**) an (siehe Abbildung 3.28). Geben Sie das Werk und einen Namen für den Arbeitsplatz an.

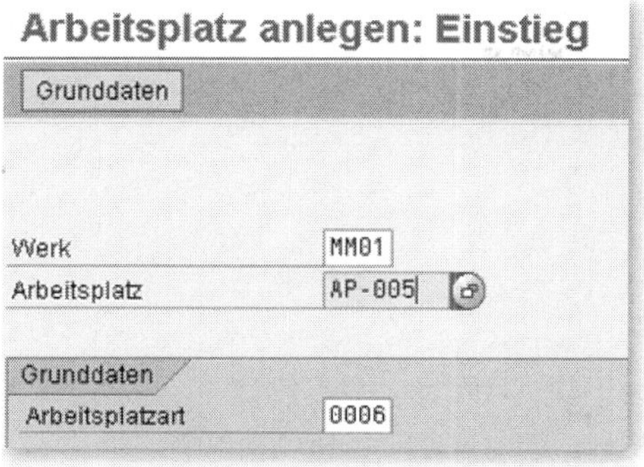

Abbildung 3.28: Arbeitsplatz anlegen

Wählen Sie außerdem die ARBEITSPLATZART aus – diese bestimmt, welche Daten im Stammsatz des Arbeitsplatzes gepflegt werden müssen. Klicken Sie anschließend auf den Button GRUNDDATEN. Im Reiter GRUNDDATEN müssen Sie neben der Bezeichnung des Arbeitsplatzes die Planverwendung angeben, über die Sie entscheiden, für welche Auftragsarten der Arbeitsplatz verwendet werden darf. Hier tragen Sie z. B. **009** für alle Verwendungen oder **003** für die ausschließliche Verwendung von Netzplänen ein.

Um den Arbeitsplatz für die Kapazitätsplanung bzw. die Terminierung zu nutzen, benötigen Sie weitere Einstellungen in den entsprechenden Reitern; wir beschränken uns hier jedoch ausschließlich auf die kaufmännischen Daten und springen gleich zum Reiter KALKULATION. Dort tragen Sie die KOSTENSTELLE ein ❶, von der die Leistung für den Arbeitsplatz erbracht wird. Sie können außerdem eine Leistungsart ❷ vorgeben, die im Netzplan als Vorschlagswert übernommen wird. Zur Leistungsart geben Sie außerdem einen sogenannten *Formelschlüssel* ❸ an, der zur Berechnung der Kosten benötigt wird. Hier verwenden Sie für Projekte standardmäßig den Schlüssel **SAP008**.

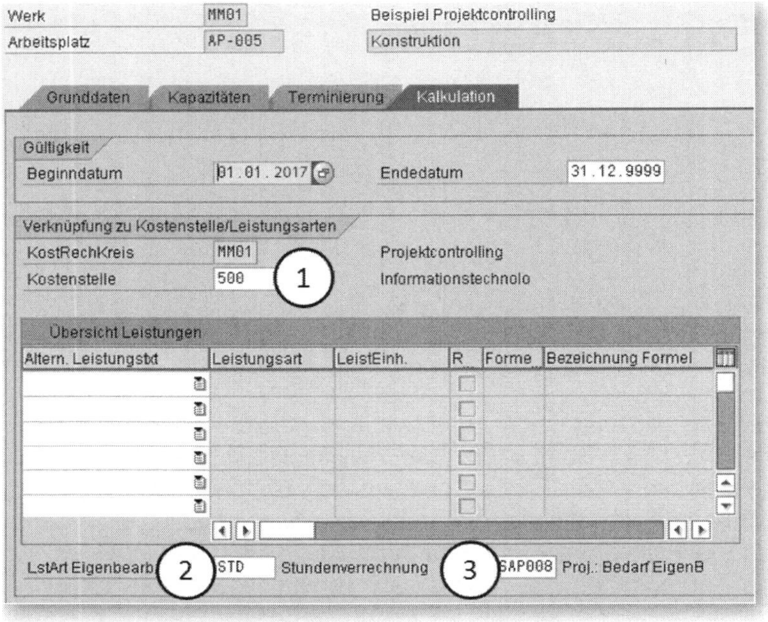

Abbildung 3.29: Kalkulationsdaten zum Arbeitsplatz pflegen

3.4 Plandatenübernahme aus anderen Auftragsarten

Neben Netzplänen können Sie Projekten auch andere Auftragsarten wie Kundenaufträge, Innenaufträge, Serviceaufträge oder Fertigungsaufträge zuordnen. Hierbei gilt es zu erwägen, ob die Plankosten und -erlöse der jeweiligen Aufträge in den Projektplan übernommen werden sollen, und wenn ja, in welcher Form dies geschehen soll.

Wenn Sie das Vertriebsmodul SD einsetzen, sind Kundenaufträge der übliche Weg, um eine Erlösplanung für Projekte durchzuführen und diese später zu fakturieren. Zum Kundenauftrag legen Sie eine oder mehrere Positionen an, in denen Sie jeweils eine Materialnummer angeben, unter der Sie fakturieren möchten (siehe Abbildung 3.30).

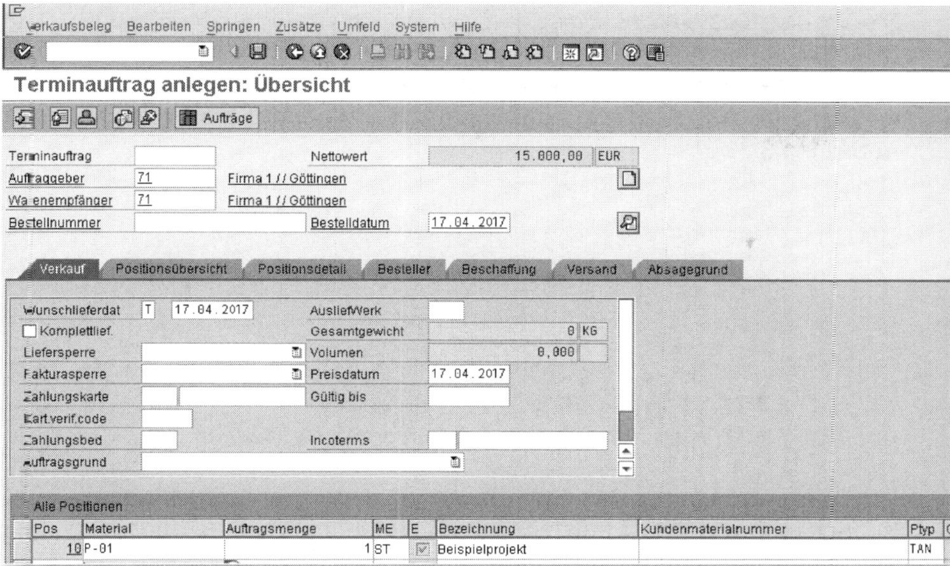

Abbildung 3.30: Kundenauftrag anlegen

Um eine Kundenauftragsposition mit einem Projekt zu verknüpfen, geben Sie in der Positionssicht im Reiter KONTIERUNG das entsprechende PSP-ELEMENT ein (siehe Abbildung 3.31). Beachten Sie, dass Sie nur ein PSP-Element eingeben dürfen, das als Fakturierungselement gekennzeichnet ist. Außerdem sollten Sie genau überlegen, an welcher Stelle in der Projektstruktur Sie fakturieren; einige Hinweise dazu finden Sie in Abschnitt 2.4.1.

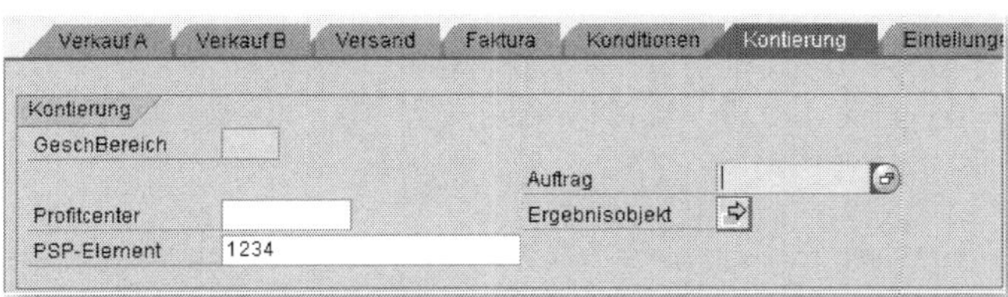

Abbildung 3.31: Kundenauftrag auf PSP-Element kontieren

Durch diese Verknüpfung wird der Nettowert der Position als Planerlös auf dem PSP-Element fortgeschrieben. Voraussetzung ist, dass

Sie in der Customizing-Einstellung Projektsystem • Erlöse und Ergebnis • Planerlöse • Maschinelle Kalkulation von Planerlösen • Erlösplanfortschreibung aus Vertriebsbeleg festlegen für Ihr Planprofil ein entsprechendes Kennzeichen gesetzt haben (siehe Abbildung 3.32).

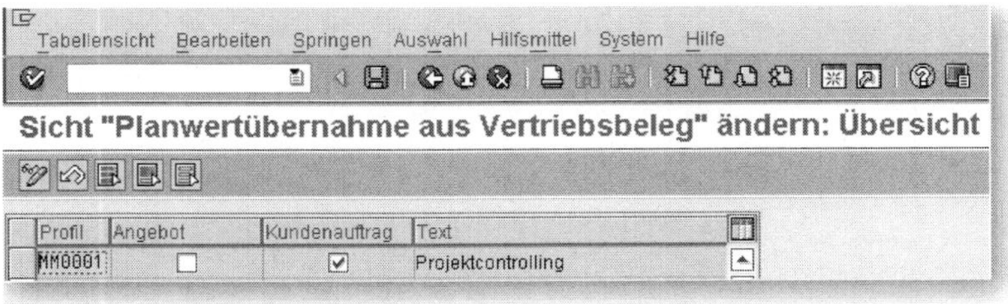

Abbildung 3.32: Kennzeichen für Erlösfortschreibung setzen

Des Weiteren kontiert das System alle Folgebelege, die aus dieser Kundenauftragsposition entstehen (z. B. Lieferung, Faktura) ebenfalls auf das entsprechende PSP-Element.

Innenaufträge werden Sie den Projekten in der Regel manuell zuordnen; entsprechend tragen Sie das PSP-Element dort ein.

Auch bei Serviceaufträgen bzw. Instandhaltungsaufträgen können Sie manuell ein PSP-Element eintragen; in bestimmten Fällen ist es hier auch möglich, eine automatische Verknüpfung über das Equipment, also über das zu wartende Objekt herzustellen.

Wenn Sie Bedarfe für ein PSP-Element mit Projektbestand generieren, erzeugt die Bedarfsplanung Planaufträge für die Materialien, die eigengefertigt sind. Aus diesen Planaufträgen können Sie Fertigungsaufträge erstellen, die dem entsprechenden PSP-Element automatisch zugeordnet werden.

In allen Fällen müssen Sie sich je Kostenrechnungskreis entscheiden, wie Sie die Plankosten der zugeordneten Aufträge fortschreiben möchten. Im Customizing-Pfad Projektsystem • Kosten • Plankosten • Auftragswertfortschreibung von Aufträgen zum Projekt festlegen (Transaktion **OPSV**) legen Sie je Auftragsart bzw. -typ fest, ob darauf geplante Werte dem Projektplan hinzugefügt werden sollen

(Kennzeichen ADDITIV) oder nicht (siehe Abbildung 3.33). Mit dem Parameter VERFÜGUNG IM PLAN entscheiden Sie, ob die Planwerte im Informationssystem als »verfügt« dargestellt werden, falls der entsprechende Auftrag noch nicht freigegeben sein sollte. Als »verfügt« gelten Planwerte, die bereits konkret für abhängige Aufträge, Bestellungen usw. reserviert sind und somit den noch verfügbaren Plan vermindern. Sobald ein abhängiger Auftrag freigegeben wird, wird sein Restplan (Gesamtplan abzüglich Istkosten und Obligo) immer als »verfügt« im Projekt fortgeschrieben.

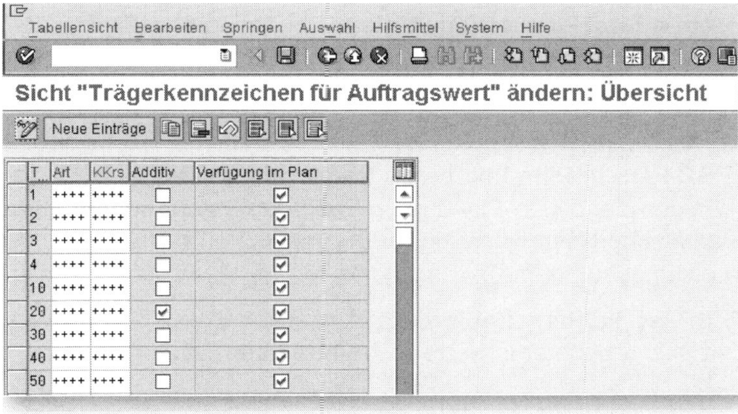

Abbildung 3.33: Plankostenfortschreibung von abhängigen Aufträgen

Standardmäßig ist das System so eingestellt, dass nur der Auftragstyp **20** (Netzpläne) additiv wirkt und alle Auftragsarten eine Verfügung im Plan erzeugen.

Sie haben nun alle wesentlichen Arten der Kosten- und Erlösplanung im PS kennengelernt. Zum Abschluss zeigen wir Ihnen nun, wie Sie mit Planversionen arbeiten können.

3.5 Kopieren von Planversionen

Wie bereits in Abschnitt 3 1 erwähnt, sollten Sie Ihren aktuellen Planungsstand immer in Version 0 vorhalten. Manche Planungsfunktionen, wie z. B. die Netzplankalkulation, können Sie ohnehin nur in dieser Version durchführen. Um einheitlich vorzugehen und Inkonsistenzen zu vermeiden, empfehlen wir Ihnen daher, Planwerte grundsätzlich nur in Version 0 zu ändern. Bestimmte Planungsstände können Sie einfrieren, indem Sie sie vor der nächsten Änderung von Version 0 in eine andere Planversion kopieren. Sie können darüber hinaus über die Berechtigungsverwaltung sicherstellen, dass die Planstände anderer Versionen als 0 nicht mehr verändert werden dürfen.

Zum Kopieren von Planversionen stehen Ihnen grundsätzlich drei Werkzeuge zur Verfügung, die Sie unter dem Menüpfad RECHNUNGSWESEN • PROJEKTSYSTEM • CONTROLLING • PLANUNG • KOSTEN UND ERLÖSE KOPIEREN finden:

- **PSP-Plan in Plan kopieren** (Transaktion CJ9BS): zum Kopieren der manuellen Planung zu PSP-Elementen (über die hierarchische Kostenplanung, die Primärkostenplanung und die Leistungsaufnahme);
- **PSP-Ist in Plan kopieren** (Transaktion CJ9CS): zur Übernahme gebuchter Istwerte zum PSP in den Plan;
- **Projektkalkulation kopieren** (Transaktion CJ9FS): zur Übertragung von Plandaten einer Planversion in eine andere, die Sie mit der Einzelkalkulation oder dem Easy Cost Planning erfasst haben, sowie zur Übertragung aller Daten von abhängigen Aufträgen, insbesondere von Netzplänen.

Mit den drei genannten Transaktionen können Sie die Planwerte für je ein einzelnes Projekt kopieren; dazu gibt es jeweils ein Pendant (Transaktion CJ9C, CJ9B und CJ9F), über das Sie anhand einer Selektionsvariante das Kopieren für mehrere Projekte gleichzeitig durchführen können. In einer Selektionsvariante legen Sie fest, welche Projekte selektiert werden sollen; dabei können Sie Projekte entweder fest vorgeben oder anhand von Kriterien, wie Matchcode zur Projektnummer, Organisationsdaten, Status usw., dynamisch ermitteln lassen. In Abschnitt 5.1 zeigen wir Ihnen, wie Sie eine Selektionsvariante anlegen.

3.6 Zahlungsplanung mit Fakturierungs- und Rechnungsplänen

Eine detaillierte Möglichkeit zur Planung von Ein- und Auszahlungen sind Fakturierungspläne und Rechnungspläne. Anhand eines *Fakturierungsplans* können Sie im Kundenauftrag festlegen, in welchen Teilschritten der Kunde zahlen soll; Sie können hier sowohl Anzahlungsanforderungen als auch Rechnungen erstellen. Rechnungen und geleistete Anzahlungen werden dabei automatisch miteinander verrechnet. Das Pendant auf der Beschaffungsseite ist der *Rechnungsplan*.

Einen **Fakturierungsplan** können Sie im Kundenauftrag entweder auf Kopf- oder auf Positionsebene pflegen. Voraussetzung ist, dass Sie eine Kundenauftragsart bzw. einen Positionstyp verwenden, der dies zulässt. Der von SAP voreingestellte Positionstyp für Fakturierungspläne ist TAO. Im Fakturierungsplan können Sie in mehreren Schritten planen, zu welchen Terminen Sie Anzahlungsanforderungen bzw. Rechnungen an Kunden verschicken möchten.

Wenn Sie ein PSP-Element zugeordnet haben, das Meilensteine enthält, können Sie automatisch je Meilenstein einen Rechnungsschritt anlegen lassen und dabei die Ecktermine aus den Meilensteinen kopieren – wie Sie ein PSP-Element zu einer Kundenauftragsposition zuordnen, haben wir bereits in Abschnitt 3.4 gezeigt. Um einen Meilenstein für das Auslösen einer Teilfaktura einzusetzen, müssen Sie ihn so gepflegt haben, wie es z. B. in Abbildung 3.34 dargestellt ist.

In Abschnitt 2.3.2 haben wir Ihnen gezeigt, wie Sie die Meilensteinverwendungen einstellen, um eine Verknüpfung zum Fakturierungsplan herzustellen. Im Beispiel haben wir zu den drei Meilensteinen entsprechende Verwendungen eingetragen. Sie müssen außerdem die Option TERMIN VERKBELEG aktivieren und einen Fakturierungsprozentsatz (FAKTPROZENTSATZ) eintragen. Letzterer gibt an, welcher Prozentsatz des Gesamtbetrages mit diesem Meilenstein fakturiert werden soll. Schließlich können Sie über ECK FIXTERMIN noch einen Terminvorschlag eintragen, der in den Fakturierungsplan übernommen werden kann.

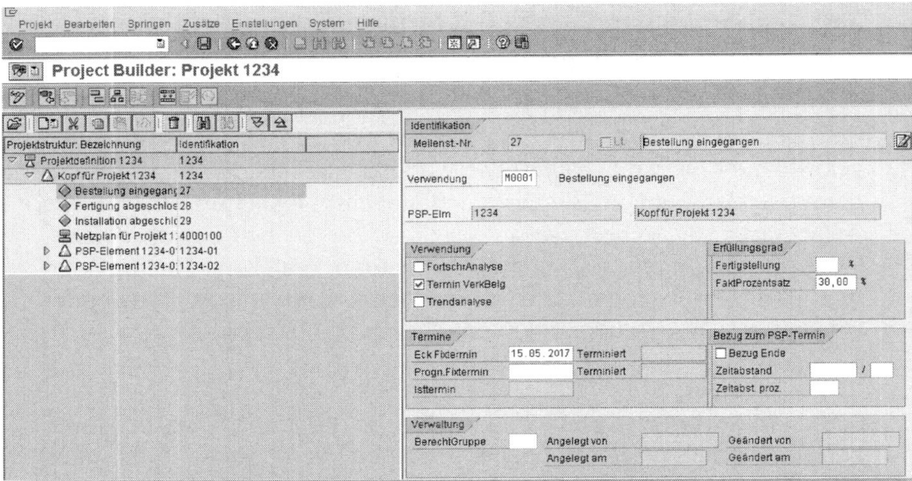

Abbildung 3.34: Einstellungen für die Meilensteinfakturierung

Ein Beispiel für einen Fakturierungsplan sehen Sie in Abbildung 3.35. Über den Button MEILENSTEINE können Sie die Meilensteine aus dem PSP-Element kopieren. Verwenden Sie keine Meilensteine, so müssen Sie die Termine im Fakturierungsplan manuell pflegen.

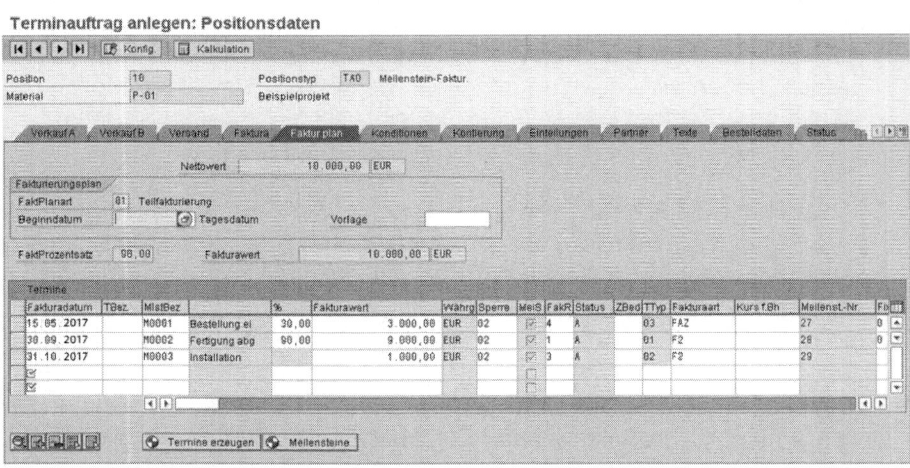

Abbildung 3.35: Fakturierungsplan anlegen

In der Spalte Fakturierungsregel (FAKR) geben Sie an, um was für eine Rechnung es sich handelt:

- Anzahlungsanforderung = Regel 4
- Teilrechnung = Regel 1
- Schlussrechnung = Regel 3

Mit einer Anzahlungsanforderung senden Sie eine Aufforderung an den Kunden, eine Vorauszahlung zu leisten. Bilanztechnisch ist diese Buchung ohne Bedeutung, deshalb wird sie als sogenannter *Merkposten* gebucht, der auf dem Debitorenkonto sichtbar ist und auch gemahnt werden kann. Eine Teilrechnung bewirkt eine umsatzwirksame Buchung in Höhe eines vorgegebenen Prozentsatzes des gesamten Rechnungsbetrages; eine Schlussrechnung ist ebenfalls umsatzwirksam und sorgt dafür, dass der gesamte noch ausstehende Betrag fakturiert wird.

Fakturawerte für echte Fakturen müssen 100 % ergeben

Anzahlungsanforderungen sind kein Umsatz. Beträge, die der Kunde bereits angezahlt hat, müssen Sie nach Erbringung der Leistung noch einmal fakturieren, um sie von den Anzahlungen, die bilanztechnisch Verbindlichkeiten sind, in den Umsatz umzubuchen. Sie müssen daher sicherstellen, dass Ihr Fakturierungsplan mindestens einen Schritt enthält, in dem eine umsatzwirksame Rechnung erstellt wird (am einfachsten über die Fakturierungsregel 3). Lassen Sie sich nicht davon verwirren, dass in der Spalte FAKTURAWERT ein Wert von über 100 % stehen kann, denn das System addiert hier Anzahlungsanforderungen mit Rechnungen. Entscheidend ist, dass alle Rechnungen zusammen 100 % ergeben.

Einen **Rechnungsplan** erstellen Sie im Project Builder, indem Sie einen Netzplanvorgang selektieren und anschließend im Menü BEARBEITEN • VORGANG • RECHNUNGSPLAN auswählen. Die Handhabung ist analog zum Fakturierungsplan. Sie können auch hier Meilensteine aus dem entsprechenden Netzplanvorgang, aber auch aus einem anderen Vorgang oder PSP-Element kopieren (siehe Abbildung 3.36).

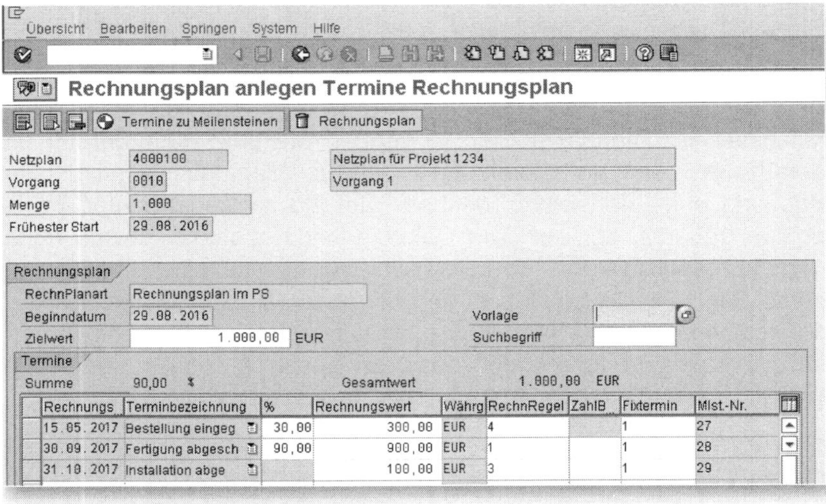

Abbildung 3.36: Rechnungsplan erstellen

3.7 Planung in den Beispielprojekten

In Kapitel 2 haben wir die Struktur unserer drei Beispielprojekte festgelegt; nun zeigen wir Ihnen, wie wir die Planung von Kosten und gegebenenfalls Erlösen und Zahlungen vorgenommen haben. Zuvor erläutern wir, nach welchen Kriterien wir bei der Auswahl der Werkzeuge vorgegangen sind.

3.7.1 Vorüberlegungen für die Planung von Projekten

Durch die Festlegung Ihrer Projektstruktur im vorherigen Kapitel haben Sie bereits einige Vorentscheidungen für Ihre Planung getroffen – denn beispielsweise können Sie die Netzplankalkulation nur einsetzen, wenn auch Netzpläne vorhanden sind. Somit bleibt Ihnen für

Projekte ohne Netzplan nur noch die Wahl der manuellen Planungsart.

Soll manuell zu PSP-Elementen geplant werden, per Netzplan kalkuliert werden oder beides?

Eine wesentliche Überlegung ist, ob die Kostenplanung manuell oder über die Netzplankalkulation erfolgen soll. Diese Wahl hängt im Wesentlichen davon ab, ob überhaupt Netzpläne eingesetzt werden. Da diese Entscheidung für unsere Projekte bereits gefallen ist, überlegen wir stattdessen, ob wir für die Projekte, die Netzpläne umfassen, gleichzeitig die manuelle Planung und die Netzplankalkulation nutzen möchten.

Wenn über den Netzplan Ressourcen aus der Logistik geplant werden, ist die Netzplankalkulation im Prinzip ein Nebenprodukt der ohnehin bereits erfolgten Planung und bedeutet daher keinen großen zusätzlichen Aufwand. Darüber hinaus ist die Netzplankalkulation wesentlich genauer und aktueller als die manuelle Planung im PSP.

Es ist möglich, in ein und demselben Projekt sowohl manuell zu PSP-Elementen zu planen als auch die Netzplankalkulation zu nutzen – allerdings ohne dabei auf ein und demselben PSP-Element unterschiedliche Planungsformen zu benutzen, da sich die Planwerte jeweils addieren. Dies könnte z. B. dann sinnvoll sein, wenn Sie eine große Anzahl an Kostenpositionen planen möchten, die nicht über die Logistik ermittelt werden, wie etwa Versicherungen, Reisekosten oder Bankgebühren. Sie können Letztere zwar auch als Kostenvorgänge anlegen, benötigen dann aber je Kostenart einen eigenen Vorgang, was aufwendiger und unübersichtlicher ist.

Welche manuelle Planungsform zu PSP-Elementen soll eingesetzt werden?

Die hierarchische Kostenplanung sollten Sie entweder nur als erste Grobschätzung oder für kleine Projekte einsetzen. Es ist von dieser Methode abzuraten, wenn Sie in der Realisierungsphase detaillierte

Plan-Ist-Vergleiche fahren oder die Ware in Arbeit ermitteln möchten. Beides ist ohne kostenartengerechte Planung nicht möglich.

Bei der Frage, ob Sie das Easy Cost Planning einsetzen möchten, ist entscheidend, wie viele gleichartige Projekte Sie haben und wie beständig deren Struktur ist. Es erfordert einen gewissen Aufwand, ein Kalkulationsmodell für das Easy Cost Planning aufzubauen oder es zu ändern. Das Easy Cost Planning sollten Sie also nur wählen, wenn Sie häufig gleichartige Projekte beplanen möchten.

Daraus folgt, dass Sie die Primärkostenplanung, eventuell in Kombination mit der Leistungsaufnahme, in der Regel dann einsetzen sollten, wenn Sie es mit Projekten zu tun haben, die einzigartig sind, sodass der Aufwand für das Erstellen eines Kalkulationsmodells für das Easy Cost Planning zu aufwendig wäre.

Für den Einsatz der Einzelkalkulation spricht wenig. Aus den bisherigen Überlegungen folgt, dass Sie die Einzelkalkulation dann einsetzen könnten, wenn Sie ein Projekt bearbeiten, das ohne Logistikbezug auskommt und daher über keinen Netzplan verfügt. Ein solches Projekt ist wahrscheinlich einzigartiger Natur, weil das Easy Cost Planning nicht verwendet wird. Es ist dann fraglich, ob viel dafürspricht, mit einem gewissen Aufwand eine manuelle Planung auf Basis von Logistikobjekten aufzubauen.

3.7.2 Projektplanung für Beispiel 1: Einführung von SAP ERP

Dieses Projekt verfügt über keinen Netzplan, also kommen nur die manuellen Planungsmethoden infrage. Da das Unternehmen zahlreiche ähnliche Projekte durchführt, soll das Easy Cost Planning eingesetzt werden. Es werden vor allem Reisekosten, externe Berater und über die Leistungsaufnahme intern erbrachte Stunden geplant (siehe Abbildung 3.37).

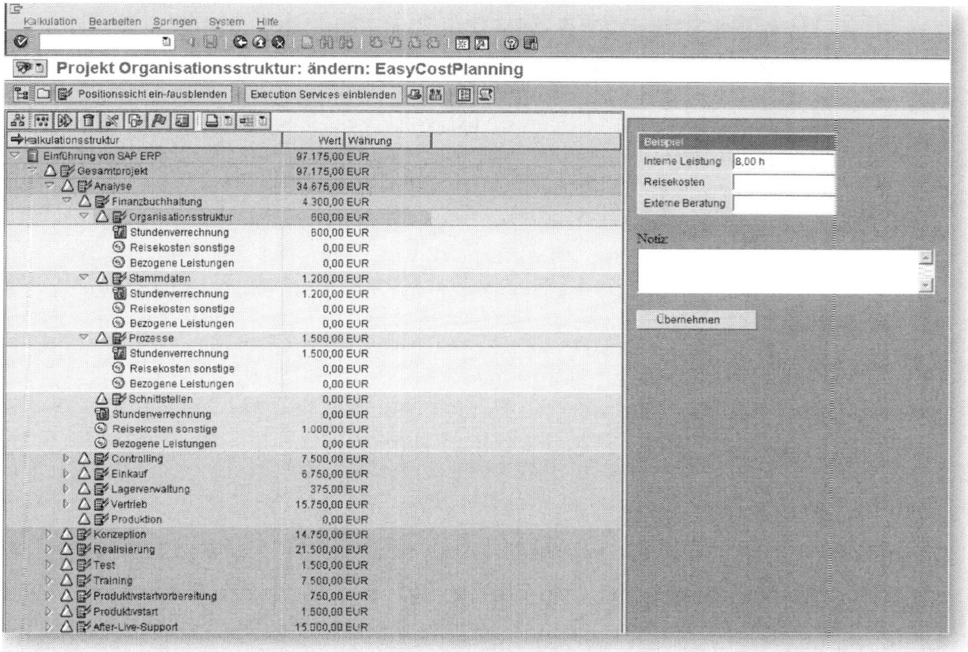

Abbildung 3.37: Kostenplanung für Beispiel 1

Für das Easy Cost Planning wurde der Einfachheit halber nur ein einzelnes Kalkulationsmodell angelegt, das die relevanten Kostenarten für INTERNE LEISTUNGEN (mit Verknüpfung zu einer Kostenstelle), REISEKOSTEN und EXTERNE BERATUNG beinhaltet. Dieses wird für jedes PSP-Element herangezogen, auf dem geplant werden soll. Es wird hier auf unterschiedlichen Ebenen geplant – Reisekosten und externe Beratung können in der Regel nur auf der Phasenebene (Analyse, Konzeption usw.) geplant werden, während sich interne Leistungen durchaus auf der untersten Ebene (Organisationsstruktur, Stammdaten, Prozesse usw.) erfassen lassen.

Das Projekt wird nicht weiterfakturiert, also besteht keine Notwendigkeit, Erlöse zu planen oder einen Kundenauftrag anzulegen.

3.7.3 Projektplanung für Beispiel 2: Installation einer Lkw-Wägebrücke

Für das zweite Beispiel wird eine Netzplankalkulation durchgeführt, da ein Netzplan ohnehin eingesetzt wird. Es werden viele Standardteile verwendet, und die Kostenauskünfte von Lieferanten können schnell eingeholt werden, sodass die Detailinformationen für die Netzplankalkulation schon zu einem frühen Zeitpunkt zur Verfügung stehen. Deshalb wird das Feld VORPLANUNG in den Netzplanvorgängen nicht genutzt.

Für die eigenbearbeiteten Vorgänge (Konstruktion, Software-Entwicklung und Installation) werden die Eigenleistungen anhand von Arbeitsplätzen und Leistungsarten geplant (siehe Abbildung 3.38). Für die Installationsvorgänge werden Materialkomponenten für die benötigten Materialien erstellt, um Bedarfe für die Fertigung zu erzeugen.

Die Plankosten für die Fremdvorgänge (Fertigung des Decks, der Haltevorrichtung und von Teilen des Leitsystems) und die Dienstleistungsvorgänge (Errichten der Grube) werden anhand der Einkaufsinfosätze in Verbindung mit den jeweiligen Lieferanten ermittelt.

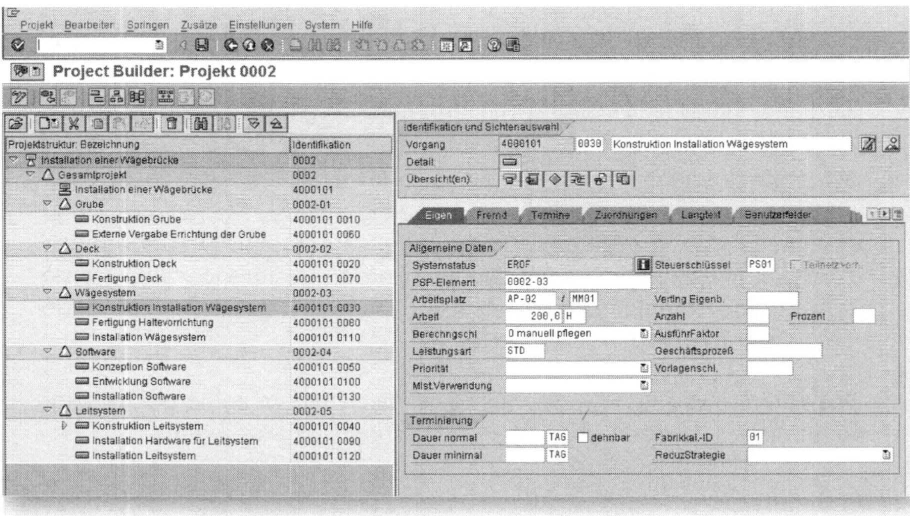

Abbildung 3.38: Kostenplanung für Beispiel 2

Die Erlösplanung ergibt sich anhand des Kundenauftrags inklusive Fakturierungsplan, der mit Bezug zum Projekt angelegt wird. Der Kundenauftrag wird auf das Kopf-PSP-Element kontiert.

3.7.4 Projektplanung für Beispiel 3: Herstellung einer Universaldrehmaschine in Kundeneinzelfertigung

Im dritten Beispiel werden die Kosten ebenfalls anhand der Netzplankalkulation ermittelt. Da die Drehmaschine zu Projektbeginn noch nicht fertig konstruiert ist, können zu diesem Zeitpunkt die Materialkosten nur grob geschätzt werden. Zu diesem Zweck wird das Feld MATVORPLANUNG in den eigenbearbeiteten Vorgängen genutzt (siehe Abbildung 3.39).

Für die Konstruktion, Fertigung und Montage werden die Arbeitszeiten ebenfalls zunächst grob geplant und dann später an den neueren Planungsstand angepasst, indem interne Leistungen von Arbeitsplätzen in Verbindung mit Leistungsarten geplant werden.

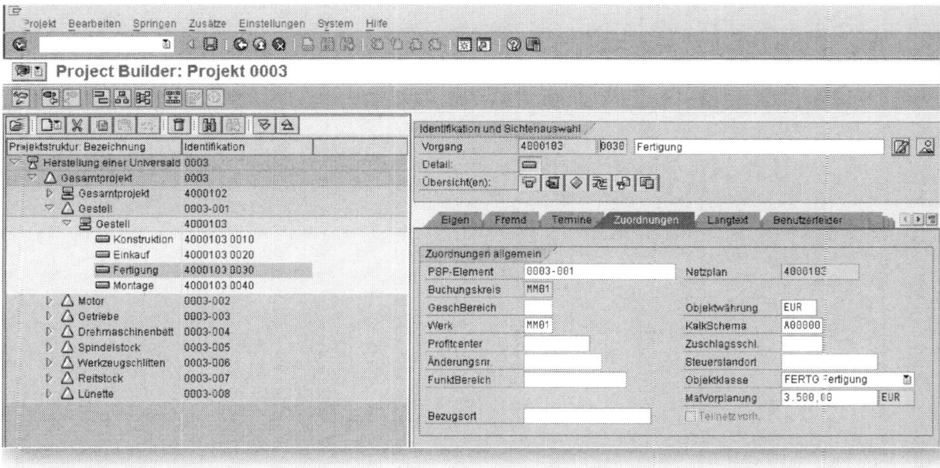

Abbildung 3.39: Kostenplanung für Beispiel 3

Das Projekt wird über das Kopfelement mit einem Kundenauftrag verknüpft, über den die Erlöse geplant werden. Die einzelnen Schritte für die Anzahlungen, Teilrechnungen und für die Schlussrechnung sind Teile eines Fakturierungsplans, der wiederum mit den Meilensteinen des Projektes korrespondiert.

3.8 Zusammenfassung

Wie wir Ihnen in diesem Kapitel dargestellt haben, bestehen vielfältige Möglichkeiten, im PS Kosten und Erlöse zu planen. Welche Methoden Sie davon einsetzen, hängt im Wesentlichen von Ihrer Projektstruktur und Ihren Anforderungen ab.

Im nächsten Kapitel zeigen wir Ihnen die einzelnen Funktionalitäten zur Projektrealisierung.

4 Projektrealisierung

Bei der Projektdurchführung zeigt sich die Integration des Projektsystems mit den anderen SAP-Modulen am deutlichsten, denn es fließen Istdaten aus der Materialwirtschaft, der Produktion, dem Vertrieb und dem Finanzwesen in das Projekt ein. Nachdem wir in den vorangegangenen Kapiteln Schritt für Schritt Projektstrukturen für unsere drei Beispielprojekte aufgebaut und mit Planwerten versehen haben, beschäftigen wir uns nun mit der tatsächlichen Durchführung von Projekten.

Der erste wichtige Punkt bei der Projektdurchführung ist die Freigabe des Projektes, ohne die keine Istwerte auf die einzelnen Projekte gebucht werden können. Danach zeigen wir Ihnen, wie Sie manuell Daten auf Projekte erfassen – entweder als Beleg in der Finanzbuchhaltung oder als Materialbewegung.

Im Anschluss beschäftigen wir uns mit den Prozessen der Warenbeschaffung und stellen dabei die einzelnen Schritte zur Abwicklung einer Bestellung und eines Fertigungsauftrags vor, z. B. Anlegen einer Bestellung bzw. eines Fertigungsauftrags, Wareneingang bzw. Warenausgang und Rechnungsprüfung. Anschließend konzentrieren wir uns auf die unterschiedlichen Möglichkeiten, interne Leistungen zu verrechnen – als Sammelerfassung im Controlling, über das Arbeitszeitblatt oder über Rückmeldungen, wobei Letztere auch der Verbuchung des Materialverbrauchs dienen können.

Mit den *Execution Services* stellen wir Ihnen ein komfortables Werkzeug vor, das auf dem Easy Cost Planning aufbaut und erlaubt, direkt aus der Planungsmaske heraus Folgeaktionen zu starten. Wir zeigen Ihnen außerdem, auf welche Weise Sie Lieferungen zu einem Projekt vornehmen können – entweder direkt aus dem Projekt heraus oder in Verbindung mit einem Kundenauftrag. Zu guter Letzt befassen wir uns mit den verschiedenen Vorgehensweisen zur Fakturierung von Projekten.

4.1 Freigabe

Status sind sehr wichtige Werkzeuge, um zu bestimmen, welche Funktionen für welche Projekte erlaubt sein sollen und welche nicht. In Abschnitt 2.1.3 haben wir bereits erläutert, wie die Statusverwaltung zu Projekten konzipiert ist. Sie können erheblich dazu beitragen, Fehlbuchungen zu vermeiden, indem Sie das Erfassen von Istdaten auf noch nicht freigegebene oder bereits abgeschlossene Projekte nicht erlauben.

Um Istdaten auf ein Projekt erfassen zu können, müssen Sie einen Status setzen, der dies erlaubt. Wenn Sie kein eigenes Statusprofil benutzen, geschieht dies über den Systemstatus FREIGEGEBEN. Um ein Projekt freizugeben, wählen Sie im Project Builder eine Projektdefinition, ein PSP-Element oder einen Netzplan aus und führen die Funktion BEARBEITEN • STATUS • FREIGEBEN aus (siehe Abbildung 4.1). Die Freigabe betrifft das ausgewählte Objekt sowie alle darunterhängenden PSP-Elemente und Netzplanvorgänge. Haben Sie diese Funktion in der Projektdefinition durchgeführt, so ist das gesamte Projekt von der Freigabe betroffen; Sie können allerdings auch nur einzelne Phasen des Projektes freigeben.

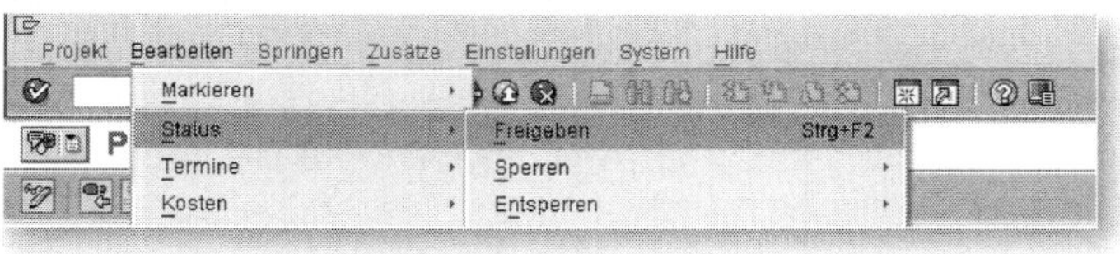

Abbildung 4.1: Freigabe eines Projektes

Nachdem Sie den Status Ihres Projektes gesetzt haben, können Sie mit der Eingabe der Istdaten beginnen.

4.2 Manuelle Verbuchung von Primärkosten

Sie können jederzeit Belege der Finanzbuchhaltung auf ein PSP-Element oder einen Netzplanvorgang kontieren, wie Sie dies z. B. sonst für Kostenstellen tun. Entsprechend können Sie auch manuelle

Belege in der Logistik erfassen und dabei Material auf ein PSP-Element verbrauchen.

Das manuelle Erfassen von Kostenbuchungen auf ein Projekt stellt den einfachsten und flexibelsten Fall der Istdatenerfassung dar, da Sie bei der Eingabe vollkommen frei sind. Auf der anderen Seite birgt diese Vorgehensweise allerdings das Risiko von Eingabefehlern; deshalb kommt der Statusverwaltung umso mehr Bedeutung zu.

4.2.1 Erfassen von Belegen in der Finanzbuchhaltung

Die gängigsten Fälle für eine manuelle Buchung in der Finanzbuchhaltung sind Kreditorenrechnungen ohne Bestellbezug, etwa für Reisekosten oder Versicherungsbeiträge. Sie können Rechnungen mit den normalen Transaktionen der Finanzbuchhaltung, wie z. B. **FB60**, buchen (siehe Abbildung 4.2). Im Menü rufen Sie die Transaktion über RECHNUNGSWESEN • FINANZWESEN • KREDITOREN • BUCHUNG • RECHNUNG auf.

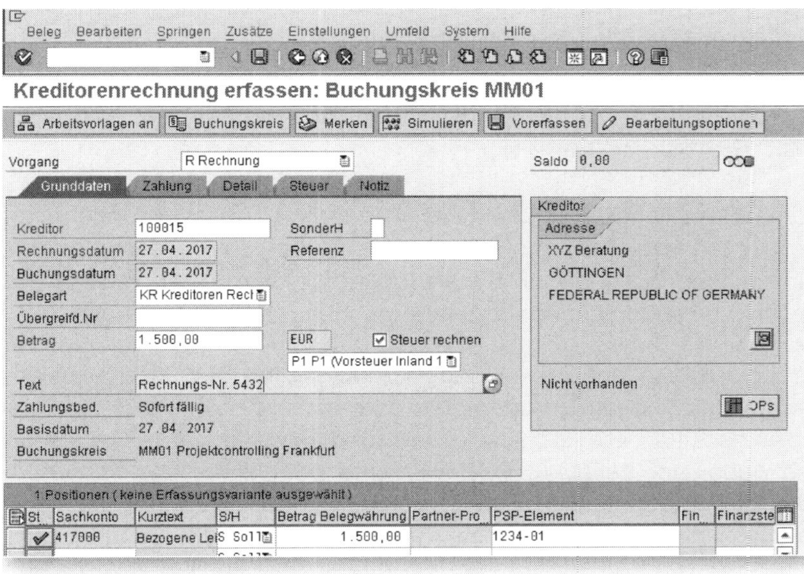

Abbildung 4.2: Manuelle Kreditorenrechnung erfassen

Beachten Sie, dass Sie nicht auf Netzplanvorgänge buchen können, sondern nur auf Netzplanköpfe. Auch wenn Sie einen vorgangskontierten Netzplan angeben, weist das System die Eingabe zurück.

4.2.2 Erfassen von manuellen Warenbewegungen in der Logistik

Neben manuellen Buchungen in der Finanzbuchhaltung haben Sie die Möglichkeit, über LOGISTIK • MATERIALWIRTSCHAFT • BESTANDSFÜHRUNG • WARENBEWEGUNG • WARENBEWEGUNG (Transaktion **MIGO**) Warenausgänge manuell auf Projekte zu buchen. Nutzen Sie dabei die Bewegungsart 221 für PSP-Elemente bzw. 281 für Netzpläne, und geben Sie manuell das zu belastende Objekt an. Auch hier gilt wieder, dass Sie nur auf Netzplanköpfe und nicht auf Netzplanvorgänge buchen können.

Indem Sie den Warenausgang über die logistische Transaktion buchen, reduzieren Sie den Lagerbestand des entsprechenden Materials um die Entnahmemenge. Der Verbrauch wird mengen- und wertmäßig als Kosten auf das Projekt gebucht.

4.3 Bestellabwicklung

Durch Bestellungen können Sie Waren und Dienstleistungen von Lieferanten beziehen. Sie können dabei über das Wareneingangskennzeichen festlegen, ob Sie als Folgefunktionen einen Waren- und Rechnungseingang oder nur einen Rechnungseingang erwarten.

Bei einer Bestellung haben Sie die Auswahl, ob Sie Materialien anhand einer Materialnummer ordern oder anhand einer frei definierbaren Textposition. Sie können Bestellungen entweder manuell erfassen und dabei auf beliebige PSP-Elemente oder Netzpläne kontieren, oder Sie erzeugen sie anhand von Bestellanforderungen und übernehmen dabei die automatisch vorgeschlagenen Kontierungen. Eine weitere Möglichkeit zum Erstellen von Bestellungen ist das Werkzeug «Execution Services«, das auf dem Easy Cost Planning aufsetzt.

Wenn Sie die bestellten Güter oder Dienstleistungen empfangen, buchen Sie den Wareneingang mit Bezug auf die Bestellung, sofern Sie dies über das Wareneingangskennzeichen zugelassen haben. Für materielle Güter ist grundsätzlich zu unterscheiden, ob die Waren zunächst in den Lagerbestand gebucht werden sollen oder direkt in den Verbrauch – bei Textpositionen haben Sie diese Wahl nicht, denn Sie können diese nur in den Verbrauch bestellen. Dies ist aus bilanzieller Sicht relevant, da Sie mit einer Buchung in den Verbrauch die Kosten erhöhen und damit das Ergebnis beeinflussen. Eventuell müssen Sie diesen Effekt durch die Ermittlung von Ware in Arbeit nachträglich anpassen (siehe hierzu Abschnitt 5.3). Aber auch in der Logistik ist es von Belang, ob die Waren sofort als verbraucht betrachtet werden und damit mengenmäßig im System nicht mehr vorhanden sind oder aber noch im Bestand geführt werden, bis sie verbraucht werden.

Für die Zwecke des Projektcontrollings ist vor allem der Projektbestand von Interesse (siehe Abschnitt 2.4.1). Wareneingänge in den Projektbestand können Sie nur für solche Projekte erfassen, die auch einen bewerteten oder unbewerteten Bestand führen. Bei Projekten ohne Projektbestand können Sie Ware nur in den Verbrauch buchen.

Sobald Sie eine Bestellanforderung bzw. eine Bestellung erzeugt haben, führt das System den Bestellwert als Obligo. Damit wird angezeigt, dass eine ausgehende Zahlung zu erwarten ist, was auch in Berichten entsprechend ausgewertet werden kann. Das Obligo wird aufgelöst, wenn der Wareneingang gebucht wird – bzw. der Rechnungseingang, sofern Sie das Wareneingangskennzeichen so eingestellt haben, dass Sie keinen Wareneingang erwarten. Falls Sie nur Teilmengen empfangen bzw. fakturiert bekommen, wird auch das Obligo entsprechend angepasst, sodass nur die offene Menge berücksichtigt wird. Voraussetzung für die Fortschreibung des Obligos ist, dass Sie das entsprechende Kennzeichen im Kostenrechnungskreis aktiviert haben.

Wir zeigen Ihnen nun, auf welche unterschiedlichen Arten Sie Bestellungen anlegen können.

4.3.1 Manuelles Anlegen einer Bestellung

Über LOGISTIK • MATERIALWIRTSCHAFT • EINKAUF • BESTELLUNG • ANLEGEN • LIEFERANT/LIEFERWERK BEKANNT oder über die Transaktion **ME21N** legen Sie eine Bestellung an.

Die Bestellung ist in die Bereiche ORGANISATIONSDATEN ❶, POSITIONSDATEN ❷ und POSITIONSDETAILS ❸ aufgeteilt (siehe Abbildung 4.3).

Unter den Organisationsdaten ❶ tragen Sie im Reiter ORGDATEN neben dem BELEGDATUM den LIEFERANTEN, die Einkaufsorganisation (EINKAUFSORG), die EINKÄUFERGRUPPE und den BUCHUNGSKREIS ein, für die bestellt werden soll.

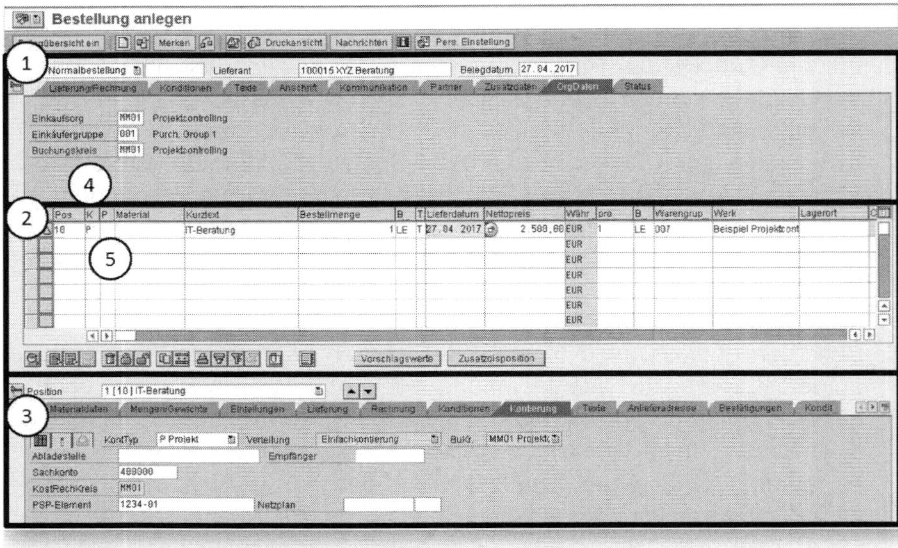

Abbildung 4.3: Bestellung manuell anlegen

In den Positionsdaten ❷ spezifizieren Sie, worum es sich bei der bestellten Ware handelt. Grundsätzlich müssen Sie entscheiden, ob Sie in der Spalte MATERIAL eine Materialnummer eintragen möchten. Geben Sie eine Materialnummer an, so werden die meisten weiteren Daten aus dem Materialstamm übernommen; anderenfalls bestellen

Sie eine Textposition, zu der Sie weitere Angaben machen müssen, z. B. zur Bezeichnung, zur Menge und zum Preis. Weitere wichtige Einstellungen sind der Kontierungstyp (Spalte K) und der Positionstyp (Spalte P).

Über den *Kontierungstyp* (Spalte K) ❹ steuern Sie, ob Sie die Ware in den Bestand oder direkt in den Verbrauch bestellen und auf welches Kontierungsobjekt Sie diese buchen möchten. Für das Projektcontrolling sind hier die Einträge **P**, **N** und **Q** relevant. Mit **P** bzw. **N** wird das Material direkt in den Verbrauch auf ein PSP-Element bzw. auf einen Netzplan gebucht, und über **Q** gelangt das Material in den Projektbestand eines PSP-Elements, sofern das Projekt bestandsgeführt ist; bei Projekten ohne Projektbestand können Sie den Kontierungstyp **Q** nicht verwenden.

Mit dem *Positionstyp* ❺ legen Sie u. a. fest, ob es sich bei der bestellten Ware um Material (leerer Eintrag) oder eine Dienstleistung (Eintrag **D**) handelt. In letzterem Fall haben Sie die Möglichkeit, ein Dienstleistungsverzeichnis anzulegen, um die bezogenen Leistungen genauer zu spezifizieren (siehe Abbildung 4.4).

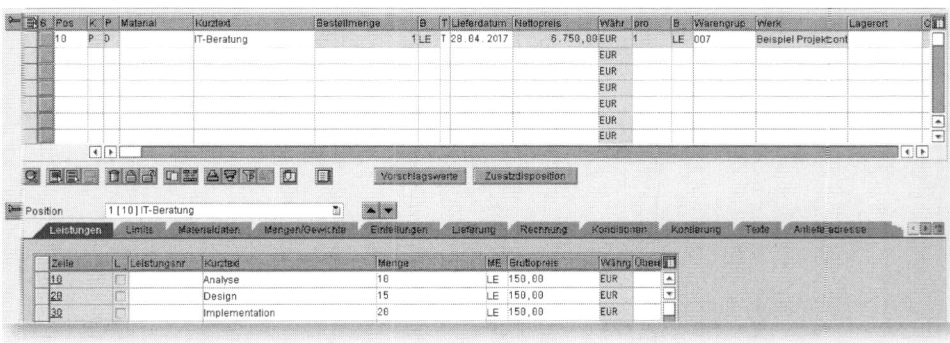

Abbildung 4.4: Bestellen einer Dienstleistung mit Leistungskatalog

Des Weiteren geben Sie in den Positionsdaten die Bestellmenge, den Nettowert und das Empfängerwerk je Position an.

In den Positionsdetails (❸ in Abbildung 4.3) tragen Sie im Reiter KONTIERUNG das Kontierungsobjekt ein, also in unserem Falle ein PSP-Element oder einen Netzplan. Auch an dieser Stelle können Sie keinen Netzplanvorgang, sondern nur einen Netzplankopf angeben.

4.3.2 Umwandeln einer Bestellanforderung in eine Bestellung

Wie wir in Abschnitt 3.3.1 erläutert haben, erstellt das System automatisch Bestellanforderungen für Fremdvorgänge und Dienstleistungsvorgänge. Für Materialkomponenten, die extern beschafft werden sollen, werden im Rahmen der Materialbedarfsplanung ebenfalls Bestellanforderungen erzeugt. Eine Bestellanforderung enthält bereits alle Daten, die das System benötigt, um eine Bestellung zu erstellen (siehe Abbildung 4.5).

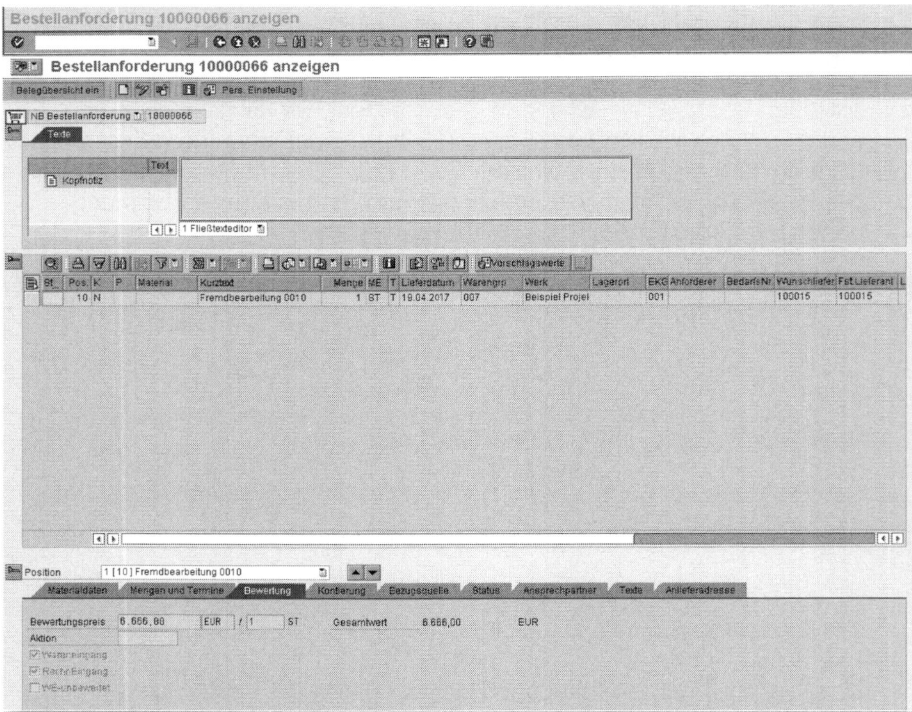

Abbildung 4.5: Bestellanforderung

Sie können eine Bestellanforderung mit derselben Transaktion (**ME21N**) wie der zum Anlegen einer Bestellung in eine Bestellung umwandeln. Hierzu müssen Sie in der Belegübersicht links zunächst die zu wandelnde Bestellanforderung auswählen. Ziehen Sie diese mit der Maus in den Einkaufswagen im Erfassungsbildschirm für die Bestellung (siehe Abbildung 4.6). Die Daten aus der Bestellanforderung werden nun übernommen, und das System erzeugt eine Bestellung. Diese können Sie bei Bedarf noch anpassen.

Neben den bereits vorgestellten Möglichkeiten zum Erfassen von Bestellungen können Sie aus dem Easy Cost Planning heraus mittels der sogenannten Execution Services bestellen (siehe Abschnitt 4.7).

Nachdem Sie einen Überblick darüber gewonnen haben, wie Sie Bestellungen anlegen können, widmen wir uns nun den Folgefunktionen: Wareneingang und Rechnungseingang.

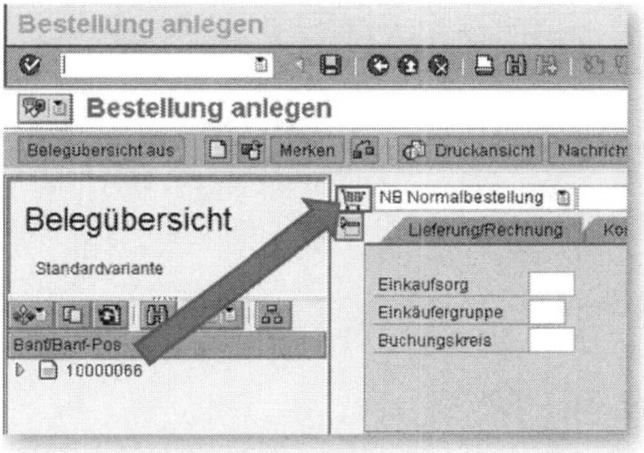

Abbildung 4.6: Bestellanforderung in eine Bestellung wandeln

4.3.3 Wareneingang buchen

Sofern Sie in der Bestellung das Wareneingangskennzeichen aktiviert haben, buchen Sie beim Empfang der Waren vom Lieferanten den Zugang zum Lager. Sie führen dies über die Transaktion MIGO oder den Menüpfad LOGISTIK • MATERIALWIRTSCHAFT • BESTANDSFÜHRUNG • WARENBEWEGUNG • WARENBEWEGUNG (**MIGO**) aus. Wählen Sie nun die Aktion **A01 Wareneingang** und den Referenzbeleg **R01 Bestellung** aus. Geben Sie anschließend Ihre Bestellnummer ein (siehe Abbildung 4.7).

Abbildung 4.7: Wareneingang erfassen

Das System schlägt Ihnen alle Positionen aus der Bestellung vor – bei Teillieferungen können Sie die Mengen anpassen –, und zum Schluss bestätigen Sie alle korrekt erhaltenen Positionen mit POSITION OK (siehe Abbildung 4.8).

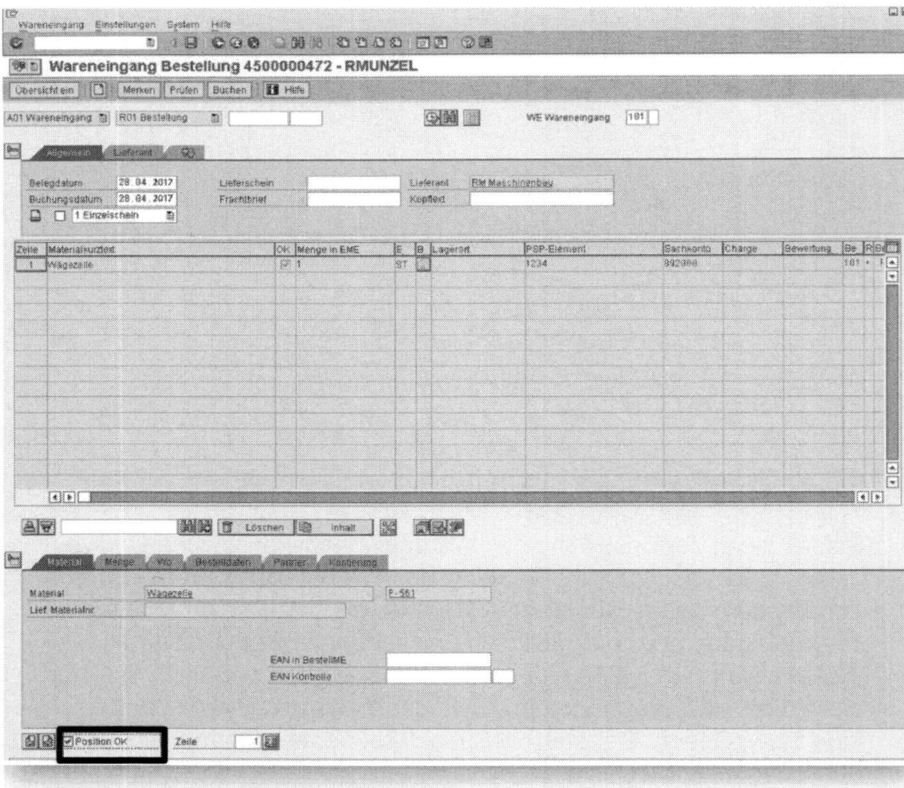

Abbildung 4.8: Positionen bestätigen

Abhängig vom Kontierungstyp in der Bestellung und den Einstellungen im belasteten Projekt bezüglich des Projektbestandes bucht das System die Ware nun in den Lagerbestand oder direkt in den Verbrauch. Die Gegenbuchung erfolgt auf dem Wareneingangs-/Rechnungseingangskonto; durch sie wird die Buchhaltung bei der Rechnungsprüfung unterstützt, denn dieser Buchungsposten wird später mit der erhaltenen Rechnung verrechnet.

Die wertmäßige Verbuchung des Wareneingangs erfolgt in Abhängigkeit davon, ob Sie das Material in den Bestand oder in den Verbrauch bestellt haben und wie das Projekt in Bezug auf den Projektbestand eingestellt ist:

- **Verbrauch**
  Wenn Sie mit dem Positionstyp »P« (Verbrauch auf Projekt) oder – bei einem Projekt mit unbewertetem Projektbestand – in den Bestand (Positionstyp »Q«) bestellt haben, wird der Wareneingang sofort als Kosten auf das empfangende PSP-Element gebucht. Dies gilt sowohl für Bestellungen über Materialnummern als auch für Bestellungen über Textpositionen.

- **Bestand**
  Bei einer Bestellung in den Bestand (Positionstyp »Q«) bei einem Projekt mit bewertetem Projektbestand bucht das System die erhaltene Ware in den Projektbestand des entsprechenden PSP-Elementes.

Den Wert der Bestands- bzw. der Verbrauchsbuchung ermittelt das System aus dem für das Material gültigen Preis. Abhängig von der Preissteuerung sind folgende Fälle zu unterscheiden:

- **Standardpreis**
  Wird das Material zum Standardpreis bewertet, so wird die Differenz zwischen dem Bestellwert und dem Standardpreis als Preisdifferenz auf dem entsprechenden PSP-Element verbucht.

- **Gleitender Durchschnittspreis**
  Bei einem gleitenden Durchschnittspreis erfolgt die Verbuchung anhand des Bestellwertes. Wenn das PSP-Element

über einen bewerteten Projektbestand verfügt, ist zu beachten, dass der gleitende Preis des Materials nicht an den bewerteten Projektbestand angepasst wird, denn der Projektbestand stellt einen Sonderbestand dar, der getrennt vom allgemeinen Bestand geführt wird. Daher ist es möglich, dass dasselbe Material im Projektbestand einen anderen Wert als im allgemeinen Bestand hat.

Darstellung von Projektbestand in PS-Berichten

Sie können im PS-Informationssystem den Wert des bewerteten Projektbestandes darstellen. Voraussetzung ist, dass Sie das entsprechende Bestandskonto als Kostenart vom Typ **90** anlegen. Dabei handelt es sich um eine statistische Kostenart, die es ermöglicht, Bilanzkonten in Kostenreports sichtbar zu machen.

Durch das Verbuchen des Wareneingangs wird außerdem das mit der Bestellung entstandene Obligo wieder aufgelöst und der Wert der Waren als Istkosten gezeigt.

4.3.4 Leistungserfassung

Wenn Sie Dienstleistungen bestellt und dabei einen Leistungskatalog eingegeben haben (siehe Abschnitt 4.3.1), buchen Sie den Empfang der Leistungen nicht über die Transaktion **MIGO**, sondern über das *Leistungserfassungsblatt*, das Sie über Logistik • Materialwirtschaft • Leistungserfassung • Pflegen (Transaktion **ML81N**) aufrufen. Sie geben dort die erhaltenen Leistungen inklusive der Menge an, um zu bestätigen, dass die Leistungen tatsächlich erbracht wurden (siehe Abbildung 4.9).

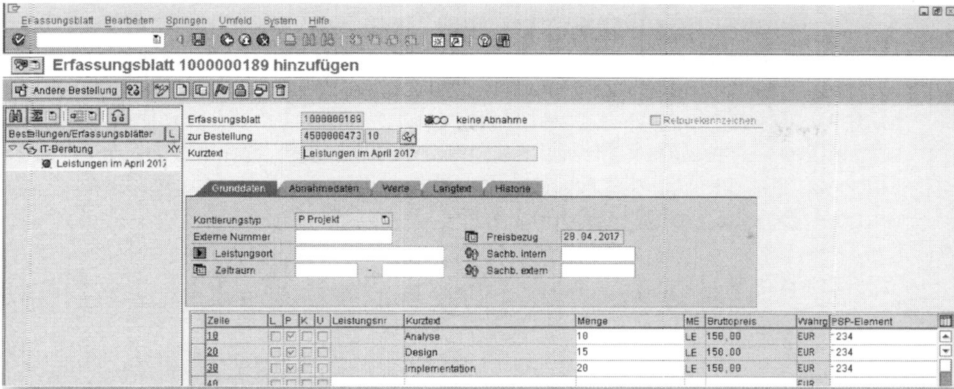

Abbildung 4.9: Leistungserfassung 143

Die Abwicklung über die Leistungserfassung erleichtert die Rechnungsprüfung. Die empfangende Abteilung hat so die Möglichkeit, den korrekten Erhalt der bestellten Leistungen in SAP ERP zu bestätigen. Die erhaltenen Leistungen werden zunächst, analog zum Wareneingang von Gütern, auf ein Wareneingangs-/Rechnungseingangskonto gebucht, sodass die Buchhaltung diese Buchungen bei der Rechnungsprüfung abgleichen kann. So können Sie die Rechnungsprüfung für Dienstleistungen nach demselben Prinzip abbilden wie für materielle Güter.

Mit dem Leistungserfassungsblatt verbucht das System die Kosten für die empfangenen Leistungen auf dem Projekt, für das bestellt wurde. Auf das Obligo hat die Leistungserfassung dieselben Auswirkungen wie der Wareneingang.

4.3.5 Rechnungseingang buchen

Kreditorenrechnungen mit Bestellbezug buchen Sie über LOGISTIK • MATERIALWIRTSCHAFT • LOGISTIK-RECHNUNGSPRÜFUNG • EINGANGSRECHNUNG HINZUFÜGEN (Transaktion **MIRO**). Geben Sie die Bestellung ein, für die Sie die Rechnung erfassen, das Rechnungsdatum und den Betrag (siehe Abbildung 4.10).

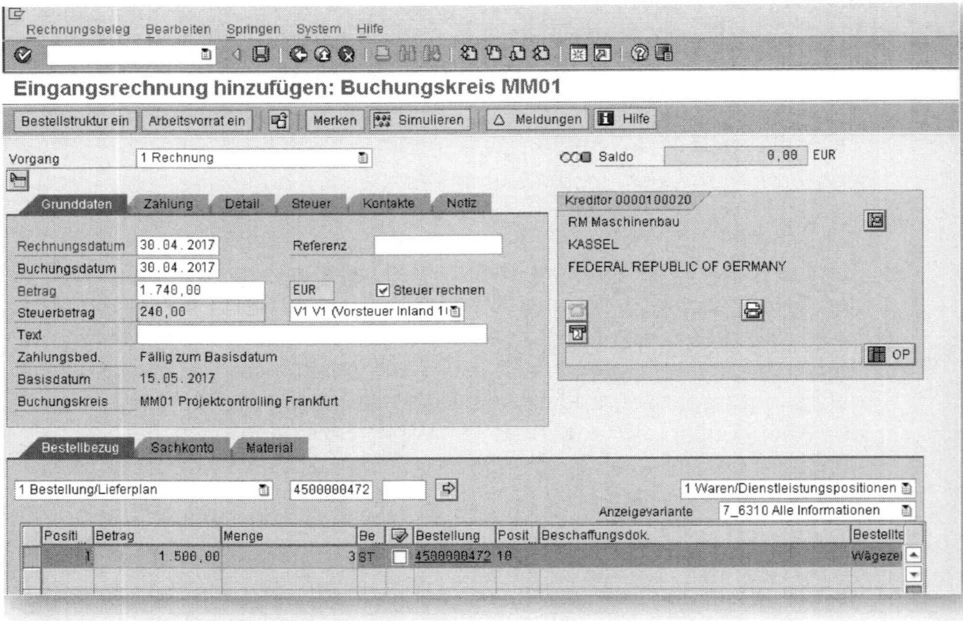

Abbildung 4.10: Rechnungseingang

Wenn Sie zuvor einen Wareneingang oder eine Leistungserfassung gebucht haben, wurden bereits etwaige Kosten auf dem Projekt fortgeschrieben. Die eingehende Rechnung wird dann auf der Gegenseite des Wareneingangs-/Rechnungseingangskontos verbucht und hat somit keine Auswirkungen mehr auf die Projektkosten. Haben Sie jedoch in der Bestellung gekennzeichnet, dass Sie keinen Wareneingang erwarten, so erfolgt keine Buchung auf dem Wareneingangs-/Rechnungseingangskonto, sondern die Rechnung wird direkt in die Projektkosten gebucht.

Wir haben Ihnen nun die wichtigsten Schritte zur Bestellabwicklung vorgestellt. Im Anschluss zeigen wir Ihnen die wichtigsten Customizing-Einstellungen zu diesem Thema.

4.3.6 Customizing-Einstellungen zur Bestellabwicklung

Bevor Sie in SAP ERP überhaupt bestellen können, sind einige Einstellungen in der Materialwirtschaft notwendig, die wir im Rahmen dieses Buches nicht behandeln können, weil wir uns auf die Aspekte des Projektcontrollings konzentrieren. An dieser Stelle erwähnen wir daher nur eine wichtige Einstellung, die im Customizing des Controllingmoduls CO vorgenommen werden muss:

Damit Sie Obligos als Folge von Bestellanforderungen bzw. Bestellungen nachverfolgen können, müssen Sie diese zunächst in den Einstellungen zum Kostenrechnungskreis aktivieren, siehe Abschnitt 2.1.9.

4.4 Abwicklung von Fertigungsaufträgen

Um eigengefertigte Produkte herzustellen, werden in der Produktion Fertigungsaufträge eingesetzt. Ein *Fertigungsauftrag* dient der Fertigung als Gerüst, um zu einem bestimmten Plantermin eine vorgegebene Menge eines bestimmten Materials zu fertigen (siehe Abbildung 4.11). Der Auftrag enthält eine Stückliste mit den benötigten Komponenten sowie einen Arbeitsplan, anhand dessen alle Tätigkeiten geplant und durchgeführt werden, die zur Herstellung des Fertigungsproduktes benötigt werden. Die Planung und Verrechnung der Arbeitszeit erfolgt wie bei Netzplänen über Arbeitsplätze, die mit einer Kostenstelle und einer oder mehreren Leistungsarten verknüpft sind.

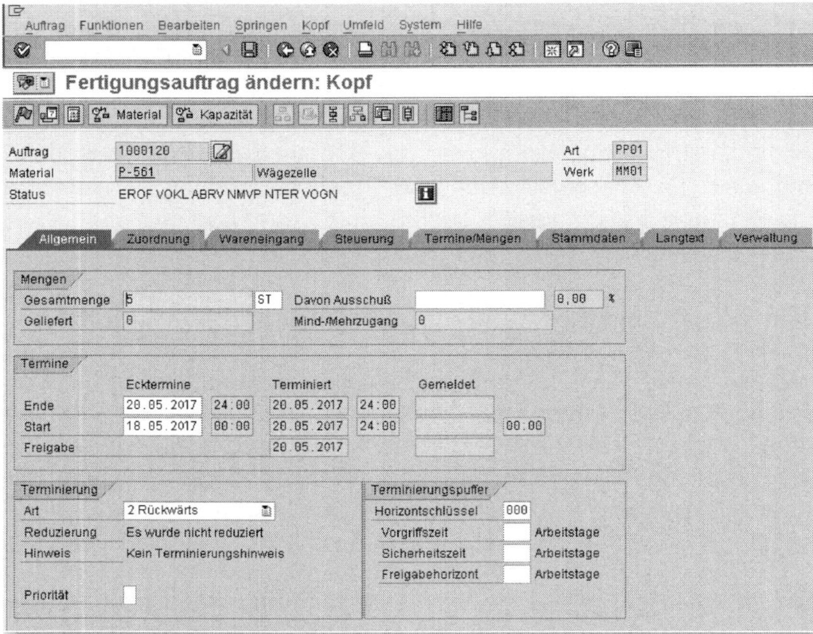

Abbildung 4.11: Fertigungsauftrag

Sie können einen Fertigungsauftrag manuell anlegen und diesen im Reiter ZUORDNUNG einem PSP-Element zuweisen (siehe Abbildung 4.12); diese Vorgehensweise ist allerdings genauso arbeitsaufwendig und fehleranfällig wie das manuelle Anlegen von Bestellungen (siehe Abschnitt 4.3.1).

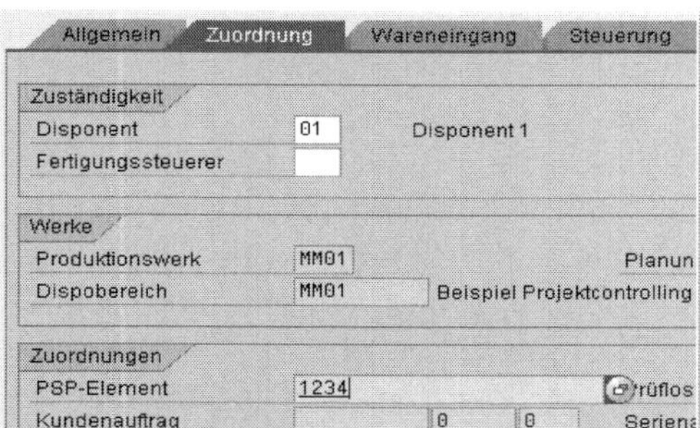

Abbildung 4.12: Fertigungsauftrag einem PSP-Element zuordnen

Üblicherweise werden Sie jedoch so vorgehen, dass Sie durch die Zuordnung einer Materialkomponente zu einem Netzplanvorgang einen Bedarf erzeugen, aufgrund dessen das System in der Materialbedarfsplanung einen Planauftrag erzeugt, den Sie in einen Fertigungsauftrag umwandeln. Ein solch maschinell erzeugter Fertigungsauftrag enthält bereits automatisch eine Verknüpfung mit dem PSP-Element, dem auch der Netzplanvorgang zugeordnet ist, und übernimmt auch die zeitlichen Planungsdaten aus dem Netzplan.

Auch ist es möglich, mittels Fertigungsnetzen eine mehrstufige Fertigung durchzuführen. Dabei werden für jede untergeordnete Baugruppe des Endproduktes weitere Fertigungsaufträge erzeugt, die hierarchisch angeordnet werden. Beachten Sie, dass bei einem solchen Fertigungsnetz alle beteiligten Fertigungsaufträge demselben PSP-Element zugeordnet sind, nämlich dem, von dem der Bedarf für das Endprodukt ausgelöst wurde. Es ist nicht möglich, die Verknüpfungen zu PSP-Elementen in den Aufträgen innerhalb eines Fertigungsnetzes nachträglich zu ändern.

Für einen Fertigungsauftrag ermittelt das System Plankosten gemäß den Einstellungen der zugeordneten Kalkulationsvariante; in der Regel erfolgt dies anhand der Materialpreise der in der Stückliste aufgeführten Komponenten und anhand der Vorgänge im Arbeitsplan, die über eine Leistungsart mit einem Tarif bewertet sind. Diese Plankosten können im Informationssystem zum Projekt angezeigt werden; abhängig von Ihren Einstellungen zur Auftragswertfortschreibung werden die Plankosten dem Gesamtplan des Projektes hinzuaddiert oder nicht (siehe Abschnitt 3.4).

Die Verbuchung von Material-Istkosten auf Fertigungsaufträgen erfolgt mit der Entnahme der Komponenten aus der Stückliste; die Verbuchung erfolgt über die Transaktion MIGO, die wir in Abschnitt 4.3.3 vorgestellt haben. Die Kosten der Leistungsverrechnung werden über Rückmeldungen erfasst, die sehr ähnlich wie Rückmeldungen für Netzpläne funktionieren (siehe Abschnitt 4.6).

Wenn das herzustellende Material fertiggestellt ist, wird zum Fertigungsauftrag ein Wareneingang des oder der fertigen Güter gebucht. Wie dieser auf dem zugeordneten PSP-Element verbucht wird, hängt von den Einstellungen zum Projektbestand ab: Hat das Projekt einen bewerteten Bestand, so erfolgt der Wareneingang mengen- und wertmäßig in den Projektbestand; bei unbewertetem Projektbestand wird das fertige Produkt mengenmäßig im Bestand geführt, wertmäßig jedoch direkt in den Verbrauch gebucht. Falls das PSP-Element keinen Bestand führt, erfolgt die Buchung des Wareneingangs mengen- und wertmäßig in den Verbrauch.

Der Fertigungsauftrag wird um den Wert des fertiggestellten Materials entlastet. Den Wert bestimmt das System aus der Kalkulation des Fertigungsauftrags, sofern vorhanden, ansonsten aus dem gültigen Preis im Materialstamm. Sollte bereits zuvor ein Wareneingang zum selben Material in den Projektbestand desselben PSP-Elementes gebucht worden sein, so wird der Wert aus dieser Buchung übernommen. Die Bewertung anhand der Kalkulation des Fertigungsauftrags können Sie übersteuern, indem Sie den User-Exit COPCP002 einsetzen oder eine Einzelkalkulation im Netzplan bzw. in einem zugeordneten Kundenauftrag anlegen.

Sollte der auf diese Weise ermittelte Wert des fertigen Materials von den tatsächlichen Istkosten des Fertigungsauftrags abweichen, so wird mit der Abrechnung des Fertigungsauftrags zum Periodenabschluss (siehe Abschnitt 5.5) die Differenz zwischen dem Materialwert und den Kosten des Fertigungsauftrags als Preisdifferenz verrechnet. Dabei ist es wiederum entscheidend, ob das PSP-Element bestandsgeführt ist oder nicht: Wenn das PSP-Element über einen bewerteten Projektbestand verfügt, wird der Bestandswert des fertigen Materials durch die Verrechnung der Preisdifferenzen angepasst und entspricht somit den Istkosten des Fertigungsauftrags. Bei unbewertetem oder keinem Projektbestand werden die Kosten auf dem PSP-Element korrigiert.

Nach der Abrechnung hat der Fertigungsauftrag einen Saldo von null, während auf dem PSP-Element entweder ein entsprechender Bestandswert steht (bei bewertetem Projektbestand) oder die Kosten für den Verbrauch des hergestellten Materials (bei unbewertetem oder keinem Projektbestand).

Den Projektbestand können Sie, wie in Abschnitt 4.3.3 bereits erwähnt, im PS-Informationssystem sichtbar machen, indem Sie die betroffenen Bestandskonten als Kostenart vom Typ 90 anlegen.

Projektbestand bezieht sich auf einzelne PSP-Elemente

Wenn Sie mehrere Fertigungsaufträge zum selben PSP-Element erstellt haben (z. B. bei Fertigungsnetzen), können diese ihre Einsatzmaterialien aus dem Projektbestand entnehmen. Beachten Sie jedoch, dass jedes PSP-Element für sich genommen einen Einzelbestand darstellt. Ein Fertigungsauftrag kann nur aus dem Bestand des PSP-Elements entnehmen, dem er selbst zugeordnet ist, und nicht aus dem Bestand anderer PSP-Elemente, auch wenn diese zum selben Projekt gehören sollten.

Sie haben nun nach der Bestellabwicklung mit dem Durchlauf von Fertigungsaufträgen eine zweite wichtige Schnittstelle des Projektsystems zur Logistik kennengelernt. Wir stellen Ihnen im Folgenden Möglichkeiten vor, wie Sie auf Projekte interne Leistungen erfassen können.

4.5 Interne Leistungsverrechnung

Interne Leistungen werden in SAP ERP anhand von Leistungsarten erfasst, die in Verbindung mit einer Kostenstelle über einen Tarif verfügen (vgl. Abschnitt 3.2.3). Aus dem Tarif ergibt sich der Wert einer Leistungseinheit, die über eine solche Leistungsart abgegeben wird. Bei der Leistungsverrechnung wird die sendende Kostenstelle um die Leistung entlastet und der Empfänger um denselben Wert belastet. Interne Leistungen werden grundsätzlich über sekundäre Kostenarten fortgeschrieben.

Um Leistungen auf Projekte zu erfassen, stehen Ihnen unterschiedliche Möglichkeiten zur Verfügung:

- direkte Leistungsverrechnung
- Erfassung über das Arbeitszeitblatt (CATS)
- Rückmeldungen über Netzpläne

Die direkte Leistungsverrechnung und die Erfassung über das Arbeitszeitblatt stellen wir Ihnen in den folgenden Abschnitten vor. Da die Rückmeldungen über Netzpläne auch den Verbrauch von Material betreffen, haben wir diesem Thema eigens den Abschnitt 4.6 gewidmet.

4.5.1 Direkte Leistungsverrechnung

Mit dieser Form der Leistungsverrechnung geben Sie in einer Pflegemaske die zu verbuchenden Leistungen je Senderkostenstelle und Empfängerobjekt an, wobei Sie sowohl auf PSP-Elemente als auch auf Netzpläne, jedoch nicht auf Netzplanvorgänge kontieren können.

Erfassung der direkten Leistungsverrechnung

Sie nehmen die direkte Leistungsverrechnung über PROJEKTSYSTEM • CONTROLLING • ISTBUCHUNGEN • LEISTUNGSVERRECHNUNG • ERFASSEN bzw. über die Transaktion **KB21N** vor.

Wählen Sie zunächst eine Erfassungsvariante aus, mit der Sie auf PSP-Elemente und Netzpläne kontieren können (z. B. die Standardvariante **05SAP** (siehe Abbildung 4.13). Sie können nun einzelne Positionen erfassen und jeweils eine Senderkostenstelle, eine Senderleistungsart, eine Leistungsmenge und einen Empfänger eingeben. Das System errechnet anhand des Tarifs automatisch den Gesamtbetrag und übernimmt aus dem Stammsatz der Leistungsart die Sekundärkostenart zur Verrechnung.

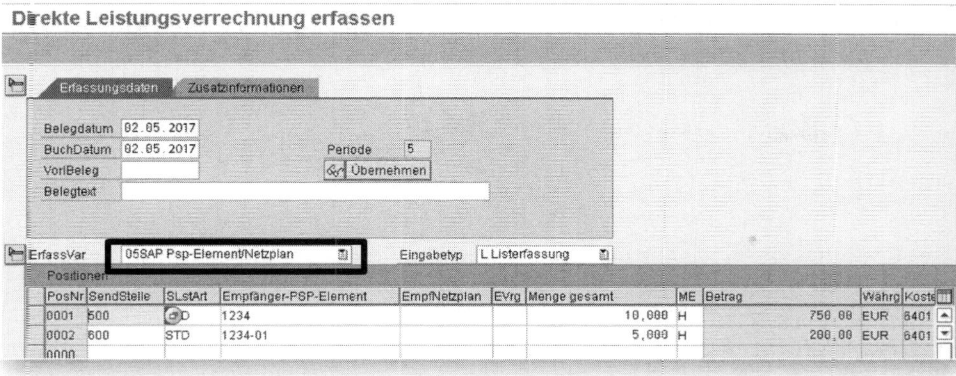

Abbildung 4.13: Direkte Leistungsverrechnung

Sie können im Customizing die vorgegebenen Standard-Erfassungsvarianten kopieren und diese verändern, indem Sie weitere Felder für die Eingabe hinzufügen, wie z. B. die Personalnummer. Wenn Sie die Personalnummer jeder Position mitgeben, können Sie in Einzelpostenberichten auswerten, welcher Mitarbeiter wie viele Stunden an einem bestimmten Projekt mitgearbeitet hat.

Customizing zur direkten Leistungsverrechnung

Sie verändern die Erfassungsvarianten über den Customizing-Menüpfad PROJEKTSYSTEM • KOSTEN • ISTKOSTEN UND ERWARTUNG • EIGENE ERFASSUNGSVARIANTEN FÜR BUCHUNGEN IM CONTROLLING (Transaktion **KBXXN_CUST**). Kopieren Sie zunächst eine SAP-Standardvariante. Unter DEFINITION DER ERFASSUNGSVARIANTEN PRO VORGANG wählen Sie nun die entsprechende Transaktion aus, für die Sie die Variante ändern möchten (in unserem Fall **RKL Leistungsverrechnung Ist**). Sie können noch weitere Felder hinzufügen oder vorhandene entfernen – in unserem Beispiel in Abbildung 4.14 wurde z. B. die Personalnummer hinzugefügt.

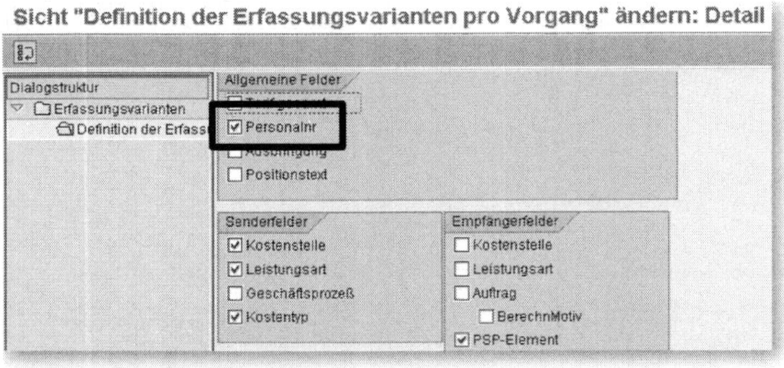

Abbildung 4.14: Erfassungslayout ändern

4.5.2 Erfassung von Leistungsverrechnung über das Arbeitszeitblatt (CATS)

Das *Arbeitszeitblatt* (Englisch: Cross Application Time Sheet, CATS) ist in SAP ERP eine universell einsetzbare Funktionalität, um Arbeitszeiten von Mitarbeitern auf Kontierungsobjekten zu erfassen. Kontierungsobjekte können z. B. Kostenstellen, Innenaufträge, aber auch PSP-Elemente und Netzplanvorgänge sein. Die Erfassung erfolgt anhand der Personalnummer des betroffenen Mitarbeiters. Sofern Sie nicht bereits die Personalwirtschaft (Modul HCM) produktiv nutzen, benötigen Sie sogenannte *HR-Ministammsätze*, um Personalnummern anzulegen. Diese müssen Sie dann mindestens mit den sogenannten *Infotypen* 0002 (Daten zur Person), 0001 (organisatorische Zuordnung) und 0315 (Voreinstellung Kostenstelle/Leistungsart) versorgen.

Erfassung von Leistungen über das Arbeitszeitblatt

Sie rufen das Arbeitszeitblatt über PROJEKTSYSTEM • FORTSCHRITT • RÜCKMELDUNG • ARBEITSZEITBLATT • CATS CLASSIC • ARBEITSZEITEN ERFASSEN (Transaktion **CAT2**) auf. Anschließend geben Sie Ihre Personalnummer ein sowie ein Erfassungsprofil, das einige Voreinstellungen enthält. In einer wöchentlichen oder monatlichen Sicht können Sie je Tag und Kontierungsobjekt die darauf verwendeten Stunden eintragen (siehe Abbildung 4.15). Die eingegebenen Zeiten können Sie gleich bei der Erfassung mit den Sollarbeitszeiten des Mitarbeiters bzw. mit den tatsächlich anwesenden Stunden je Arbeitstag vergleichen, sofern Sie das Modul HCM nutzen und diese Informationen dort vorliegen.

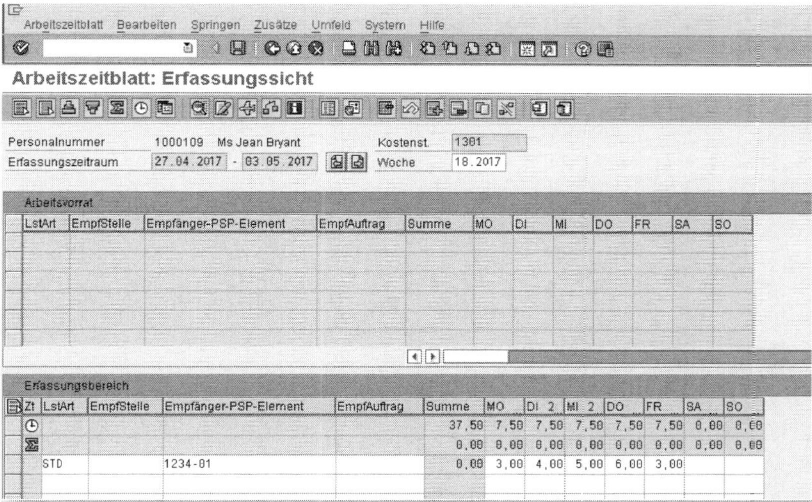

Abbildung 4.15: Arbeitszeitblatt

Es ist möglich, die Stundenerfassung in mehreren Einzelschritten durchzuführen. Der Erfasser kann die Daten zunächst nur sichern und gegebenenfalls in einem weiteren Schritt freigeben. Sobald die Zeiten freigegeben sind, kann der Vorgesetzte des Mitarbeiters diese überprüfen und sie ihm entweder zur Korrektur zurückschicken oder sie genehmigen. Zum Schluss leiten Sie die Daten aus dem Arbeitszeitblatt in das Controlling über; erst zu diesem Zeitpunkt sehen Sie Istwerte zu Ihren Projekten. Sie können die Freigabe und Genehmigung allerdings auch weglassen und die Daten jeden Tag über einen Hintergrundjob ins Controlling überleiten. Es ist Ihnen damit freigestellt, wie gründlich Sie die eingegebenen Zeiten überprüfen möchten. Aber bedenken Sie: Gerade bei Kundenprojekten mit aufwandsbezogener Fakturierung ist die Zeitkontrolle eine wichtige Aufgabe.

Customizing des Arbeitszeitblattes

Neben den erwähnten Einstellungen in der Personalwirtschaft benötigen Sie ein Erfassungsprofil (siehe Abbildung 4.16), um das Arbeitszeitblatt an Ihre Bedürfnisse anzupassen. Sie stellen es im Customizing über ANWENDUNGSÜBERGREIFENDE KOMPONENTEN • ARBEITSZEITBLATT • SPEZIELLE EINSTELLUNGEN FÜR CATS CLASSIC • ERFASSUNGSPROFILE EINRICHTEN ein.

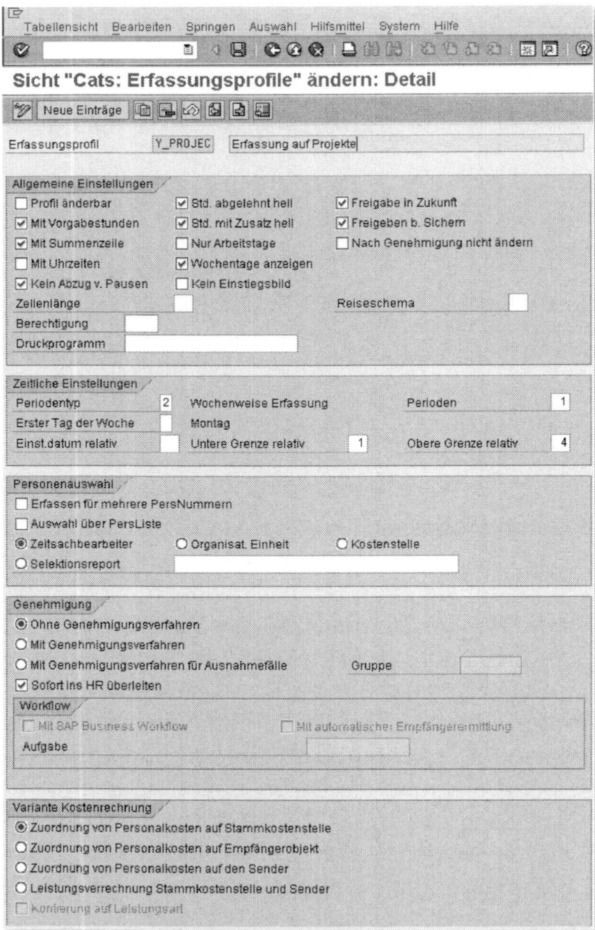

Abbildung 4.16: Erfassungsprofil für das Arbeitszeitblatt

4.6 Rückmeldungen zu Netzplänen

Wenn Sie in Ihrem Projekt Netzpläne verwenden und auf eigenbearbeiteten Vorgängen Arbeit geplant haben, können Sie hierzu Istdaten anhand von Rückmeldungen zu Netzplänen erfassen. Über eine Rückmeldung können Sie sowohl Istwerte für interne Leistungen buchen als auch den Verbrauch von Materialkomponenten, die dem betroffenen Vorgang zugeordnet sind.

4.6.1 Erfassen einer Rückmeldung

Grundsätzlich haben Sie die Wahl, ob Sie Rückmeldungen einzeln je Netzplanvorgang oder gesammelt erfassen. Wir zeigen Ihnen zunächst die Einzelerfassung, die Sie über PROJEKTSYSTEM • FORTSCHRITT • RÜCKMELDUNG • EINZELERFASSUNG • ERFASSEN bzw. über die Transaktion **CN25** aufrufen. Hierzu wählen Sie einen Netzplan und einen Vorgang aus, um in die Erfassungsmaske zu gelangen, die Sie in Abbildung 4.17 sehen.

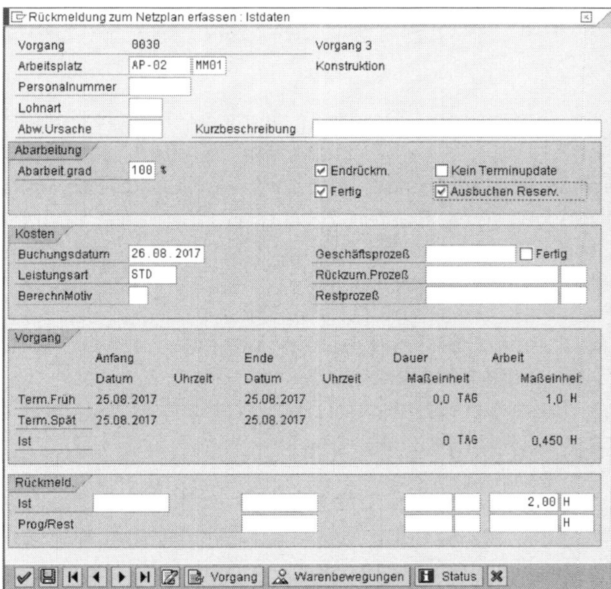

Abbildung 4.17: Einzelrückmeldung erfassen

Oben in den allgemeinen Daten können Sie den vorgeschlagenen ARBEITSPLATZ noch ändern und bei Bedarf eine PERSONALNUMMER angeben, die Sie später in Kostenberichten auswerten können. Die KURZBESCHREIBUNG hilft Ihnen, Kommentare zur Rückmeldung zu hinterlegen.

Im Block ABARBEITUNG geben Sie den *Abarbeitungsgrad* an, der besagt, wie viel Prozent des Vorganges fertiggestellt sind. Diese Information dient der Terminverfolgung und Fortschrittsanalyse; diese beiden Themen behandeln wir jedoch in diesem Buch nicht, da wir uns auf die kaufmännischen Aspekte des Projektcontrollings konzentrieren. Das Kennzeichen ENDRÜCKM. (Endrückmeldung) bedeutet, dass der Vorgang abgeschlossen ist und keine weiteren Rückmeldungen mehr erwartet werden. Wenn Sie den Parameter FERTIG aktivieren, dokumentieren Sie, dass Sie keine weitere Arbeit mehr für diesen Vorgang planen und entsprechend keine Kapazitäten mehr reserviert werden sollen. KEIN TERMINUPDATE können Sie einsetzen, um zu verhindern, dass die aktuelle Rückmeldung die Isttermine des Vorgangs beeinflusst, und über AUSBUCHEN RESERV. bewirken Sie, dass alle noch offenen Materialreservierungen gegen den Vorgang ausgebucht werden.

Unter KOSTEN sehen Sie die aus Controllingsicht wichtigen Punkte BUCHUNGSDATUM und LEISTUNGSART. Das Buchungsdatum steuert, in welcher Buchungsperiode die Kosten verbucht werden sollen, und die Leistungsart steuert, welche Kosten Sie bei Bedarf noch ändern können. Die restlichen Parameter sind nur von Bedeutung, wenn Sie die Prozesskostenrechnung einsetzen.

Im Bereich VORGANG sehen Sie alle bereits erfassten Istdaten zu diesem Vorgang. Die Spalten ANFANG, ENDE und DAUER dienen der Terminplanung; aus Kostensicht relevant ist der Wert ARBEIT. Hier können Sie die bereits erbrachte Leistung ablesen.

Im Block RÜCKMELD. (Rückmeldung) erfassen Sie schließlich die Istdaten zum Vorgang. Hier konzentrieren wir uns wiederum nur auf den Eintrag ARBEIT; unter IST tragen Sie die tatsächlich angefallene Arbeit ein, die vom zugeordneten Arbeitsplatz unter der angegebenen Leistungsart erbracht wurde. Das System errechnet dann die Istkosten zur Rückmeldung. Hierzu ermittelt es zunächst die Kostenstelle, mit der der angegebene Arbeitsplatz verknüpft ist und zieht den dort gültigen Tarif der Leistungsart heran, die in der Rückmeldung verwendet wurde. Wie der Tarif bestimmt wird, hängt von der Ist-Kalkulationsvariante ab, die dem Netzplan zugeordnet wurde (siehe Abschnitt 3.3.2). Den Tarif multipliziert das System schließlich mit der Menge der geleisteten Arbeit und verbucht das Ergebnis als Leistungsverrechnung zwischen der Kostenstelle und dem Netzplanvorgang.

Wenn Sie auf den Button WARENBEWEGUNGEN klicken, können Sie zusätzlich zur geleisteten Arbeit das verbrauchte Material angeben (siehe Abbildung 4.18).

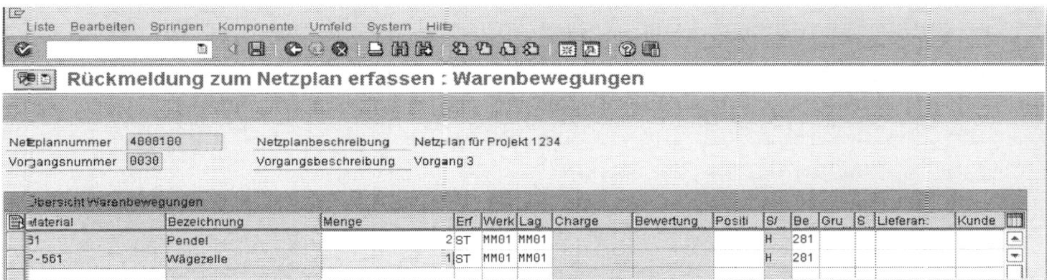

Abbildung 4.18: Warenausgang zur Rückmeldung

Das System schlägt automatisch die dem Vorgang zugeordneten und noch nicht verbrauchten Materialkomponenten vor. Darüber hinaus können Sie zusätzliche Materialnummern angeben, die Sie mit der Rückmeldung verbrauchen. Dabei verbucht das System Istkosten für den Materialverbrauch, die wiederum anhand der gültigen Ist-Kalkulationsvariante ermittelt werden.

Eine Sammelrückmeldung legen Sie über PROJEKTSYSTEM • FORTSCHRITT • RÜCKMELDUNG • SAMMELERFASSUNG (Transaktion **CN27**) an. Sie haben hier die Möglichkeit, für mehrere Netzpläne und Vorgänge gleichzeitig Istdaten zu erfassen (siehe Abbildung 4.19).

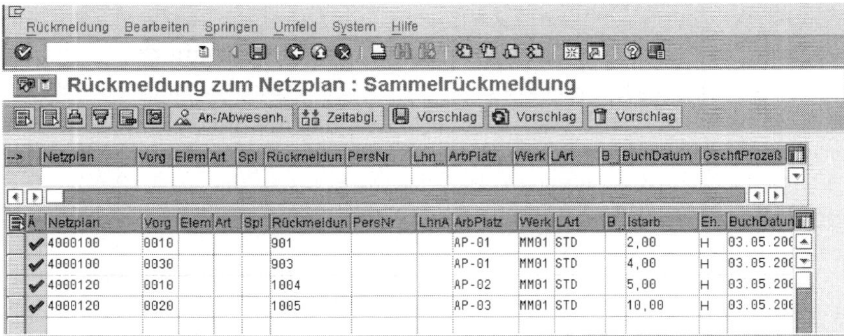

Abbildung 4.19: Sammelrückmeldung erfassen

Beachten Sie, dass Sie über diese Transaktion vor allem Leistungen erfassen können, jedoch keinen Materialverbrauch. Sie haben allerdings die Möglichkeit, direkt in die Einzelerfassung zu springen, indem Sie die entsprechende Zeile markieren und anschließend im Menü SPRINGEN • ISTDATEN wählen.

4.6.2 Customizing zu Rückmeldungen

Bevor Sie Rückmeldungen erfassen können, müssen Sie sogenannte *Rückmeldeparameter* im Customizing hinterlegen. Dies tun Sie über PROJEKTSYSTEM • RÜCKMELDUNG • RÜCKMELDEPARAMETER FESTLEGEN (Transaktion **OPST**). Sie stellen dort u. a. ein, welche Werte bei der Rückmeldung vorgeschlagen werden, welche Prüfungen vorgenommen werden sollen, wie mit Materialkomponenten zu verfahren ist und welche Fehlerprotokolle ausgegeben werden sollen.

4.7 Execution Services

Wenn Sie das Easy Cost Planning verwenden, können Sie über die *Execution Services* direkt aus der Planungsmaske heraus die folgenden Folgeaktionen anstoßen:

- Bestellanforderungen, Bestellungen, Reservierungen und Warenausgang, sofern Sie ein Planungselement mit einem konkreten Bezug zu einer Materialnummer gepflegt haben.
- Interne Leistungsverrechnung, wenn Sie eine Leistungsaufnahme von einer konkreten Kostenstelle mit Leistungsart geplant haben.

Voraussetzung hierzu ist, dass Sie einige Einstellungen im Customizing vorgenommen haben, die wir in Abschnitt 4.7.2 zeigen. Zunächst erläutern wir die Handhabung dieses Werkzeugs.

4.7.1 Einsatz der Execution Services

Sie starten die Execution Services direkt aus dem Easy Cost Planning heraus (siehe Abbildung 4.20). Wir zeigen Ihnen an einem Beispiel, wie Sie eine Bestellung über die Execution Services anlegen können.

Im Easy Cost Planning wählen Sie ein PSP-Element aus, für das Sie ein Kalkulationsmodell mit einer Verknüpfung zu einem Material ausgewählt und mit Planwerten versehen haben. Betätigen Sie den Button EXECUTION SERVICES EINBLENDEN ❶. Oben erscheint nun ein Drop-down-Menü, über das Sie diverse Services auswählen können, u. a. den Eintrag **POCR Bestellung** ❷. Wählen Sie diesen aus, und es erscheinen unten alle Einträge mit Bezug zu Materialnummern ❸. Wählen Sie die entsprechende Zeile aus, und klicken Sie auf den Button BUCHEN. Eventuell fordert Sie das System noch auf, fehlende Einträge zu ergänzen, die zum Erstellen der Bestellung benötigt werden, wie z. B. die Einkäufergruppe. Die Bestellung wird nun automatisch erstellt.

Die Handhabung für die anderen möglichen Services wie Bestellanforderung, Reservierung usw. erfolgt analog. Für eine interne Leistungsverrechnung benötigen Sie jedoch ein PSP-Element, auf das Sie per Easy Cost Planning Leistungen geplant haben.

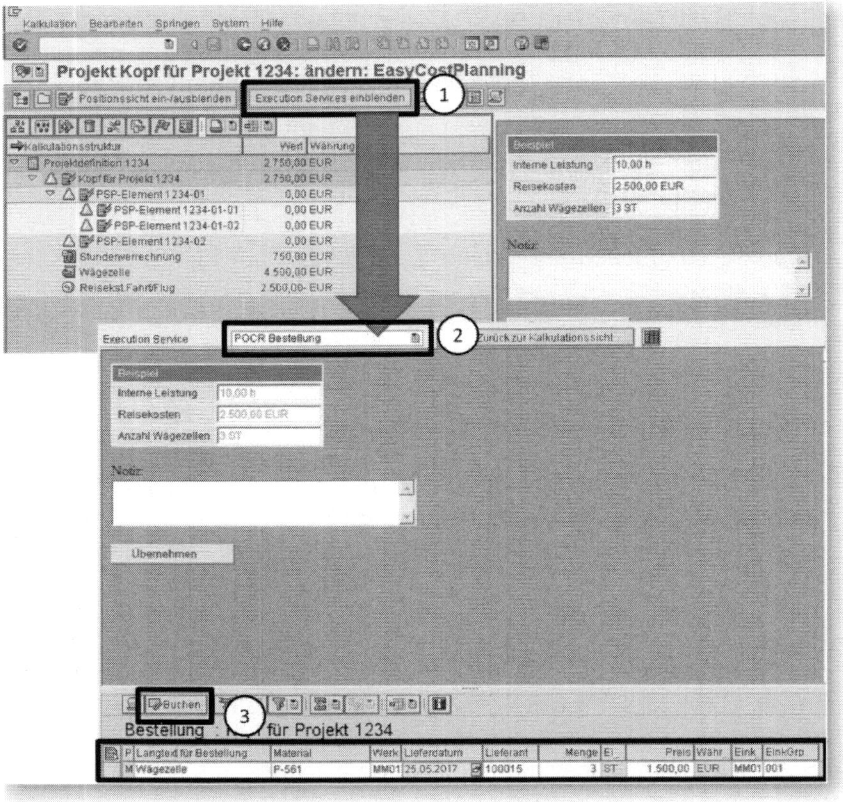

Abbildung 4.20: Execution Services aufrufen

Die Execution Services sind, wie das Easy Cost Planning, ein nützliches und anwenderfreundliches Werkzeug, für das allerdings die gleichen Einschränkungen gelten wie die in Abschnitt 3.2.6 aufgeführten – allen voran geringe Flexibilität. Sie müssen die Materialnummern, für die Sie im Projekt Bestellanforderungen, Bestellungen, Reservierungen oder Warenausgänge erfassen möchten, bereits im Kalkulationsmodell vorgegeben haben, um die Execution Services nutzen zu können – oder sie manuell als Einzelkalkulation hinzufügen. Somit ist der Einsatz dieser Funktionalität nur zu empfehlen, wenn Ihnen sehr ähnliche Projekte vorliegen, die stets dieselben Materialnummern verwenden.

Beachten Sie außerdem, dass das System lediglich eine Warnung ausgibt, wenn Sie versuchen, einen Vorgang über die Executior Services doppelt zu erfassen. Ändern Sie allerdings die Planmenge, nachdem Sie z. B. bereits bestellt haben, so müssen Sie selbst nachrechnen, wie viele Teile Sie noch zusätzlich benötigen bzw. wieder abbestellen müssen. Analog haben Sie auch bei Leistungsverrechnungen keine eingebaute Kontrolle darüber, ob Sie alle benötigten Leistungen bereits verbucht haben. Wenn Sie Ihren Materialbedarf und die Leistungsaufnahme stattdessen über Netzpläne steuern, nimmt Ihnen das System einige dieser Kontrollaufgaben ab.

4.7.2 Customizing der Execution Services

Um die Execution Services nutzen zu können, müssen Sie d e folgenden Einstellungen unter dem Customizing-Menüpunkt PROJEKTSYSTEM • KOSTEN • PLANKOSTEN • EASY COST PLANNING AND EXECUTION SERVICES • EXECUTION SERVICES vornehmen.

Als Erstes erstellen Sie ein Profil für die Execution Services (über EXECUTION SERVICES PROFIL DEFINIEREN). Darin legen Sie zunächst im Punkt EXECUTION SERVICE fest, welche Folgeaktionen über die Execution Services angestoßen werden dürfen (siehe Abbildung 4.21).

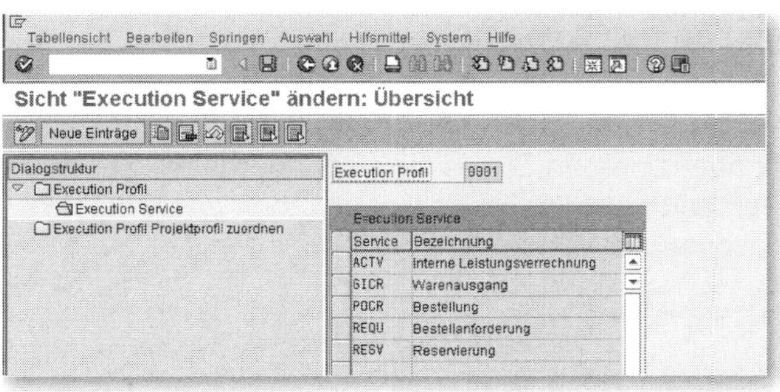

Abbildung 4.21: Profil für die Execution Services anlegen

Im zweiten Schritt ordnen Sie das Execution-Service-Profil Ihrem Projektprofil zu (siehe Abbildung 4.22).

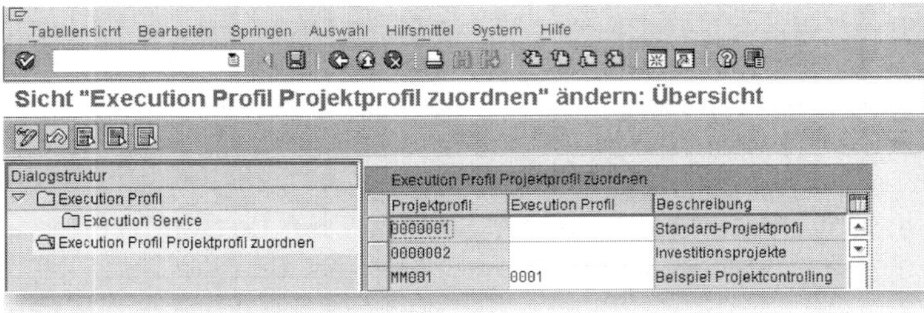

Abbildung 4.22: Execution-Service-Profil dem Projektprofil zuordnen

Unter EINSTELLUNGEN FÜR DIE EXECUTION SERVICES DEFINIEREN bestimmen Sie, welche Belegarten und Bewegungsarten für die Folgefunktionen der Execution Services benutzt werden sollen. So legen Sie z. B. fest, welche Bestellart stets für Bestellungen eingesetzt werden soll oder unter welchen Bewegungsarten Warenausgänge gebucht werden sollen. Wir empfehlen Ihnen, an den standardmäßig ausgelieferten Einstellungen nichts zu verändern.

Des Weiteren können Sie unter BEZEICHNUNGEN FÜR EXECUTION SERVICES DEFINIEREN die Beschreibung der Services verändern. Auch hier empfehlen wir Ihnen, die Standardeinstellungen beizubehalten, sofern keine wichtigen Gründe dagegensprechen.

4.8 Lieferungen an den Kunden

Wenn Sie, auf welchem Wege auch immer, Material für Ihr Kundenprojekt beschafft haben, werden Sie es zu einem gewissen Zeitpunkt an den Kunden versenden wollen. Hierzu stellt Ihnen das SAP-ERP-System zwei Funktionen zur Verfügung:

1. Lieferung aus dem Projekt

2. Lieferung aus dem Kundenauftrag

Die beiden Verfahren unterscheiden sich grundsätzlich, je nachdem, ob Sie – entsprechend dem Kundenauftrag – das fertige Endprodukt oder Einzelteile, z. B. zur weiteren Montage beim Kunden, liefern möchten. Wir stellen Ihnen im Folgenden beide Optionen detailliert vor.

4.8.1 Lieferung aus dem Projekt

Mit einer Lieferung aus dem Projekt können Sie zu einem beliebigen Zeitpunkt Material an einen beliebigen Empfänger senden. Sie können dabei auf Komponenten zugreifen, die einem Netzplanvorgang oder einem zum Projekt gehörigen Fertigungsauftrag zugeordnet sind. Die betreffenden Materialien können sich im Projektbestand, im Einzelbestand eines Kundenauftrags oder im allgemeinen Bestand befinden.

Um eine Lieferung anzulegen, wählen Sie im Menü den Punkt PROJEKTSYSTEM • MATERIAL • REALISIERUNG • LIEFERUNG AUS DEM PROJEKT (Transaktion **CNS0**) aus und erhalten das in Abbildung 4.23 gezeigte Fenster.

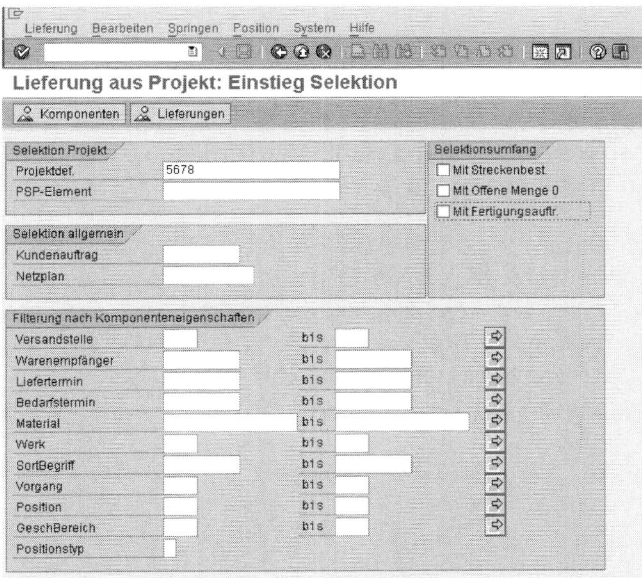

Abbildung 4.23: Lieferung aus dem Projekt anlegen

Sie können dabei nach PROJEKT bzw. individuellem PSP-ELEMENT selektieren und anhand weiterer Selektions- und Filterparameter noch weiter einschränken.

Im Block SELEKTIONSUMFANG können Sie außerdem Folgendes festlegen:

- Wenn Sie die Option MIT STRECKENBEST. (mit Streckenbestellungen) auswählen, können Sie auch Materialkomponenten zum Versand auswählen, für die Streckenbestellungen angelegt wurden. Diese werden vom Lieferanten direkt an den Kunden gesendet, ohne zuvor in Ihr Lager gelangt zu sein. Streckenbestellungen können in der Lieferung nur pro forma mit aufgenommen werden; sie werden also nur angezeigt und nicht gebucht.
- Durch die Nutzung der Option MIT OFFENE MENGE 0 haben Sie die Möglichkeit, auch Komponenten für die Lieferung auszuwählen, die über keine offene Menge mehr verfügen, die also z. B. bereits komplett ausgeliefert sind.
- Der Parameter MIT FERTIGUNGSAUFTR. (mit Fertigungsaufträgen) bestimmt, dass Sie – wie bereits eingangs erwähnt – auch Komponenten liefern können, die dem Projekt nicht über einen Netzplanvorgang, sondern über einen Fertigungsauftrag zugeordnet sind.

Um den Lieferschein anzulegen, klicken Sie auf den Button KOMPONENTEN. Zunächst müssen Sie einige Daten zum Versand angeben (siehe Abbildung 4.24), wie etwa die VERSANDSTELLE, das geplante Datum der Warenbewegung (PLANWARENBEW.), den WARENEMPFÄNGER sowie den Vertriebsbereich, bestehend aus VERKAUFSORGanisation, VERTRIEBSWEG und SPARTE).

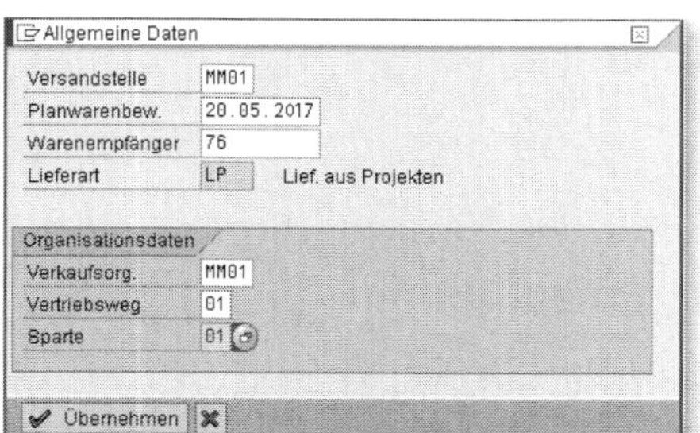

Abbildung 4.24: Versanddaten für die Lieferung

Das System schlägt Ihnen nun alle Komponenten vor, die entsprechend Ihrer Selektion geliefert werden können (siehe Abbildung 4.25). Als Vorschlagswert für die Liefermenge sehen Sie die aktuell verfügbaren Komponenten, die noch nicht geliefert wurden.

Wenn Sie eine Lieferung zum Projekt angelegt haben, können Sie sie im Versand analog über die Transaktion **VL02N** weiterbearbeiten, wie eine Lieferung, die Sie direkt aus einem Kundenauftrag erstellen (siehe nächster Abschnitt). Erst nach der Abwicklung im Versand wird der Warenausgang gebucht, wodurch der Bestand des entsprechenden Materials reduziert wird. Die Fortschreibung der Kosten im Finanzwesen hängt von den Einstellungen zum Projektbestand des betroffenen PSP-Elementes ab: Bei bewertetem Projektbestand wird zum Zeitpunkt der Lieferung der Wert der gelieferten Waren als Verbrauch gebucht. Verfügt das Projekt jedoch über einen unbewerteten Bestand, so erfolgt keine wertmäßige Buchung.

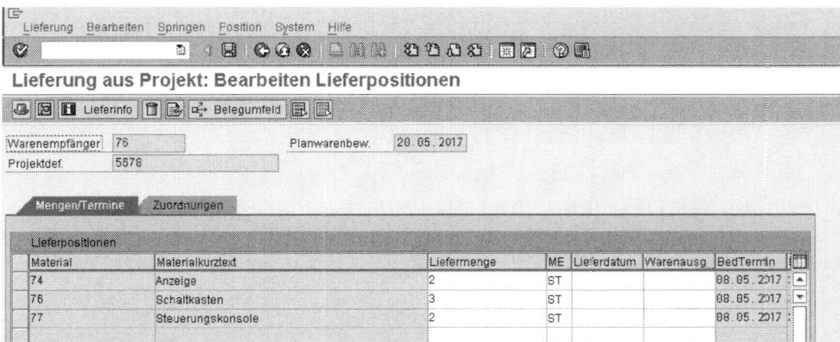

Abbildung 4.25: Lieferung aus dem Projekt – Positionen

4.8.2 Lieferung aus dem Kundenauftrag

Bei der Lieferung aus einem Kundenauftrag können Sie grundsätzlich nur die Waren liefern, die Sie zuvor in den Kundenauftrag eingetragen haben. In der Regel werden das dieselben Artikel sein, die Sie später auch dem Kunden fakturieren möchten. Eine Lieferung zum Kundenauftrag legen Sie über LOGISTIK • VERTRIEB • VERSAND UND

TRANSPORT • AUSLIEFERUNG • ANLEGEN • EINZELBELEG • MIT BEZUG AUF KUNDENAUFTRAG (Transaktion **VL01N**) an. Geben Sie die Versandstelle an, von der aus verschickt werden soll, das Selektionsdatum und den Kundenauftrag. Das System schlägt Ihnen nun alle Positionen des Kundenauftrags vor, die lieferbar sind (siehe Abbildung 4.26).

Sie können aus dem allgemeinen Bestand oder dem Kundeneinzelbestand des Kundenauftrags liefern. Der Kundeneinzelbestand hat die gleichen Eigenschaften wie der Projektbestand – er kann bewertet oder unbewertet sein und bildet einen Sonderbestand für den Kundenauftrag.

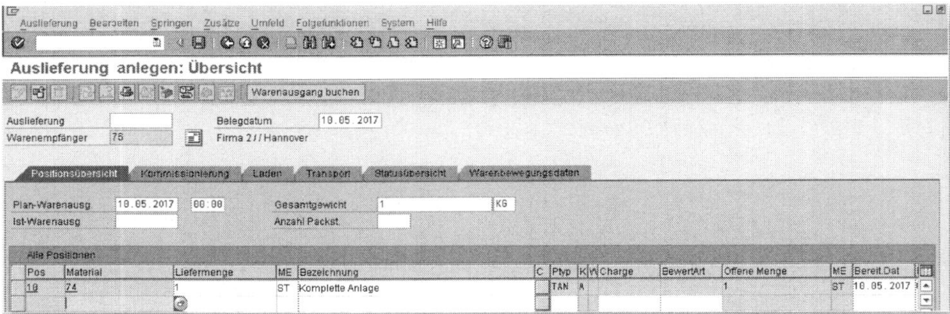

Abbildung 4.26: Lieferung aus dem Kundenauftrag anlegen

Umbuchen vom Projektbestand in den Kundeneinzelbestand

Es ist nicht möglich, über eine Lieferung zum Kundenauftrag aus dem Projektbestand zu liefern, auch wenn Sie den Kundenauftrag einem Projekt zugeordnet haben. Um auf diese Weise Material zu liefern, das sich im Projektbestand befindet, müssen Sie dieses zunächst in den Kundeneinzelbestand umbuchen (z. B. über die Transaktion **MIGO**).

Eine Lieferung zum Projekt, die Sie zuvor angelegt haben, können Sie über die gleiche Transaktion (bzw. über die Änderungstransaktion **VL02N**) bearbeiten.

Die weitere Verarbeitung der Lieferung hängt von Ihren Einstellungen in der Logistik, insbesondere in der Lagerverwaltung ab. Im einfachsten Fall müssen Sie lediglich im Reiter KOMMISSIONIERUNG die kommissionierte Menge eingeben und schließen sodann die Lieferung über den Button WARENAUSGANG BUCHEN ab. Anschließend drucken Sie einen Lieferschein aus.

Das System reduziert mit dem Warenausgang den Bestand über die gelieferte Menge; die Verbuchung der Kosten hängt von den Einstellungen im Kundenauftrag zum Kundeneinzelbestand ab. Falls der Kundenauftrag nicht bestandsgeführt ist oder über einen bewerteten Bestand verfügt, werden mit dem Warenausgang Istkosten in Höhe des Materialpreises laut Preissteuerung verbucht. Bei unbewertetem Kundeneinzelbestand erfolgt keine Verbuchung im Rechnungswesen.

Wenn Sie den Kundenauftrag auf ein PSP-Element kontiert haben, werden die etwaig anfallenden Kosten dort fortgeschrieben.

4.9 Fakturierung

Bei Kundenprojekten erstellen Sie im Modul SD eine Rechnung, sobald Sie die im Projekt vereinbarten Leistungen erbracht haben – im Falle von Teilrechnungen auch schon früher. Aus dem Fakturadokument können Sie einen Ausdruck erstellen, den Sie dem Kunden schicken. Gleichzeitig wird die Rechnung im Finanzwesen als Umsatz gebucht und dem zugeordneten Projekt gutgeschrieben.

Bei der Fakturierung stehen grundsätzlich folgende Vorgehensweisen zur Auswahl:

- **Lieferbezogene Fakturierung**
  Mit der Methode der lieferbezogenen Fakturierung wickeln Sie die Rechnungserstellung wie bei einem normalen Verkauf

von Standardwaren ab Lager ab. Einen entsprechend eingestellten Kundenauftrag können Sie dem Kunden erst berechnen, nachdem die Ware geliefert wurde.

- **Auftragsbezogene Fakturierung**
  Bei der auftragsbezogenen Fakturierung sind Liefervorgang und Rechnungserstellung voneinander entkoppelt. Üblicherweise setzen Sie in einem solchen Szenario Fakturierungspläne ein, mit denen Sie auch Anzahlungen abwickeln können.

- **Aufwandsbezogene Fakturierung**
  Bei der aufwandsbezogenen Fakturierung handelt es sich um eine besondere Form der auftragsbezogenen Fakturierung. In diesem Szenario sind die im Projekt zu erbringenden Leistungen variabel und können daher nicht genau geplant werden. Ebenso ist es zu Beginn des Projektes nicht möglich, einen festen Wert für die Rechnungserstellung vorzugeben. Mit der aufwandsbezogenen Fakturierung können Sie dem Kunden die tatsächlich erbrachten Leistungen in Rechnung stellen. Es handelt sich hierbei um ein komplexes Thema mit umfangreichen Einstellungen im Customizing, das wir an dieser Stelle nicht näher erläutern.

Grundsätzlich gemein haben alle Techniken, dass Sie zunächst einen Kundenauftrag anlegen müssen. Je Position können Sie anhand des Positionstyps entscheiden, ob die Rechnungserstellung liefer- oder auftragsbezogen erfolgen soll. Beide Verfahren stellen wir Ihnen nun detailliert vor.

4.9.1 Lieferbezogene Fakturierung

Für eine lieferbezogene Fakturierung müssen Sie zunächst zu Ihrem Kundenauftrag eine Lieferung durchführen. Nachdem Sie den Warenausgang gebucht haben, können Sie über LOGISTIK • VERTRIEB • FAKTURIERUNG • FAKTURA • ANLEGEN (Transaktion **VF01**) die Rechnung erstellen. Geben Sie hierzu die Nummer der Lieferung ein, und bestätigen Sie mit der [↵]-Taste. Das System zeigt Ihnen nun die bereits ausgelieferten, zu fakturierenden Positionen an (siehe Abbildung 4.27). Die Kontierung auf ein PSP-Element kopiert das System dabei aus der Lieferung.

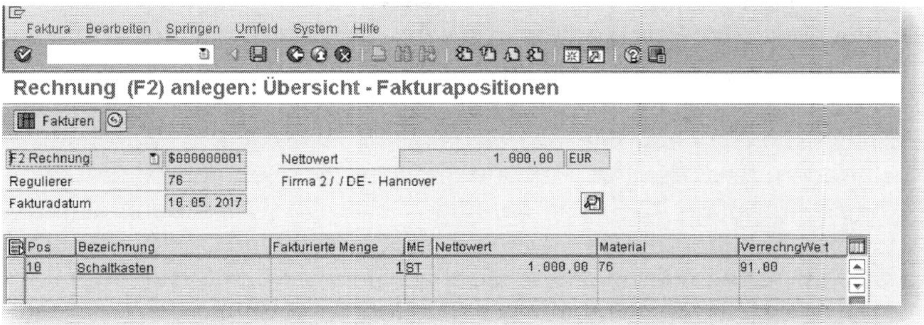

Abbildung 4.27: Faktura erstellen

Sichern Sie die Rechnung, um sie auch im Rechnungswesen zu verbuchen; die Erlöse werden auf dem zugeordneten PSP-Element fortgeschrieben.

Die lieferbezogene Fakturierung entspricht in ihrem Ablauf der Standardabwicklung von Kundenaufträgen, bezüglich derer die Ware direkt ab Lager geliefert oder kundenbezogen gefertigt wird. Ein großer Vorteil dieser Vorgehensweise ist, dass sie weitgehend automatisiert werden kann. So werden Sie in der Regel einen regelmäßigen (z. B. täglichen) Batch-Job einplanen, der für alle abgeschlossenen Lieferungen eine Rechnung erstellt und diese ausdruckt.

4.9.2 Auftragsbezogene Fakturierung

Wenn Sie Ihre Kundenaufträge auftragsbezogen fakturieren, heben Sie damit die Verknüpfung zwischen Lieferung und Rechnung auf. Sie können in diesem Szenario nach der Erstellung des Kundenauftrags zu beliebigen Zeitpunkten fakturieren, unabhängig davon, ob und wann eine Lieferung erfolgt ist. In der Regel setzen Sie dabei einen Fakturierungsplan ein; wie Sie einen solchen erstellen, haben wir bereits in Abschnitt 3.6 erläutert.

Durchführen der auftragsbezogenen Fakturierung

Im Fakturierungsplan steht in der Spalte SPERRE als Voreinstellung üblicherweise eine Fakturasperre, die verhindert, dass Rechnungen versehentlich erstellt werden. Erst wenn die Sperre entfernt wurde, ist es möglich, den Kundenauftrag zu fakturieren. Eine Möglichkeit, die Sperre zu entfernen ist, sie im Kundenauftrag manuell zu löschen. Stattdessen können Sie allerdings auch Isttermine in Meilensteine eintragen, falls Sie dem Fakturierungsplan solche zugeordnet haben (siehe Abbildung 4.28). Ein derartiger Isttermin wird sodann als Fakturadatum in den einem Meilenstein zugeordneten Schritt des Fakturierungsplanes übernommen; gleichzeitig löscht das System die Fakturasperre.

Anschließend erfolgt die eigentliche Rechnungserstellung genauso wie bei der lieferbezogenen Fakturierung: entweder manuell über die Transaktion **VF01** oder im Batch-Job.

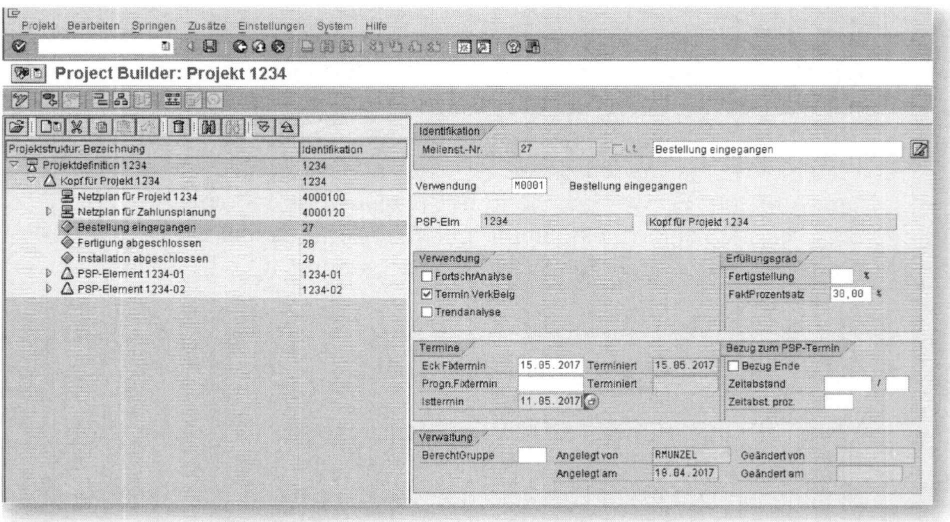

Abbildung 4.28: Isttermin in den Meilenstein eintragen

Fakturadatum

Beachten Sie das eingetragene Fakturadatum: Sofern Sie keine Meilensteine einsetzen und die einzelnen Schritte des Fakturierungsplanes manuell im Kundenauftrag freigeben, bleibt das ursprünglich geplante Fakturadatum stehen, und es erscheint dann auch in der Rechnung, die Sie anschließend anlegen. Das System lässt durchaus zu, dass eine Rechnung in der Zukunft oder in der Vergangenheit erstellt wird – Sie haben hier lediglich die Sicherung, dass vergangene und zukünftige Buchungsperioden in der Regel geschlossen sind und die Faktura somit nicht in die Finanzbuchhaltung weitergeleitet werden kann.

Abwicklung von Anzahlungen

Bei Projekten mit längeren Laufzeiten und hoher Kapitalbindung ist es üblich, dass der Kunde Anzahlungen leistet, um für den Lieferanten die Liquidität zu verbessern und das Risiko zu senken. Wie wir bereits in Abschnitt 3.6 erläutert haben, können Sie in Fakturierungspläne Anzahlungsanforderungen einbauen. Hierzu benutzen Sie die Fakturierungsregel »4« und geben eine Rechnungsart an, die für Anzahlungsanforderungen eingesetzt werden kann (im Standard ist es **FAZ**). Eine Anzahlungsanforderung erstellen Sie genauso wie eine Faktura, indem Sie zunächst die Fakturasperre entfernen und anschließend über die Transaktion **VF01** bzw. über einen Batch-Job eine Rechnung anlegen (siehe Abbildung 4.29).

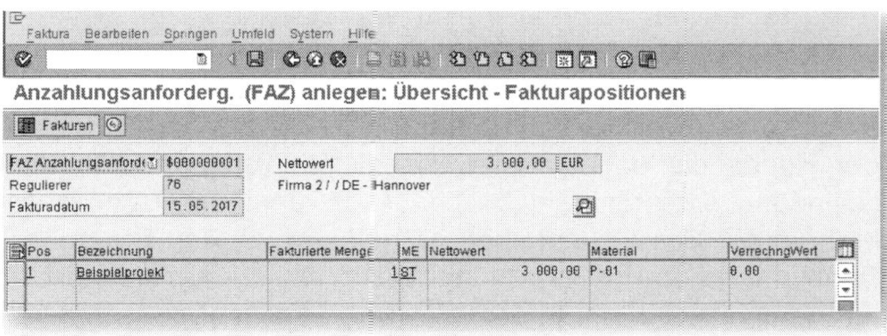

Abbildung 4.29: Anzahlungsanforderung anlegen

Kostenarten zur Anzahlungsfortschreibung

Bevor Sie Ihre erste Anzahlung bzw. Anzahlungsanforderung erstellen, müssen Sie im Customizing zwei Default-Kostenarten hinterlegen, auf denen die Anzahlungen im Controlling fortgeschrieben werden. Diese Einstellungen sind notwendig, um Anzahlungen in Kostenartenberichten im Controlling darstellen zu können, da diese Berichtsart grundsätzlich nur GuV-Konten und keine Bilanzkonten anzeigen kann.

Da eine Anzahlungsanforderung keine Auswirkung auf die Bilanz hat, wird sie in der Finanzbuchhaltung als Merkposten gebucht (siehe Abbildung 4.30). Dabei handelt es sich um einen einzeiligen Beleg, der im Konto des Debitors angezeigt und bei Überfälligkeit im Mahnlauf mitberücksichtigt werden kann.

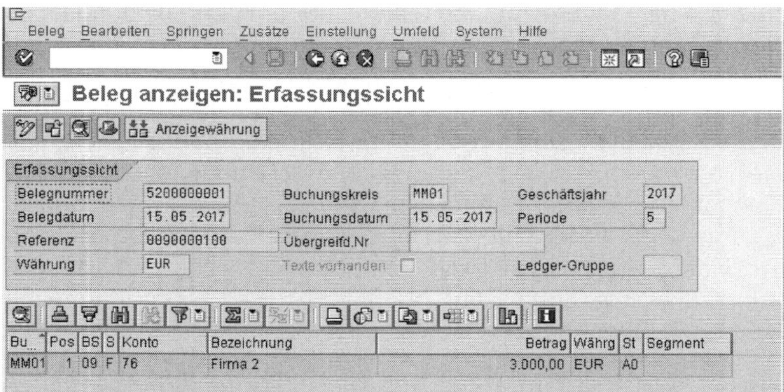

Abbildung 4.30: Anzahlungsanforderung als Merkposten

Wenn der Kunde die angeforderte Anzahlung leistet und Sie den Zahlungseingang entsprechend buchen (z. B. über die Transaktion **F-29**), wird der Merkposten automatisch gelöscht. Stellen Sie sicher, dass Sie beim Buchen der Anzahlung Bezug auf die Anzahlungsanforderung nehmen, um die automatische Verrechnung nutzen zu können. Außerdem wird nur so der Zahlungseingang auf dem Projekt fortgeschrieben.

Sie können mehrere Anzahlungsanforderungen hintereinander buchen, bevor Sie die erste umsatzwirksame Rechnung erstellen. Mit der ersten Rechnung werden alle bisherigen Anzahlungsanforderungen, die vom Kunden auch tatsächlich bezahlt wurden, automatisch ausgeglichen. Im Rechnungsdruck können Sie dem Kunden mitteilen, dass er den fälligen Betrag um die geleisteten Anzahlungen kürzen darf.

Nicht beglichene Anzahlungsanforderungen

Hat der Kunde eine Anzahlungsanforderung nicht beglichen, bevor die erste umsatzwirksame Rechnung erstellt wird, so wird der offene Merkposten nicht automatisch gelöscht. Da der Kunde nach Erhalt der Rechnung keine Anzahlung mehr leisten wird, müssen Sie die offene Anzahlungsanforderung stornieren, um den Merkposten wieder aus dem System zu entfernen.

4.9.3 Customizing-Einstellungen zur Fakturierung

Im Customizing müssen Sie einige Einstellungen zu den Fakturierungsplänen und zur Anzahlungsfortschreibung vornehmen, um die vorgestellten Funktionalitäten nutzen zu können.

Fakturierungsplan

Alle Customizing-Einstellungen zum Fakturierungsplan nehmen Sie im Modul SD (Vertrieb) im Menübaum Vertrieb • Fakturierung • Fakturierungsplan vor. Als Erstes legen Sie über Fakturierungsplanart definieren (Transaktion **OVBO**) eine neue Fakturierungsplanart an, sofern Sie diese benötigen. Wählen Sie anschließend den Punkt Fakturierungsplanarten für Teilfakturierung pflegen, und definieren Sie eine Fakturierungsplanart (siehe Abbildung 4.31).

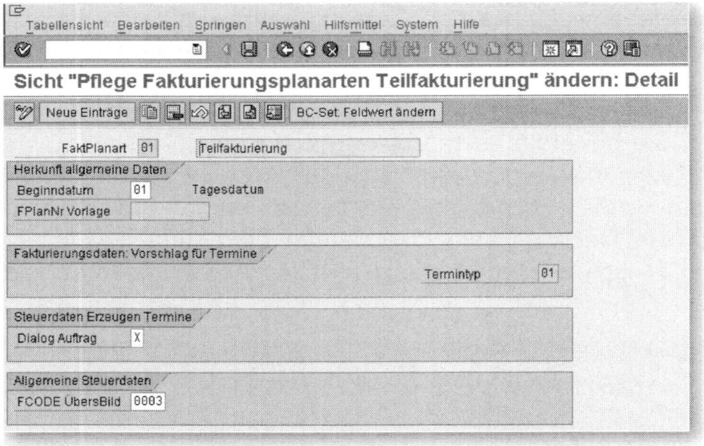

Abbildung 4.31: Fakturierungsplanart definieren

Geben Sie hier zunächst eine Nummer und eine Bezeichnung an. Im Block HERKUNFT ALLGEMEINE DATEN legen Sie unter BEGINNDATUM eine Regel fest, wie der Termin des ersten Fakturierungsschrittes ermittelt werden soll. Unter STEUERDATEN ERZEUGEN TERMINE können Sie einstellen, ob beim Anlegen eines neuen Fakturierungsplanes automatisch Termine für die einzelnen Teilschritte vorgeschlagen werden sollen. Der Parameter FCODE ÜBERSBILD bestimmt, wie das Erscheinungsbild des Fakturierungsplanes aussehen soll. Es stehen Ihnen unterschiedliche Szenarien zur Auswahl; für Kundenaufträge wählen Sie den Wert **0003**.

Im nächsten Schritt TERMINBEZEICHNUNGEN PFLEGEN legen Sie Terminbezeichnungen an (siehe Abbildung 4.32). Diese bestehen lediglich aus einem Schlüssel und einem Text, den Sie im nächsten Menüpunkt TERMINTYPEN als Vorschlagswert übernehmen können. Im Fakturierungsplan erscheinen die Terminbezeichnungen als Text zum Fakturierungsschritt; die Terminbezeichnungen können auch auf der Faktura angedruckt werden.

Nun legen Sie unter TERMINTYP DEFINIEREN UND ZUORDNEN sogenannte *Termintypen* an und ordnen diese der Fakturierungsplanart zu. Wählen Sie hierzu zunächst den Punkt PFLEGE TERMINTYP ZUR FAK-

TURIERUNGSPLANART (Transaktion **OVBJ**), und geben Sie anschließend einen SCHLÜSSEL und eine BEZEICHNUNG für den Termintyp sowie eine FAKTURIERUNGSPLANART ein (siehe Abbildung 4.33).

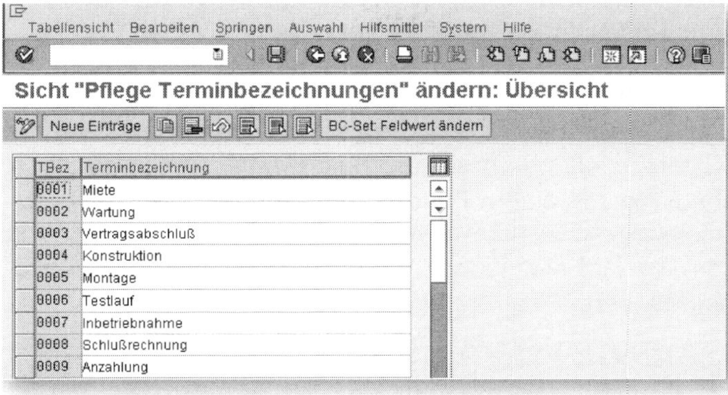

Abbildung 4.32: Terminbezeichnungen definieren

Wählen Sie eine der Terminbezeichnungen aus, die Sie zuvor angelegt haben. Im Block FAKTURIERUNGSDATEN können Sie Vorschlagswerte zur Fakturierungsregel (FakturierRegel), Fakturasperre und Fakturaart vornehmen. Der Parameter FIXTERMIN entscheidet, ob und wie Termine aus dem Meilenstein übernommen werden sollen. Im selben Customizing-Punkt führen Sie anschließend die Aktion TERMINTYP ZUORDNEN aus. Damit legen Sie je Fakturierungsplanart einen Vorschlagswert fest.

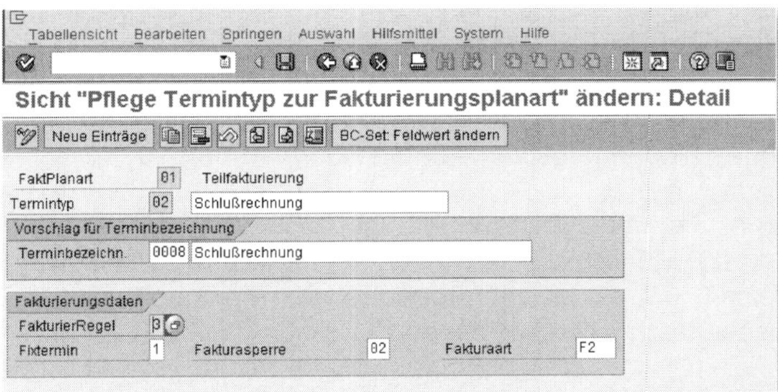

Abbildung 4.33: Termintypen definieren

Wenn Sie einem Projekt, das Meilensteine enthält, einen Kundenauftrag mit einem Fakturierungsplan zuordnen, werden die einzelnen Schritte des Fakturierungsplanes anhand des Termintyps mit den Meilensteinen verknüpft. Die dazugehörige Einstellung im Projektsystem haben wir in Abschnitt 2.3.2 bereits gezeigt.

Im Schritt TERMINVORSCHLAG ZUR FAKTURIERUNGSPLANART PFLEGEN können Sie je Fakturierungsplanart einen bestehenden Fakturierungsplan als Voreinstellung vorgeben. Hierzu müssen Sie zunächst einen Kundenauftrag mit einem Fakturierungsplan anlegen und dessen Nummer eintragen. Die Transaktion sieht genauso aus wie in Abbildung 4.34 – es ist hier jedoch als einziges Feld der FAKTURIERUNGSPLAN eingabebereit.

Transport von Kundenaufträgen und Fakturierungsplänen

> Beachten Sie, dass es sich bei Kundenaufträgen und Fakturierungsplänen um Bewegungsdaten handelt, die Sie nicht von Ihrem Entwicklungssystem ins Produktivsystem transportieren können.

Anschließend können Sie unter ZUORDNUNG FAKTURIERUNGSPLANART ZU VERKAUFSBELEGART die zuvor erstellte Fakturierungsplanart mit einer Verkaufsbelegart verknüpfen, um mit dieser Belegart Fakturierungspläne im Kopf zu ermöglichen. Ein Kopf-Fakturierungsplan hat den Vorteil, dass er für alle Positionen des Auftrags gilt und Sie ihn somit nur einmal pflegen müssen. Auf der anderen Seite können Sie dann nicht mehr Kundenaufträge erstellen, die gemischte Positionen – mit und ohne Fakturierungsplan – enthalten.

Analog haben Sie unter ZUORDNUNG FAKTURIERUNGSPLANART UND POSITIONSTYP die Möglichkeit, Ihre Fakturierungsplanart Positionstypen zuzuweisen, um mit diesen Positionstypen Fakturierungspläne auf Positionsebene erstellen zu können.

Im letzten Customizing-Punkt können Sie über REGELN ZUR DATUMSERMITTLUNG DEFINIEREN eigene Regeln festlegen, die Sie weiter oben im Punkt FAKTURIERUNGSPLANART DEFINIEREN zuordnen.

Default-Kostenarten für Anzahlungen einstellen

Sie müssen zunächst je eine Primärkostenart vom Typ 1 (Kosten) und vom Typ 11 (Erlöse) festlegen, anhand derer die Anzahlungen für das PS-Informationssystem fortgeschrieben werden sollen (siehe Abbildung 4.34). Diese Einstellungen nehmen Sie im Customizing unter PROJEKTSYSTEM • KOSTEN • ISTKOSTEN UND ERWARTUNG • ANZAHLUNGSFORTSCHREIBUNG vor.

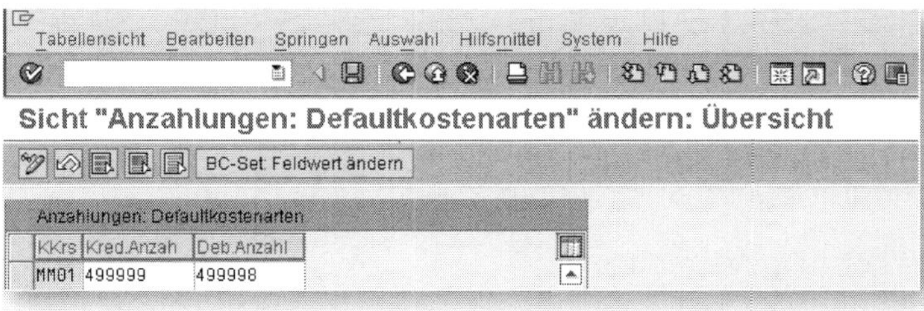

Abbildung 4.34: Anzahlungsfortschreibung einstellen

4.10 Abwicklung der Beispielprojekte

In den vorangegangenen Kapiteln haben wir unsere drei Beispielprojekte Schritt für Schritt aufgebaut und beplant. Nun zeigen wir Ihnen, auf welche Weise wir Istkosten auf diese Projekte erfassen. Wie gewohnt, sprechen wir zuvor einige grundsätzliche Überlegungen aus Sicht des Projektcontrollings an, die hierbei zu berücksichtigen sind.

4.10.1 Vorüberlegungen für die Abwicklung von Projekten

Indem Sie die Projektstruktur festgelegt und sich entschieden haben, auf welche Art und Weise Sie planen, haben Sie bereits eine Reihe von Vorgaben dazu gemacht, wie Sie Ihr Projekt realisieren möchten.

Folgende weitere Überlegungen sollten Sie anstellen, bevor Sie sich an die Umsetzung Ihres Projektes begeben:

Wie soll bestellt werden?

Wie Sie Bestellungen anlegen, ergibt sich weitgehend aus Ihrer Projektstruktur und Ihrer Planung. Wenn Sie keine Netzpläne einsetzen, können Sie Bestellungen lediglich manuell erstellen und auf PSP-Elemente kontieren oder gegebenenfalls über die Execution Services erzeugen. Nutzen Sie hingegen Netzpläne und damit die Integration in die Logistik, so können Sie Bestellungen anhand von Bestellanforderungen und Reservierungen zu Netzplanvorgängen anlegen.

Auf welche Weise sollen interne Leistungen verrechnet werden?

Für die Verrechnung interner Leistungen auf Projekten stehen Ihnen in SAP ERP drei mögliche Vorgehensweisen zur Verfügung:

1. direkte Leistungsverrechnung,
2. individuelle Erfassung über das Arbeitszeitblatt,
3. Rückmeldungen von Netzplanvorgängen.

Die direkte Leistungsverrechnung bietet sich an, wenn Sie Leistungen zentral erfassen möchten. Dabei können Sie beispielsweise eine Stundenerfassung auf Papier oder in einer Tabellenkalkulation vornehmen und die erbrachten Leistungen an zentraler Stelle gesammelt eingeben. Dies ist insbesondere dann sinnvoll, wenn nicht jeder Mitarbeiter, der seine Zeiten erfassen soll, an seinem Arbeitsplatz Zugriff auf das SAP-System hat.

Das Arbeitszeitblatt ist von den drei Methoden am aufwendigsten einzuführen und zu verwalten. Es kann nur sinnvoll eingesetzt werden, wenn jeder eingebende Mitarbeiter Zugriff auf SAP ERP hat. Die Methode ist dann anzuraten, wenn Sie nicht nur Auswertungen darüber benötigen, wie viel Arbeitszeit auf bestimmte Projekte verwendet wurde, sondern vor allem auch darüber, wie stark ausgelastet die betroffenen Mitarbeiter sind und wie viel Zeit auf beispielsweise administrative Tätigkeiten entfällt. Ein weiterer wichtiger Aspekt des Arbeitszeitblattes ist der Freigabe- und Genehmigungsworkflow: Das System stellt Ihnen Werkzeuge zur Verfügung, um die eingegebenen Zeiten durch einen Vorgesetzten überprüfen und gegebenenfalls zur Korrektur zurückweisen zu lassen. Dies ist insbesondere dann von großer Bedeutung, wenn die geleistete Arbeit der Mitarbeiter direkt an die Kunden berechnet werden soll (z. B. im Beratungsgeschäft) und eine entsprechend hohe Datenqualität notwendig ist.

Die Rückmeldung von Netzplänen ist komfortabler als die direkte Leistungsverrechnung und einfacher einzustellen als das Arbeitszeitblatt. Diese Methode sollten Sie in Betracht ziehen, wenn Sie Netzpläne einsetzen und die genannten Vorteile des Arbeitszeitblattes für Ihre Zwecke nicht von Bedeutung sind.

Wie soll geliefert werden?

Wie wir in Abschnitt 4.8 erläutert haben, können Sie Lieferungen aus dem Projekt heraus oder aus dem Kundenauftrag starten. Bei Ersterem können Sie beliebige Komponenten des Projektes liefern, bei Letzterem nur die Materialien, die im Kundenauftrag aufgeführt sind. Wenn Sie lieferbezogen fakturieren, müssen Sie auch aus dem Kundenauftrag heraus liefern.

Fakturieren Sie hingegen auftragsbezogen, haben Sie die Wahl, ob Sie aus dem Kundenauftrag oder aus dem Projekt heraus liefern. Falls das Projektgeschäft jedoch nur einen Teil Ihrer gesamten Geschäftsaktivitäten ausmacht und Sie z. B. für den Verkauf von Standardartikeln ab Lager das Vertriebsmodul SD einsetzen, sollten Sie folgende Besonderheiten beachten:

Lieferungen aus dem Projekt werden systemseitig anders abgewickelt als solche aus dem Kundenauftrag. Sofern Ihr Logistikteam für das Versenden sowohl von Standardartikeln als auch von Komponenten von Projekten zuständig ist, müssen die Mitarbeiter dort stets genau wissen, um welche Art von Auftrag es sich bei einer Lieferung handelt, um sie korrekt abzuarbeiten.

Im Gegensatz zu Lieferungen aus dem Kundenauftrag erscheinen Lieferungen aus dem Projekt nicht im Belegfluss des Kundenauftrags. Anhand des Belegflusses können Sie sich im Modul SD zu einem beliebigen Vertriebsbeleg (z. B. Kundenauftrag, Lieferung, Rechnung) alle Vorgänger- und Nachfolgebelege anzeigen lassen. Wenn Sie Kundenaufträge zum Fakturieren eines Projektes nutzen, jedoch Lieferungen aus dem Projekt anlegen, können Sie im Belegfluss des Vertriebs nicht unmittelbar erkennen, ob die Ware schon geliefert wurde. Auch hier gilt wieder: Wenn Sie das Modul SD auch für andere Prozesse als das Projektgeschäft nutzen, müssen Sie Lieferungen für Projekte anders abwickeln als Lieferungen aus dem Kundenauftrag.

Wie empfehlen Ihnen daher, Lieferungen aus dem Projekt nur einzusetzen, wenn Sie tatsächlich Komponenten liefern möchten, die nicht im Kundenauftrag aufgeführt sind. Ansonsten ist die Lieferung aus dem Kundenauftrag besser nachzuvollziehen.

Wie soll fakturiert werden?

Zur Rechnungserstellung stehen Ihnen die lieferbezogene und die auftragsbezogene Fakturierung zur Auswahl.

Wenn Sie erwägen, Projekte lieferbezogen zu fakturieren, sollten mit dem Kunden keine Teilzahlungen vereinbart worden sein, und Sie sollten somit keinen Fakturierungsplan einsetzen. Außerdem ist darauf zu achten, dass die im Projekt erbrachte Leistung tatsächlich in Form eines oder mehrerer Materialien vorliegt, die im Kundenauftrag erfasst, zum Kunden geliefert und dann fakturiert werden können. Sofern es sich bei einem Projekt um eine Dienstleistung handelt oder Lieferungen mit mehr Teilen erfolgen als im Kundenauftrag aufgeführt, sollten Sie von einer lieferbezogenen Fakturierung absehen.

Die auftragsbezogene Fakturierung bietet sich an, wenn Sie in mehreren Teilschritten fakturieren möchten und insbesondere dann, wenn Sie auch Kundenanzahlungen anfordern. Beides wird eher bei größeren und kapitalintensiven Projekten der Fall sein, wenn Sie also durch Anzahlungen den Cashflow des Projektes optimieren möchten. Beachten Sie jedoch, dass, anders als bei der lieferbezogenen Fakturierung, Rechnungen nicht automatisch erzeugt werden – sie müssen manuell angestoßen werden, sei es durch das Entfernen der Fakturasperre im Fakturierungsplan oder durch das Fertigmelden eines Meilensteins. Es erfordert ein aufmerksames und aktives Projektcontrolling, um zu verhindern, dass Rechnungen zu spät erstellt oder gar vergessen werden. Insbesondere, wenn bei Ihnen eine große Zahl derartiger Projekte gleichzeitig stattfinden, ist es von großer Bedeutung, je Projekt einen Verantwortlichen zu bestimmen, der u. a. für die Fakturierung Sorge trägt.

4.10.2 Durchführung von Projekt 1: Einführung von SAP ERP

Dieses Projekt enthält keinen Netzplan und keinen Materialbedarf. Es werden jedoch externe Dienstleistungen bezogen, indem Bestellungen manuell auf PSP-Elemente kontiert werden. Der Empfang der Leistungen wird über die Leistungserfassung quittiert.

Die Erfassung der Stunden erfolgt teils über die direkte Leistungsverrechnung und teils über das Arbeitszeitblatt. Am Projekt sind Mitarbeiter aus unterschiedlichen Abteilungen beteiligt – neben der IT auch Kollegen aus der Finanzbuchhaltung, dem Einkauf, dem Vertrieb usw. Die IT-Abteilung erfasst ihre Stunden über das Arbeitszeitblatt, da sie intern Auswertungen über ihre eigene Auslastung benötigt. Die Mitarbeiter aus den anderen Abteilungen tun dies jedoch nicht; sie sammeln ihre Stunden in Excel-Sheets, die schließlich an zentraler Stelle als direkte Leistungserfassung eingegeben werden.

Es ist in diesem Projekt nichts zu liefern und nichts zu fakturieren.

4.10.3 Durchführung von Projekt 2: Installation einer Lkw-Wägebrücke

Das Projekt verwendet einen Netzplan, auf den bereits Materialkomponenten und Fremdbezüge geplant sind. Entsprechend werden die benötigten Materialien teils über Fertigungsaufträge selbst hergestellt und teils anhand der Bestellanforderungen im Netzplan in Bestellungen gewandelt. Das Gleiche gilt für die Fremdvorgänge (Fertigung des Decks, der Haltevorrichtung und von Teilen des Leitsystems) und die Dienstleistungsvorgänge (Errichten der Grube).

Die internen Leistungen sind bereits auf den eigenbearbeiteten Netzplanvorgängen geplant und werden dort über Rückmeldungen erfasst. Da nicht alle Mitarbeiter in der Montage Zugriff auf das SAP-System haben, werden die Arbeitszeiten auf Papier gesammelt und von der Arbeitsvorbereitung zentral rückgemeldet. Dies ist die nächstliegende Variante, weil die zusätzlichen Auswertungen des Arbeitszeitblattes nicht benötigt werden.

Da die Montage der Lkw-Wägebrücke größtenteils beim Kunden erfolgt, ist es notwendig, noch vor Beginn der Montage Material dorthin zu liefern. Hierbei handelt es sich hauptsächlich um Materialien, die nicht im Kundenauftrag erfasst sind, weshalb Lieferungen aus dem Projekt erstellt werden.

Die Fakturierung erfolgt auftragsbezogen über einen Fakturierungsplan mit mehreren Teilrechnungen.

4.10.4 Durchführung von Projekt 3: Herstellung einer Universaldrehmaschine in Kundeneinzelfertigung

Wie bei Projekt 2 wird auch bei diesem Projekt die Verknüpfung des Netzplans mit der Logistik voll ausgeschöpft, indem die Reservierungen für die Materialkomponenten in Bestellungen und Fertigungsaufträge gewandelt werden.

Die geleistete Arbeit in der Konstruktion wird über das Arbeitszeitblatt erfasst, da diese Abteilung auch in der Forschung und Entwicklung tätig ist. Es ist daher notwendig, die Auslastung der Mitarbeiter auswerten zu können. In der Fertigung und Montage werden die Zeiten ebenso wie in Projekt 2 zunächst auf Papier gesammelt und dann zentral als Rückmeldungen zum Netzplan erfasst.

Da die Montage der Anlage in der eigenen Fabrikhalle erfolgt, ist es nicht erforderlich, vorab Material zum Kunden zu liefern. Es wird nur das fertige Endprodukt aus dem Kundenauftrag geliefert.

In diesem Beispiel wurden mit dem Kunden mehrere Teilzahlungen vereinbart, um die Liquidität des eigenen Unternehmens nicht durch den Kauf der teuren Komponenten zu strapazieren. Die erste Anzahlung soll bei Eingang der Bestellung erfolgen und die zweite bei Abschluss der Konstruktion. Mit der Lieferung der Ware zum Kunden erfolgt die erste Teilrechnung, und die Schlussrechnung wird nach Abschluss der Installation durch eigene Techniker gestellt. Zu jeder Anzahlung bzw. Teilrechnung wird ein Meilenstein angelegt, der mit je einem Eintrag im Fakturierungsplan im Kundenauftrag korrespondiert. Sobald ein Isttermin für einen Meilenstein eingetragen wird, erstellt das System eine Rechnung.

4.11 Zusammenfassung

Wir haben Ihnen die unterschiedlichen Prozesse gezeigt, anhand derer Istdaten zu Projekten erfasst werden. Welche Sie davon einsetzen, hängt von Ihren eigenen Anforderungen ab. So können Sie ein Projekt komplett ohne Netzplan durchführen und dabei manuelle Buchungen in der Finanzbuchhaltung oder Bestellungen erfassen. Setzen Sie hingegen Netzpläne ein, so steht Ihnen vor allem bei den Beschaffungsprozessen eine enge Integration mit den dahinterliegenden Logistikfunktionen in Einkauf, Lagerverwaltung und Produktion zur Verfügung. Interne Leistungen können Sie zentral und verdichtet als direkte Leistungsverrechnung erfassen oder aber in größerer Detailtiefe und mit Abnahme durch den Vorgesetzten über das Arbeitszeitblatt. Auch zur Beantwortung der Frage, wie Sie Waren liefern und fakturieren möchten, gibt es mehrere Auswahlmöglichkeiten.

Im nächsten Kapitel erläutern wir Ihnen den Periodenabschluss.

5 Periodenabschluss

Zum Periodenabschluss führen Sie einige periodische Arbeiten durch, um das Projektergebnis aus Controllingsicht transparent darzustellen. Das wichtigste Werkzeug hierzu ist die Ergebnisermittlung. Bei Projekten, die über mehrere Perioden hinweg andauern, sind jeweils zum Periodenende einige Abschlusstätigkeiten notwendig. Wir stellen Ihnen in diesem Kapitel die wichtigsten davon vor.

Zu Beginn des Kapitels zeigen wir Ihnen, wie Sie *Selektionsvarianten* erstellen, die Sie benötigen, um die einzelnen Transaktionen des Abschlusses in der Sammelverarbeitung für mehrere Projekte gleichzeitig durchzuführen.

Anschließend beschäftigen wir uns mit den *Gemeinkostenzuschlägen*. Diese dienen dazu, die Kosten der Kostenstellen, die indirekt Leistungen für das Projektgeschäft erbringen (z. B. Warenannahme oder Lagerverwaltung), an Projekte weiterzubelasten. Wir erläutern die Durchführung dieser Funktionalität und die hierzu notwendigen Einstellungen im Customizing.

Die *Ergebnisermittlung* nimmt den größten Teil dieses Kapitels ein. Sie dient der Errechnung der Ware in Arbeit und/oder der Percentage of Completion. Wir führen zunächst detailliert vor, anhand welcher Logik diese Kennzahlen bestimmt werden. Anschließend beschreiben wir, wie Sie die Funktionalität ausführen und erklären Ihnen ausführlich das zugehörige Customizing.

Anhand der *Auftragseingangsermittlung* können Sie den Auftragseingang und den Auftragsbestand je Projekt ausmachen. Wir erläutern die Funktionsweise dieses Werkzeugs und zeigen, wie es im Customizing eingestellt wird.

Mit der *Abrechnung* werden die Resultate der Ergebnisermittlung und der Auftragseingangsermittlung verbucht und außerdem die Projektergebnisse an Abrechnungsempfänger, wie z. B. Kostenstellen oder Ergebnisobjekte, an CO-PA verrechnet. Wir befassen uns damit, welche Voraussetzungen Sie zunächst schaffen müssen, um abrechnen zu können: das Anlegen von Abrechnungsvorschriften, die Pflege von Abrechnungsparametern und das notwendige Customizing, und wir zeigen Ihnen außerdem, wie die Abrechnung durchgeführt wird.

Am Ende des Kapitels erläutern wir, wie der *Periodenabschluss* für unsere Beispielprojekte durchgeführt wird.

5.1 Selektionsvarianten

Die meisten Verfahren zum Periodenabschluss, die wir Ihnen in diesem Kapitel vorstellen, bieten die Möglichkeit, eine Einzel- oder eine Massenverarbeitung durchzuführen. Bei der Einzelverarbeitung geben Sie jeweils nur ein Projekt bzw. PSP-Element ein; bei der Massenverarbeitung arbeiten Sie mit einer sogenannten *Selektionsvariante*, um anzugeben, auf welche Projekte Sie sich beziehen möchten. Im Folgenden werden wir nur die Einzelverarbeitung zeigen, da sie mehr Details für das zu verarbeitende Projekt enthält.

Um eine Selektionsvariante anzulegen, rufen Sie die Transaktion **CJ8V** auf. Geben Sie der Variante einen eindeutigen Namen, und klicken Sie auf den Button ANLEGEN. Sie gelangen nun in den Selektionsbildschirm, den Sie in Abbildung 5.1 sehen.

Zunächst können Sie im Bereich SELEKTIONEN PROJEKTMANAGEMENT (DB-PROFIL: 000000000001) ❶ lediglich PROJEKTE bzw. PSP-ELEMENTE oder Netzpläne (NETZPLAN/AUFTRAG) konkret angeben. Mit »*« selektieren Sie alle Projekte im Mandanten. Über das Icon für dynamische Abgrenzungen ❷ öffnen Sie weitere Einschränkungsmöglichkeiten ❸; hier können Sie sich Kriterien aussuchen, nach denen Sie die Projekte weiter eingrenzen möchten, wie im Beispiel nach dem BUCHUNGSKREIS ❹.

Verlassen Sie die Variantenpflege über den grünen Pfeil. Im nächsten Bildschirm geben Sie unter den Variantenattributen eine Bezeichnung ein und sichern anschließend die Variante.

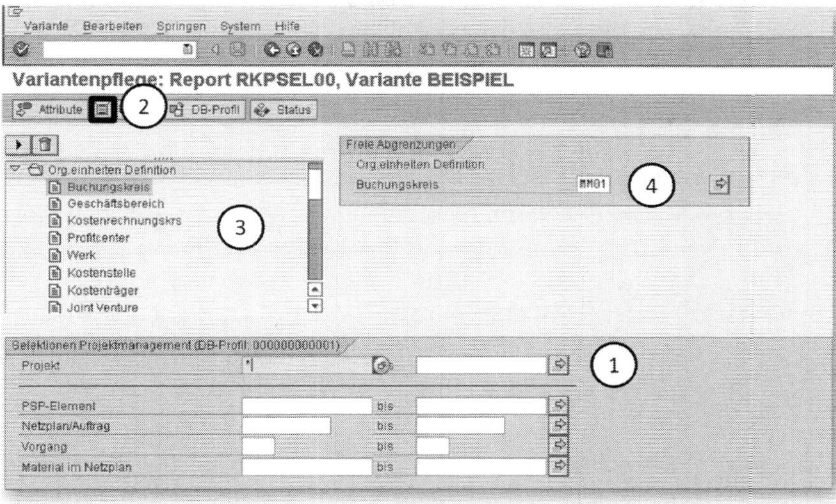

Abbildung 5.1: Selektionsvariante anlegen

5.2 Gemeinkostenzuschläge

Gemeinkostenzuschläge dienen dazu, für Projekte einen Deckungsbeitrag zu errechnen, der nicht nur auf den direkt zuordenbaren Kosten (z. B. Materialverbrauch, externe Dienstleistungen oder interne Leistungen) beruht, sondern auch die Gemeinkosten der an der Projektbearbeitung unmittelbar beteiligten Abteilungen berücksichtigt. Indem Sie einen Teil der fixen Gemeinkosten dieser Abteilungen dem Projekt zuschlagen und damit die Projektkosten erhöhen, können Sie Ihre Preisgestaltung entsprechend anpassen, um auch diese Kosten abzudecken.

Ein gängiges Beispiel für die Verwendung von Gemeinkostenzuschlägen ist das Warenlager. Dort fallen fixe Gemeinkosten wie Abschreibungen, Miete, Gebäude- oder Personalkosten an. Jedem Projekt, für das Waren vom Lager entnommen werden, können Sie einen gewissen Betrag für die Inanspruchnahme des Lagers aufschlagen. Der Zuschlagsbetrag errechnet sich in Abhängigkeit von einem bestimmten Kostenkonto (in diesem Fall »Materialverbrauch«) und anhand eines im Gemeinkostenzuschlag hinterlegten Zuschlagsprozentsatzes. Der Zuschlag wird der betroffenen Kostenstelle im Gegenzug gutgeschrieben.

Berechnung des Gemeinkostenzuschlags

zB

Sie definieren einen Gemeinkostenzuschlag in Höhe von 2 % auf den Materialverbrauch. Fallen bei Projekt 1234 1.000 EUR an Materialkosten an, so können Sie diesem Projekt 20 EUR an Materialgemeinkosten zuschlagen und gleichzeitig die Lagerkostenstelle um denselben Betrag entlasten.

Grundlage für die Berechnung von Gemeinkostenzuschlägen ist eine sogenannte *Kalkulationsvariante*, die Sie im Customizing anlegen (siehe weiter unten in diesem Abschnitt). Sie können Planwerte, Obligos und Istwerte bezuschlagen. Hierzu ordnen Sie die Kalkulationsvariante den entsprechenden PSP-Elementen und/oder Netzplänen zu, bzw. Sie tragen sie im Projektprofil oder im Netzplanprofil ein.

In der Planung werden die Zuschläge bei der Einzelkalkulation zu PSP-Elementen, beim Easy Cost Planning (siehe Abbildung 5.2) und bei der Netzplankalkulation automatisch ermittelt.

Wenn Sie die Primärkostenplanung auf PSP-Elementen einsetzen und dort Materialkosten geplant haben, müssen Sie die Planzuschläge gesondert über RECHNUNGSWESEN • PROJEKTSYSTEM • CONTROLLING • PLANUNG • VERRECHNUNGEN • ZUSCHLÄGE • EINZELVERARBEITUNG bzw. SAMMELVERARBEITUNG ausführen (Transaktion **CJ46** bzw. **CJ47**). Die Verarbeitung erfolgt analog zur Istzuschlagsermittlung,. Bitte beachten Sie, dass bei der Planzuschlagsermittlung keine Entlastung der betroffenen Kostenstelle gebucht wird; dies geschieht nur im Ist.

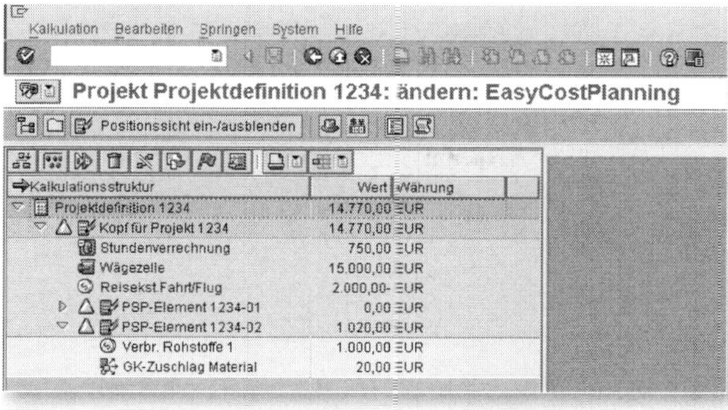

Abbildung 5.2: Gemeinkostenzuschlag im Easy Cost Planning

Um Gemeinkostenzuschläge für Istbuchungen oder Obligos durchzuführen, wählen Sie im Menü den Punkt RECHNUNGSWESEN • PROJEKTSYSTEM • CONTROLLING • PERIODENABSCHLUSS • EINZELFUNKTIONEN • ZUSCHLÄGE • EINZELVERARBEITUNG bzw. SAMMELVERARBEITUNG. Die Transaktionscodes lauten **CJ44** und **CJ45** für die Istzuschläge sowie **CJO8** und **CJO9** für Zuschläge auf Obligos.

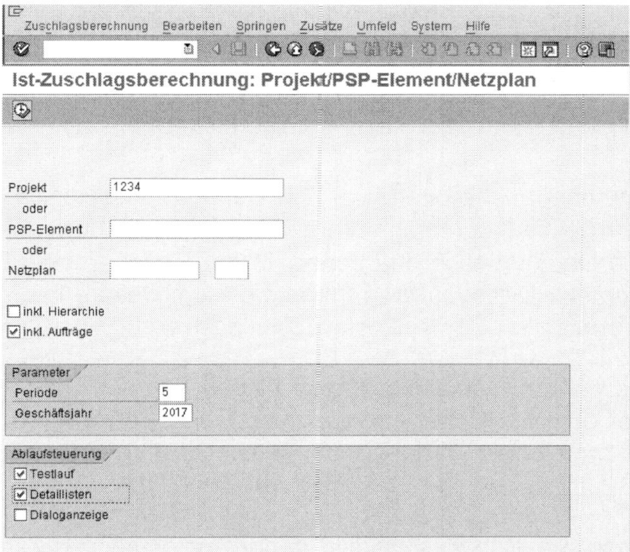

Abbildung 5.3: Gemeinkostenzuschlag im Ist durchführen

Geben Sie ein Projekt, ein PSP-Element oder einen Netzplan bzw. einen Vorgang an (siehe Abbildung 5.3). Wenn Sie kein ganzes Projekt, sondern nur ein PSP-Element angeben und den Parameter inkl. Hierarchie wählen, werden auch alle darunterhängenden PSP-Elemente ausgewählt. Aktivieren Sie inkl. Aufträge, so selektieren Sie damit auch alle abhängigen Aufträge, also z. B. Netzpläne und Fertigungsaufträge.

Die Zuschlagsermittlung erfolgt periodenweise. Sie geben daher eine Buchungsperiode (Periode) und ein Geschäftsjahr an. Die Zuschläge beziehen sich somit nur auf Kosten, die in der entsprechenden Periode gebucht wurden. Die Buchung der Zuschläge erfolgt zum letzten Buchungstag der angegebenen Periode.

Gemeinkostenzuschläge erst nach Buchungsschluss durchführen

Führen Sie die Verbuchung der Gemeinkostenzuschläge erst dann aus, wenn Sie sicher sind, dass auch alle Materialbewegungen der Periode zu den Projekten bereits verbucht worden sind. Dies ist dann der Fall, wenn die Buchungsperiode in der Finanzbuchhaltung geschlossen ist.

Wie bei allen anderen Transaktionen zum Periodenabschluss können Sie zunächst einen Testlauf durchführen und die Ergebnisse überprüfen, bevor Sie die Daten tatsächlich buchen. In der Regel empfiehlt es sich, den Parameter Detaillisten zu aktivieren, um weitere Informationen zu den ermittelten Gemeinkostenzuschlägen zu erhalten.

Die Einstellungen zu den Gemeinkostenzuschlägen nehmen Sie im Customizing unter dem Menüpfad Projektsystem • Kosten • Automatische und periodische Verrechnungen • Gemeinkostenzuschläge vor.

Zunächst benötigen Sie eine Zuschlagskostenart, unter der die Zuschläge verrechnet werden sollen. Deshalb legen Sie eine Sekundärkostenart vom Typ **41** an.

Unter dem Menüpunkt Kalkulationsschemata definieren Sie die einzelnen Bestandteile der Zuschläge. Ein Kalkulationsschema für Gemeinkostenzuschläge besteht aus drei Komponenten: Berechnungsbasis, Zuschlag und Entlastung.

In der Berechnungsbasis geben Sie an, anhand welcher Kostenarten der Zuschlag berechnet werden soll (z. B. für Materialkosten anhand aller Materialverbrauchskonten). Unter Berechnungsbasen bezogen auf Kostenart und Herkunft definieren legen Sie zunächst eine Berechnungsbasis an und spezifizieren anschließend die entsprechenden Kostenarten (siehe Abbildung 5.4).

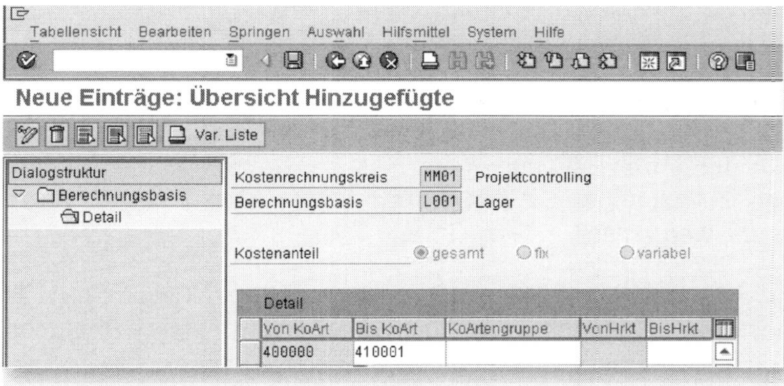

Abbildung 5.4: Berechnungsbasis für Gemeinkostenzuschläge

Im Menüpunkt Berechnungsbasen bezogen auf Kostenstelle und Leistungsart definieren können Sie Berechnungsbasen anhand interner Leistungsverrechnungen festlegen.

Ein *Zuschlag* definiert für einen bestimmten Gültigkeitszeitraum, wie viel Prozent der Bezugsbasis dem Objekt zusätzlich zugerechnet werden sollen. Einen Zuschlag legen Sie unter Prozentualen Zuschlag definieren an (siehe Abbildung 5.5). Vergeben Sie zunächst einen Schlüssel, und wählen Sie anschließend die Abhängigkeit aus. Über diese steuern Sie, von welcher Organisationseinheit der Schlüssel abhängig sein soll. Zur Auswahl stehen z. B. **Buchungskreis**, **Werk** oder **Profitcenter**. Wenn Sie innerhalb derselben Einheit unterschiedliche Zuschläge definieren möchten, können Sie außerdem einen Zuschlagsschlüssel festlegen, den Sie wie das Kalkulationsschema im PSP-Element bzw. Netzplan hinterlegen.

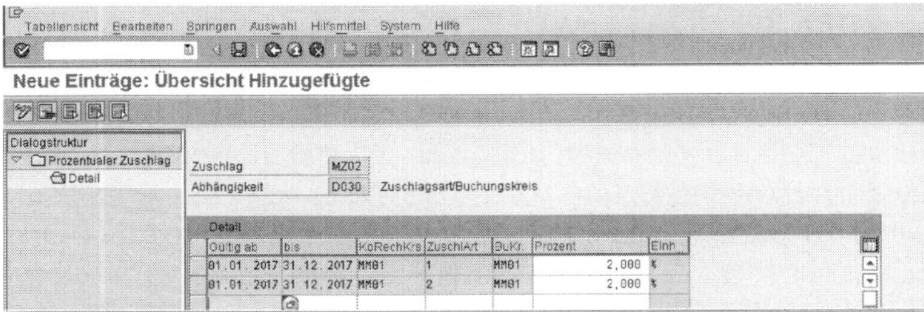

Abbildung 5.5: Prozentualen Zuschlag definieren

In den Detaildaten geben Sie einen Gültigkeitszeitraum an und entscheiden anhand der Zuschlagsart, ob es sich um einen Ist-, Plan- oder Obligozuschlag handelt. Möchten Sie z. B. denselben Zuschlag im Plan und im Ist verwenden, so müssen Sie je Art einen Eintrag machen. Zuletzt tragen Sie den Prozentsatz ein, der für den Zuschlag verwendet werden soll.

Über die *Entlastung* bestimmen Sie, welches Controllingobjekt (z. B. Kostenstelle oder Innenauftrag) durch den Zuschlag entlastet werden soll. Sie erstellen die Entlastung in der Customizing-Transaktion **Entlastung definieren** (siehe Abbildung 5.6). Geben Sie hier ein Enddatum (GÜLTIG BIS) an, bis zu dem der Eintrag gelten soll, und tragen Sie anschließend die Zuschlagskostenart (KOSTENART) ein, die verwendet werden soll, sowie die zu entlastende Kostenstelle. Alternativ können Sie auch einen Innenauftrag oder einen Geschäftsprozess angeben.

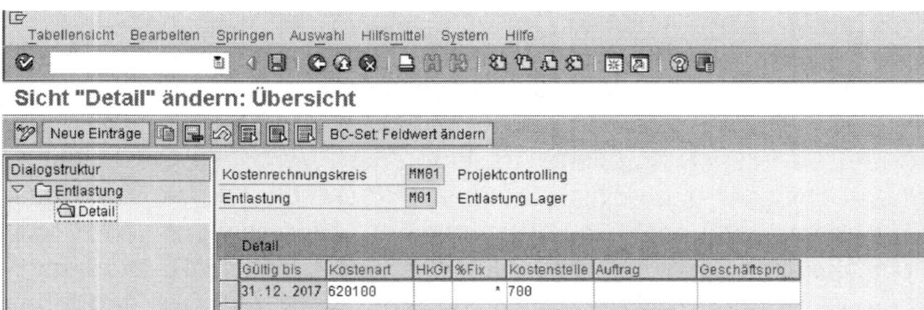

Abbildung 5.6: Entlastung für Gemeinkostenzuschläge

Nun können Sie das Kalkulationsschema erstellen und die zuvor erstellten Einzelkomponenten darin aufnehmen. Unter KALKULATIONSSCHEMA DEFINIEREN legen Sie zunächst ein Schema an und vergeben anschließend einen Schlüssel sowie eine Bezeichnung. Die Logik hinterlegen Sie in den KALKULATIONSSCHEMAZEILEN (siehe Abbildung 5.7).

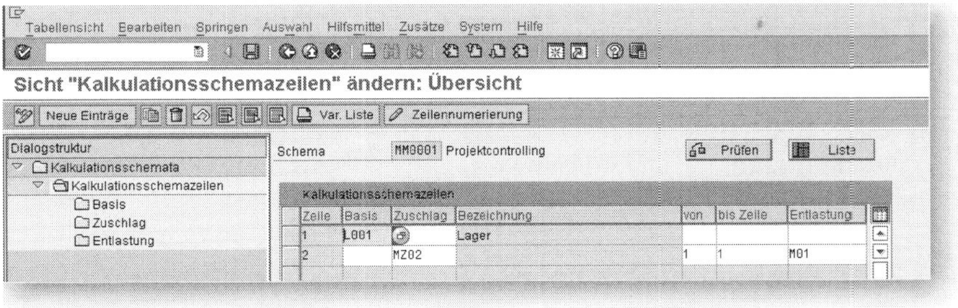

Abbildung 5.7: Kalkulationsschema für Gemeinkostenzuschläge

Im Beispiel haben wir in Zeile 1 zunächst die BASIS eingetragen. Zeile 2 enthält den ZUSCHLAG, wobei wir in den Spalten VON/BIS ZEILE angeben, auf welche Zeile(n) er sich bezieht. Zusätzlich zum Zuschlag müssen wir angeben, welche ENTLASTUNG wir dafür verwenden möchten.

Sie haben im selben Menübaum anschließend die Möglichkeit, Zuschlagsschlüssel zu definieren und das erstellte Kalkulationsschema als Vorschlagswert im Projektprofil bzw. in den Bewertungsvarianten für Netzpläne einzutragen (siehe Abschnitte 2.1.9 und 2.2.4).

5.3 Ermittlung von Ware in Arbeit und Percentage of Completion

Bei Projekten, die länger als eine Buchungsperiode laufen und bei denen die Faktura an den Kunden erst gegen Projektende erstellt wird, müssen Sie jeweils zum Periodenende die Ware in Arbeit bzw. die unverrechneten Lieferungen und Leistungen ermitteln und diese in der Bilanz im Bestand aktivieren. Wenn Sie z. B. nach IAS oder US-GAAP berichten, können Sie die *Percentage-of-Completion(PoC)-Methode* verwenden, um sich sogar einen kalkulatorischen Umsatz proportional zu den bisher angefallenen Kosten gutschreiben zu lassen. Beide Methoden dienen dazu, das Ergebnis realistischer darzustellen, denn andernfalls würden alle Projekte für den Großteil ihrer Laufzeit Verluste ausweisen. Die Funktionalität in SAP ERP zum Ermitteln der genannten Kennzahlen heißt *Ergebnisermittlung*.

Wir stellen Ihnen in diesem Abschnitt die grundlegende Logik für beide Bewertungsmethoden vor und verdeutlichen diese jeweils an einem Beispiel. Im Anschluss zeigen wir Ihnen, wie Sie die Berechnung in SAP ERP durchführen und welche Systemeinstellungen hierzu notwendig sind.

5.3.1 Buchungslogik bei der Ermittlung von Ware in Arbeit

Bei der Ermittlung von Ware in Arbeit können Sie in SAP ERP unterschiedliche Methoden einsetzen, von denen die gängigste die *erlösproportionale Methode* ist, die wir an dieser Stelle anhand eines Beispiels vorstellen:

Die erlösproportionale Methode setzt zunächst voraus, dass Sie auf Ihrem Projekt die Kosten und Erlöse korrekt geplant haben. Zum Periodenende ermittelt das System anhand der aufgelaufenen Istwerte und Planzahlen den Wert der Ware in Arbeit, die Kosten des Umsatzes und eventuell anfallende Rückstellungen für drohende Verluste.

Um die genannten Werte zu ermitteln, benutzt das System zunächst die Hilfsgröße »errechnete Kosten«. Sie entsprechen den Kosten, die bei einem gegebenen Istumsatz laut Plan angefallen sein müssten:

```
errechnete Kosten = Plankosten × Istumsatz /
                    Planumsatz
```

Die Kosten des Umsatzes entsprechen den errechneten Kosten, denn es handelt sich ja um die Kosten, die zur Realisierung des erbrachten Umsatzes angefallen sind:

```
Kosten des Umsatzes = errechnete Kosten
```

Sind nun die Istkosten größer als die errechneten Kosten, so ergibt sich die Ware in Arbeit als die Differenz aus beiden Werten:

```
wenn Istkosten > errechnete Kosten:
Ware in Arbeit = Istkosten - errechnete Kosten
```

Die Ware in Arbeit entspricht somit dem Teil der Istkosten, denen kein Istumsatz gegenübersteht.

Für den Fall, dass die Istkosten geringer als die errechneten Kosten sind, wurde bereits mehr fakturiert, als laut Plan bei den gegebenen Istkosten möglich gewesen wäre. Es ist daher damit zu rechnen, dass noch weitere Kosten anfallen. Aus diesem Grund bildet das System Rückstellungen für fehlende Kosten in Höhe der Differenz aus Istkosten und errechneten Kosten:

```
wenn Istkosten < errechnete Kosten:
Rückstellungen für fehlende Kosten = Istkosten -
errechnete Kosten
```

Die Kosten des Umsatzes bleiben davon unberührt; sie entsprechen in diesem Fall der Summe aus Istkosten und Rückstellungen.

Sollten die Istkosten die Plankosten übersteigen, setzt das System in den Berechnungen die Istkosten an die Stelle der Plankosten. Sobald das Projekt den Status »technisch abgeschlossen« hat, werden alle Kosten als Kosten des Umsatzes angezeigt; bestehende Ware in Arbeit oder Rückstellungen werden aufgelöst.

Wir verdeutlichen dies nun an einem konkreten Beispiel, wobei wir zunächst die errechneten Werte aus der Ermittlung der Ware in Arbeit sowie die angewendete Rechenformel tabellarisch darstellen. Darüber hinaus erstellen wir eine auf das Projekt bezogene Bilanz mit dem Stand nach Periodenabschluss. Beachten Sie, dass Erlöse und Bilanzbuchungen im Haben im SAP-System standardmäßig als negative Werte dargestellt werden; für unser Beispiel übernehmen wir diese Notation.

Abkürzungsverzeichnis für nachfolgende Tabellen

Per. Kosten/Umsatz = Periodische/r Kosten/Umsatz

Kum. Kosten/Umsatz = Kumulierte/r Kosten/Umsatz

KdU = Kosten des Umsatzes

WIP = Ware in Arbeit (Engl.: Work in Progress)

Rückst. = Rückstellungen

Nehmen wir an, Sie haben 100.000 EUR Erlöse und 80.000 EUR Kosten geplant:

In Periode 1 fallen Istkosten in Höhe von 30.000 EUR an.

In Tabelle 5.1 sehen Sie die ermittelten Werte zum Ende von Periode 1.

Per. Kosten	Kum. Kosten	Per. Umsatz	Kum. Umsatz	KdU	WIP	Rückst.
30.000	30.000	0	0	0	30.000	0

Tabelle 5.1: Beispielwerte für Periode 1

In Periode 2 wird eine Teilfaktura über 25.000 EUR gebucht. Zum Ende von Periode 2 ermittelt das System die in Tabelle 5.2 dargestellten Werte.

Per. Kosten	Kum. Kosten	Per. Umsatz	Kum. Umsatz	KdU	WIP	Rückst.
0	30.000	25.000	25.000	20.000	10.000	0

Tabelle 5.2: Beispielwerte für Periode 2

In Periode 3 wird eine weitere Teilfaktura über 25.000 EUR gebucht. Die Werte, die das System zum Periodenende ermittelt, sehen Sie in Tabelle 5.3.

Per. Kosten	Kum. Kosten	Per. Umsatz	Kum. Umsatz	KdU	WIP	Rückst.
0	30.000	25.000	50.000	40.000	0	10.000

Tabelle 5.3: Beispielwerte für Periode 3

In Periode 4 wird die Schlussrechnung über 50.000 EUR gestellt; gleichzeitig fallen 60.000 EUR Istkosten an, womit die Plankosten überschritten wurden. Das Projekt ist damit abgeschlossen (es erhält den Status »technisch abgeschlossen«), und das System löst alle noch bestehenden Abgrenzungen auf. Das Ergebnis sehen Sie in Tabelle 5.4:

Per. Kosten	Kum. Kosten	Per. Umsatz	Kum. Umsatz	KdU	WIP	Rückst.
60.000	90.000	50.000	100.000	90.000	0	10.000

Tabelle 5.4: Beispielwerte für Periode 4

Wir wenden uns nun der Percentage-of-Completion-Methode zu.

5.3.2 Buchungslogik bei der Ermittlung der Percentage of Completion

Bei der Methode *Percentage of Completion* (PoC) geht es nicht darum, die laufenden Projektkosten in den Bestand umzubuchen, sondern stattdessen einen kalkulatorischen Umsatz entsprechend dem Projektfortschritt auszuweisen. Dieser sogenannte *PoC-Umsatz* entspricht dem Umsatz, den das Projekt laut Plan beim erreichten Projektfortschritt erzielt haben müsste. Um den erreichten Projektfortschritt zu ermitteln, gibt es diverse Methoden. Die einfachste davon sieht vor, das Verhältnis von Istkosten zu Plankosten anzusetzen. Dabei ist jedoch sicherzustellen, dass die angefallenen Istkosten auch zum Projektfortschritt beigetragen haben. Ungeplante Zusatzkosten, wie z. B. produzierter Ausschuss, Strafen usw. dürfen hierbei nicht berücksichtigt werden, bzw. sie müssen dazu führen, dass gleichzeitig auch die Plankosten angepasst werden.

Bei der Percentage-of-Completion-Methode setzt das System als zentrale Rechengröße nicht die errechneten Kosten, sondern den errechneten Umsatz an. Dieser wird – komplementär zu den errechneten Kosten bei der Ermittlung der Ware in Arbeit – als der Umsatz, der bei den angefallenen Istkosten laut Plan erzielt werden kann, angesetzt:

```
errechneter Umsatz = Planumsatz × Istkosten /
                 Plankosten
```

Der kalkulatorische oder auch PoC-Umsatz entspricht dem errechneten Umsatz. Dieser wird in der GuV gebucht, um den Istkosten des Projektes einen Umsatz entgegenzusetzen und somit ein realistisches Ergebnis zu zeigen. Die Gegenbuchung erfolgt in der Bilanz, abhängig vom Verhältnis des errechneten Umsatzes zum Istumsatz.

Ist der errechnete Umsatz kleiner als der Istumsatz, so wurde im Projekt weniger fakturiert als möglich gewesen wäre. Die Differenz aus beiden Größen wird als erlösfähiger Bestand in der Bilanz aktiviert und hat einen ähnlichen Charakter wie die Ware in Arbeit:

```
wenn Istumsatz < errechneter Umsatz:

erlösfähiger Bestand = Istumsatz - errechneter
                 Umsatz
```

Im umgekehrten Falle wurde bereits mehr fakturiert, als es dem Projektfortschritt entspricht. Die Differenz aus errechnetem Umsatz und Istumsatz wird in diesem Fall als Rückstellung in Form von Erlösüberschuss in die Bilanz gebucht:

```
wenn Istumsatz > errechneter Umsatz:

Erlösüberschuss = Istumsatz - errechneter Umsatz
```

Sollten die Istkosten die Plankosten übersteigen, so setzt das System den maximalen Fertigstellungsgrad von 100 % an. Sobald das Projekt den Status »technisch abgeschlossen« hat, werden eventuell offener erlösfähiger Bestand oder Erlösüberschuss wieder aufgelöst.

Die aufgelaufenen Projektkosten werden bei der Berechnung der Percentage of Completion stets als Kosten des Umsatzes betrachtet. Es ist jedoch auch möglich, Kosten, die nicht zum Projektfortschritt beitragen und die noch nicht fakturiert sind, als Ware in Arbeit zu betrachten.

Wir verdeutlichen die Logik der Percentage-of-Completion-Methode nun am selben Beispiel wie oben:

Wiederum haben Sie 100.000 EUR Erlöse und 80.000 EUR Kosten geplant: In Periode 1 fallen Istkosten in Höhe von 30.000 EUR an.

In Tabelle 5.5 sehen Sie die ermittelten Werte zum Ende von Periode 1.

Per. Kosten	Kum. Kosten	POC-Umsatz	Kum. Umsatz	Erlösf. Best.	Erlös-übersch.
30.000	30.000	37.500	0	37.500	0

Tabelle 5.5: Beispielwerte für PoC-Methode am Ende von Periode 1

Beachten Sie den Unterschied zur Ermittlung der Ware in Arbeit: Nach Periode 1 war das Ergebnis dort neutral; bei der Percentage-of-Completion-Methode ist das Projekt bereits nach der ersten Periode ergebniswirksam.

Wie die Kosten des Umsatzes bei der Ermittlung der Ware in Arbeit wird bei der Percentage-of-Completion-Methode der PoC-Umsatz nicht direkt gebucht, sondern ergibt sich aus den Änderungen zum erlösfähigen Bestand bzw. zu den Erlösüberschüssen.

In Periode 2 wird eine Teilrechnung über 25.000 EUR gebucht. Zum Periodenende ermittelt das System die Werte wie in Tabelle 5.6 dargestellt.

Per. Kosten	Kum. Kosten	POC-Umsatz	Kum. Umsatz	Erlösf. Best.	Erlös-übersch.
0	30.000	37.500	25.000	12.500	0

Tabelle 5.6: Beispielwerte für PoC-Methode am Ende von Periode 2

In Periode 3 wird eine weitere Teilfaktura über 25.000 EUR gebucht. Die Werte, die das System zum Periodenende ermittelt, sehen Sie in Tabelle 5.7.

Per. Kosten	Kum. Kosten	POC-Umsatz	Kum. Umsatz	Erlösf. Best.	Erlös-übersch.
0	30.000	37.500	50.000	0	12.500

Tabelle 5.7: Beispielwerte bei PoC-Methode am Ende von Periode 3

In Periode 4 wird die Schlussrechnung über 50.000 EUR gestellt, und gleichzeitig fallen 60.000 EUR Istkosten an, womit die Plankosten überschritten sind. In Tabelle 5.8 sehen Sie die Werte, die zum Periodenende ermittelt wurden:

Per. Kosten	Kum. Kosten	POC-Umsatz	Kum. Umsatz	Erlösf. Best.	Erlös-übersch.
60.000	90.000	100.000	100.000	0	0

Tabelle 5.8: Beispielwerte für PoC-Methode am Ende von Periode 4

Sie haben die grundsätzliche Arbeitsweise der Ergebnisermittlung in SAP ERP kennengelernt. Wir zeigen Ihnen nun, wie Sie sie im System aufrufen.

5.3.3 Durchführen der Ergebnisermittlung

Um die Ergebnisermittlung durchzuführen, gehen Sie im Menü zum Punkt RECHNUNGSWESEN • PROJEKTSYSTEM • CONTROLLING PERIODENABSCHLUSS • EINZELFUNKTIONEN • ERGEBNISERMITTLUNG DURCHFÜHREN EINZELVERARBEITUNG (Transaktion **KKA2**) bzw. SAMMELVERARBEITUNG (Transaktion **KKAJ**).

Geben Sie das PSP-ELEMENT ein, für das Sie die Kennzahlen ermitteln möchten, die PERIODE und das GESCHÄFTSJAHR (siehe Abbildung 5.8). Anhand der *Abgrenzungsversion* können Sie unterschiedliche Wertansätze steuern; mehr Details hierzu liefern wir Ihnen im nächsten Abschnitt. Wählen Sie außerdem den Parameter LANGPROTOKOLL, um sich die ermittelten Zahlen detailliert anzeigen zu lassen.

Reihenfolge der Abschlusstätigkeiten

Die Ergebnisermittlung sollten Sie, wie auch die Gemeinkostenzuschläge, erst ausführen, wenn die Buchungsperiode in der Finanzbuchhaltung bereits geschlossen ist, um sicherzustellen, dass danach keine Belege mehr auf die Projekte gebucht werden, die dann von der Ergebnisermittlung unberücksichtigt blieben. Außerdem sollten Sie über die Periodensperre im Controlling (Transaktion **OKP1**) alle weiteren Vorgänge sperren, die das Ergebnis beeinflussen könnten, wie z. B. interne Leistungsverrechnung, Ermittlung von Gemeinkostenzuschlägen oder Rückmeldung von Netzplänen.

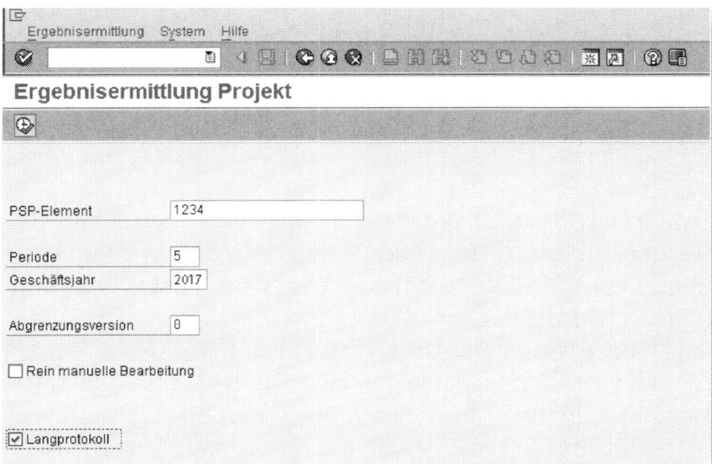

Abbildung 5.8: Durchführen der Ergebnisermittlung

Sie können die Ergebnisermittlung nur für PSP-Elemente durchführen, die als Fakturierungselemente gekennzeichnet sind (siehe Abschnitt 2.1.8) und einen Abgrenzungsschlüssel in den Steuerungsdaten eingetragen haben (siehe die Abschnitte 2.1.5 und 5.3.4). Beachten Sie vor allem auch unsere Hinweise in Abschnitt 2.1.6 bezüglich eines Kopf-PSP-Elements.

Zuordnung des Abgrenzungsschlüssels in der Hierarchie

Wenn Sie die Ergebnisermittlung für ein PSP-Element ausführen, verdichtet das System die Kosten und Erlöse von unten nach oben bis zum betroffenen PSP-Element. Alle Werte, die auf PSP-Elementen gebucht wurden, die in der Hierarchie höher angeordnet sind, werden nicht berücksichtigt.

Wenn Sie die Sammelverarbeitung nutzen und in Ihrer Struktur in mehreren PSP-Elementen Abgrenzungsschlüssel gepflegt haben, verarbeitet das System diese von unten nach oben: Zuerst wird das Ergebnis der untersten PSP-Elemente mit Abgrenzungsschlüssel und der darunterliegenden PSP-Elemente ermittelt. Die somit bereits verarbeiteten Werte werden allerdings nicht mehr an die darüberliegenden PSP-Elemente weitergereicht, sodass Sie damit nur Teilergebnisse ermittelt haben, aber kein Gesamtergebnis des Projektes.

Um das Ergebnis korrekt zu ermitteln, müssen Sie auf dem PSP-Element, für das Sie die Ergebnisermittlung aufrufen, oder auf den darunterhängenden PSP-Elementen alle relevanten Kosten und Erlöse erfasst haben. Erlöse buchen Sie auf das Projekt, indem Sie ein Fakturierungs-PSP-Element in eine Kundenauftragsposition eintragen (siehe Abschnitt 3.4). Hierzu sollten Sie ein PSP-Element auswählen, das möglichst weit oben in der Hierarchie angesiedelt ist, idealerweise das Kopf-PSP-Element. Tragen Sie nur in die Struktur dieses PSP-Elements, und in kein anderes, einen Abgrenzungsschlüssel ein.

Sofern Sie bewerteten Projektbestand verwenden und dem Projekt Aufträge zugeordnet haben (Netzpläne, Innenaufträge, Fertigungsaufträge), wird die Ware in Arbeit stets individuell zu diesen Aufträgen ermittelt. Verwenden Sie hingegen den unbewerteten Projektbestand, so können Sie wählen, ob Sie die Ware in Arbeit zu jedem Auftrag ermitteln oder die Kosten der Aufträge bei der Ergebnisermittlung zum PSP-Element berücksichtigen möchten. Um Ware in Arbeit individuell zu den Aufträgen zu berechnen, müssen Sie im jeweiligen Auftrag einen Abgrenzungsschlüssel eintragen und eine separate Ermittlung der Ware in Arbeit durchführen. Tragen Sie in den Aufträgen keinen Abgrenzungsschlüssel ein, so werden die abhängigen Aufträge bei der Ergebnisermittlung zum Projekt automatisch mitberücksichtigt.

Wenn Sie die Ergebnisermittlung durchführen, erhalten Sie den Report, der in Abbildung 5.9 dargestellt ist. Dort sind alle Ergebnisse und Kennzahlen detailliert aufgelistet.

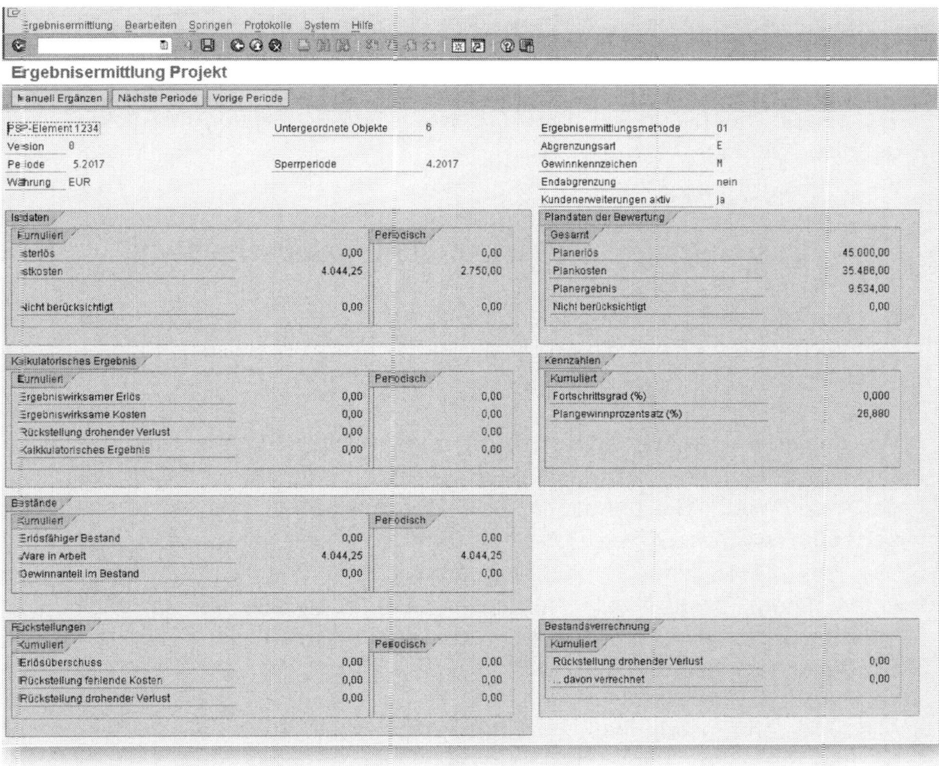

Abbildung 5.9: Report zur Ergebnisermittlung

Wenn Sie die Daten überprüft haben, sichern Sie das Ergebnis, um es zwischenzuspeichern. Beachten Sie, dass das System zu diesem Zeitpunkt noch keine Buchungen erzeugt – diese erfolgen erst mit der Abrechnung (siehe Abschnitt 5.5).

Überprüfen der Planzahlen zum Periodenabschluss

Wenn Sie die PoC-Methode einsetzen, beeinflusst die Ergebnisermittlung bzw. die Abrechnung direkt Ihr Ergebnis, wie wir in Abschnitt 5.3.2 erläutert haben. Überprüfen Sie daher zum Periodenabschluss die Ergebnisse Ihrer Projekte, insbesondere die Planzahlen. Nur wenn die Planzahlen aktuell und korrekt sind, kann die Ergebnisermittlung eine plausible Percentage of Completion errechnen.

Wir zeigen Ihnen nun die notwendigen Systemeinstellungen zur Ergebnisermittlung.

5.3.4 Customizing-Einstellungen zur Ergebnisermittlung

Sie konfigurieren die Ergebnisermittlung unter dem Customizing-Pfad PROJEKTSYSTEM • ERLÖSE UND ERGEBNIS • AUTOMATISCHE UND PERIODISCHE VERRECHNUNGEN • ERGEBNISERMITTLUNG.

Wie im vorherigen Abschnitt erläutert, findet mit der Durchführung der Ergebnisermittlung noch keine Buchung statt; gebucht wird erst mit der Abrechnung. Sie benötigen für die Ergebnisermittlung einige sogenannte *Abgrenzungskostenarten* (Sekundärkostenarten vom Typ 31), um die Ergebnisse zwischenzuspeichern. Die Werte werden unter einem bestimmten Werttyp gesichert, sodass sie im PS-Informationssystem detailliert auswertbar sind. Des Weiteren können Sie die Ergebnisse für die Abrechnung verwenden.

Alle weiteren Einstellungen zur Ergebnisermittlung führen Sie im Teilbaum ABGRENZUNGSSCHLÜSSEL UND -VERSIONEN durch.

Abgrenzungsschlüssel

Unter ABGRENZUNGSSCHLÜSSEL FÜR ERGEBNISERMITTLUNG PFLEGEN (Transaktion **OKG1**) definieren Sie einen *Abgrenzungsschlüssel* (siehe Abbildung 5.10). Dieser dient der Kennzeichnung der Bewertungsmethode, die Sie in den nachfolgenden Schritten einstellen. Alle weiteren Einstellungen nehmen Sie stets in Abhängigkeit vom Kostenrechnungskreis und von diesem Schlüssel vor, sodass Sie innerhalb derselben Organisation unterschiedliche Bewertungen fahren können. Um zu kennzeichnen, dass für ein PSP-Element oder einen Netzplan eine Ergebnisermittlung durchgeführt werden soll, tragen Sie den Abgrenzungsschlüssel in den jeweiligen Steuerungsdaten ein.

Abbildung 5.10: Abgrenzungsschlüssel anlegen

Abgrenzungsversion

Die Abgrenzungsversion stellen Sie im Punkt ABGRENZUNGSVERSION FÜR ERGEBNISERMITTLUNG PFLEGEN (Transaktion **OKG2**) ein (siehe Abbildung 5.11). Sie ist das zentrale Element der Ergebnisermittlung, da alle ermittelten Daten in Bezug auf diese Version fortgeschrieben werden. Sie müssen mindestens eine Abgrenzungsversion anlegen und können noch weitere hinzufügen. Sie können aus jeder Version heraus unterschiedliche Buchungen in der Finanzbuchhaltung auslösen – wenn Sie z. B. unterschiedliche Bewertungsansätze auf jeweils eigenen Konten buchen –, jedoch nur eine Version, und zwar Version 0 in die Ergebnisrechnung (CO-PA) abrechnen. Im Block ISTERGEBNISERMITTLUNG/WIP-ERMITTLUNG stehen Ihnen hierzu die entsprechenden Schalter zur Verfügung: Der Parameter ABRECHNUNGSRELE-

VANTE VERSION kennzeichnet die Abrechnung an CO-PA, und WEITERLEITUNG IN DIE FINANZBUCHHALTUNG bedeutet, dass Sie über diese Version Buchungen im FI erzeugen.

Änderungen an den Buchungsregeln

Wenn Sie Änderungen im Customizing-Punkt »Buchungsregeln für Abrechnung an die Buchhaltung festlegen« vornehmen möchten, müssen Sie zuvor in der zugeordneten Abgrenzungsversion den Parameter »Weiterleitung in die Finanzbuchhaltung« deaktivieren. Denken Sie daran, dass Sie den Parameter wieder einschalten müssen, nachdem Sie die Änderungen fertiggestellt haben.

Mit unterschiedlichen Versionen können Sie zum selben Projekt verschiedene Bewertungsmethoden gleichzeitig anwenden – z. B. ermitteln Sie für Ihr externes Reporting nach HGB Ware in Arbeit in der einen Version und für Ihre internen Auswertungen nach IAS in einer anderen Version das Ergebnis anhand der PoC-Methode. Unterschiedliche Versionen setzen Sie auch dann ein, wenn Sie z. B. für dieselbe Bewertungsmethode (z. B. Ware in Arbeit nach HGB) verschiedene Wertansätze verwenden möchten. Dies kann z. B. sinnvoll sein, wenn die Stundensätze Ihrer Fertigung so ermittelt wurden, dass sie nicht kostendeckend sind, sondern eine interne Wertschöpfung enthalten. Diese Wertschöpfung darf nach HGB jedoch nicht mit in der Ware in Arbeit aktiviert werden, sodass Sie dann in der Version für das externe Reporting die Stundensätze nur zu einem bestimmten Prozentsatz ansetzen und in der Version für das interne Reporting die vollen Stundensätze berücksichtigen.

Über den Schalter ERWEITERTE STEUERUNG AN/AUS blenden Sie die Parameter im Block ERWEITERTE STEUERUNG ein oder aus (siehe Abbildung 5.11). Wir erläutern an dieser Stelle nur die wichtigsten dieser Einstellungen.

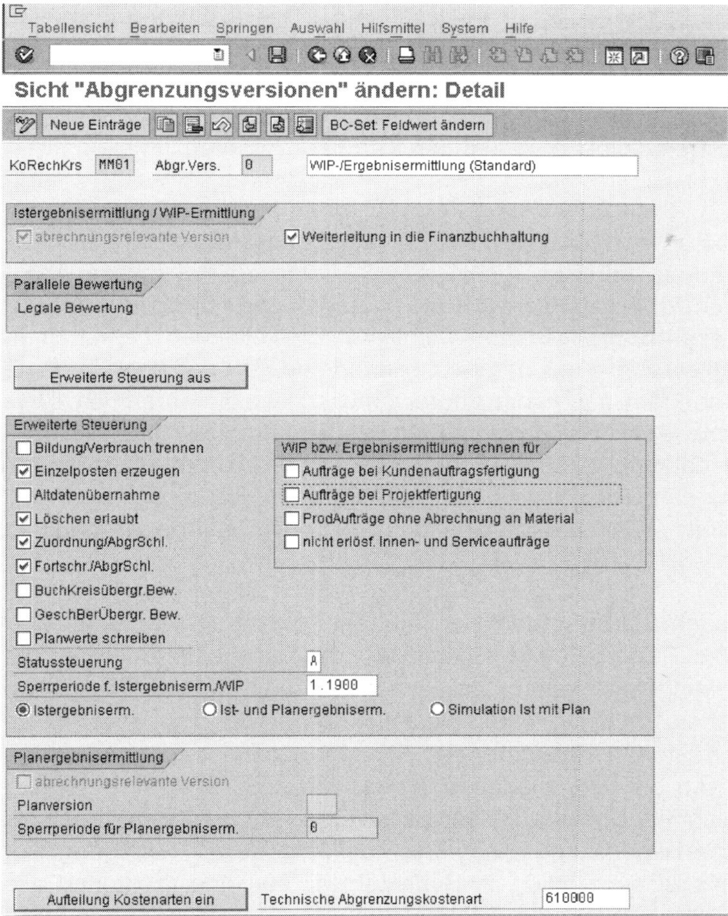

Abbildung 5.11: Abgrenzungsversion anlegen

Mit EINZELPOSTEN ERZEUGEN sorgen Sie dafür, dass das System beim Ausführen der Ergebnisermittlung jeweils Belege schreibt. Dies hilft Ihnen im operativen Betrieb, die Historie nachzuvollziehen. Beachten Sie jedoch, dass sich damit Ihr Belegaufkommen in Abhängigkeit von der Anzahl Ihrer Projekte vergrößert.

LÖSCHEN ERLAUBT bedeutet, dass Sie mittels der Korrekturtransaktion **KKA7** fehlerhafte Daten aus der Ergebnisermittlung löschen können. Diese Funktion ist bei der Fehlerkorrektur im operativen Geschäft hilfreich. Sie sollten allerdings sicherstellen, dass kein Unbefugter über eine Berechtigung verfügt, um **KKA7** auszuführen.

Wenn Sie ZUORDNUNG/ABGRSCHL. (Zuordnung/Abgrenzungsschlüssel) bzw. FORTSCHR./ABGRSCHL. (Fortschreibung Abgrenzungsschlüssel) aktivieren, **müssen** Sie in den Customizing-Transaktionen **Zuordnungen für Ergebnisermittlung festlegen** und **Fortschreibung für Ergebnisermittlung festlegen** sämtliche Einstellungen nicht nur in Abhängigkeit vom Kostenrechnungskreis und von der Abgrenzungsversion, sondern auch vom Abgrenzungsschlüssel vornehmen. Dies ist sinnvoll, wenn Sie unterschiedliche Bewertungsansätze verwenden und dabei jeweils die GuV-Konten anders zuordnen möchten. Wenn Sie den Schalter nicht aktivieren, haben Sie jeweils die Wahl, mit welcher Schlüsselkombination Sie Ihre Einträge vornehmen möchten.

Unten finden Sie außerdem den Eintrag TECHNISCHE ABGRENZUNGSKOSTENART. Tragen Sie hier eine der Abgrenzungskostenarten ein, die Sie zuvor angelegt haben. Das System schreibt nun alle Ergebnisse der Ergebnisermittlung unter dieser Kostenart fort, sodass Sie sie auch in Kostenartenberichten im PS-Informationssystem auswerten können. Um die verschiedenen Werte, wie z. B. errechnete Kosten oder errechnete Erlöse auseinanderhalten zu können, steht Ihnen als zusätzliche Dimension die *Abgrenzungskategorie* zur Verfügung. Auf ihrer Basis ist es möglich, in Berichten mit nur einer Kostenart alle Zwischenergebnisse der Ergebnisermittlung auszuwerten. Sollte Ihnen dies nicht genügen, weil Sie z. B. die Zwischenergebnisse auch einzeln an CO-PA abrechnen möchten, aktivieren Sie den Schalter AUFTEILUNG KOSTENARTEN EIN. Sodann können Sie jeder Kennzahl der Ergebnisermittlung eine eigene Abgrenzungskostenart zuordnen.

Bewertungsmethode

Unter Bewertungsmethoden für Ergebnisermittlung festlegen (Transaktion **OKG3**) stellen Sie ein, nach welcher Logik die Ergebnisermittlung zu Ihrer Version arbeiten soll. Sie stellen je Kostenrechnungskreis, Abgrenzungsversion und Abgrenzungsschlüssel eine Bewertungsmethode ein (siehe Abbildung 5.12).

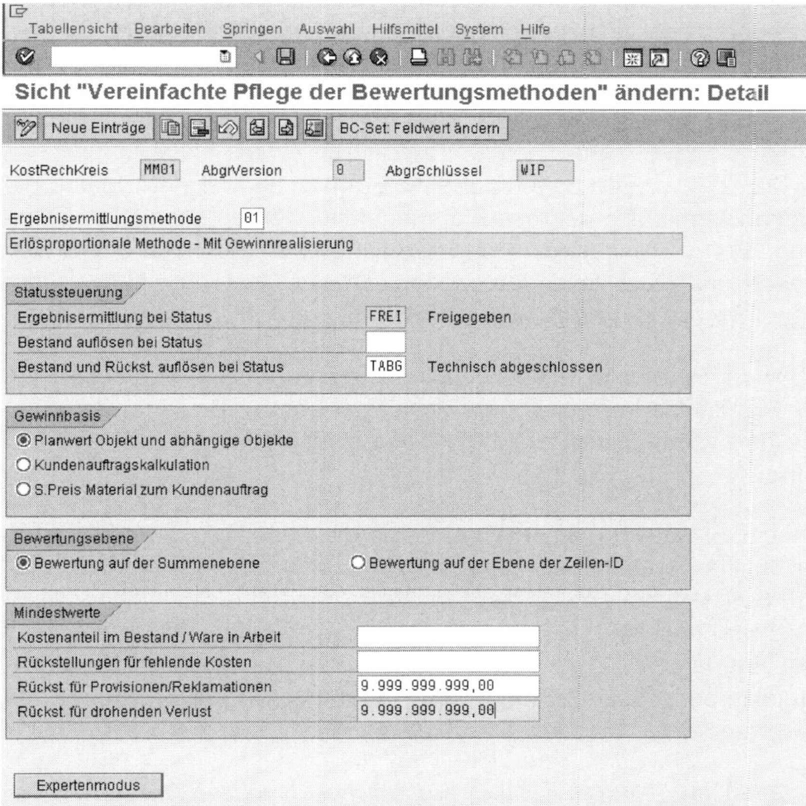

Abbildung 5.12: Bewertungsmethode (vereinfachte Sichtweise)

Über die *Ergebnisermittlungsmethode* definieren Sie, auf welche Weise Sie die Ergebnisermittlung durchführen möchten, z. B. zur Bestimmung der Ware in Arbeit. Eine grundlegende Methode ist die **erlösproportionale Methode – mit Gewinnrealisierung (01)**, die der Logik entspricht, die wir in Abschnitt 5.3.1 dargestellt haben. SAP stellt hierzu noch einige Varianten mehr zur Verfügung, wie z. B. eine Methode ohne Gewinnrealisierung, eine mengenproportionale Methode usw. Das Gleiche gilt für die Percentage-of-Completion-Methode: zusätzlich zur kostenproportionalen PoC-Methode (03) gibt es auch hier Alternativen, wie z. B. eine mengenproportionale Methode oder eine Methode auf Basis des periodengerecht geplanten Erlöses.

Im Block STATUSSTEUERUNG stellen Sie ein, ab welchem Status die Ergebnisermittlung überhaupt durchgeführt werden kann (Voreinstellung: STATUS **freigegeben**) und ab wann eventuell noch offene Bestände und Rückstellungen wieder aufgelöst werden sollen (in der Regel STATUS **technisch abgeschlossen**).

Über die Parameter unter GEWINNBASIS steuern Sie, welche Zahlen als Planzahlen herangezogen werden sollen. Für Projekte benötigen Sie den voreingestellten Wert **Planwert Objekt und abhängige Objekte**.

Bei der BEWERTUNGSEBENE haben Sie die Auswahl, ob Sie alle Kosten in Ihrer Gesamtheit betrachten und aktivieren (BEWERTUNG AUF DER SUMMENEBENE) oder diese in den folgenden Einstellungen weiter aufsplitten möchten, z. B. in fixe und variable Kosten (BEWERTUNG AUF DER EBENE DER ZEILEN-ID). Damit können Sie z. B. Ihre Kosten in Projektreports getrennt darstellen oder auch die Ware in Arbeit auf separate Konten buchen.

Unter MINDESTWERTE können Sie Schwellen setzen, ab denen bestimmte Rückstellungen oder Bestände überhaupt aufgebaut werden sollen. Tragen Sie hier einen sehr hohen Wert ein (wie im Beispiel in Abbildung 5.12), so verhindern Sie, dass z. B. Rückstellungen für drohende Verluste oder für Provisionen/Reklamationen überhaupt gebildet werden.

Über den Button EXPERTENMODUS haben Sie die Möglichkeit, die Ergebnisermittlung noch wesentlich detaillierter einzustellen (siehe Abbildung 5.13). Insbesondere über die Kombination aus ABGRENZUNGSART und GEWINNKENNZEICHEN stehen Ihnen weitaus mehr Differenzierungen als in der vereinfachten Darstellung zur Verfügung.

Expertenmodus

Beachten Sie, dass Sie nicht mehr zur vereinfachten Darstellung zurückkehren können, wenn Sie im Expertenmodus eine Einstellung verändert haben!

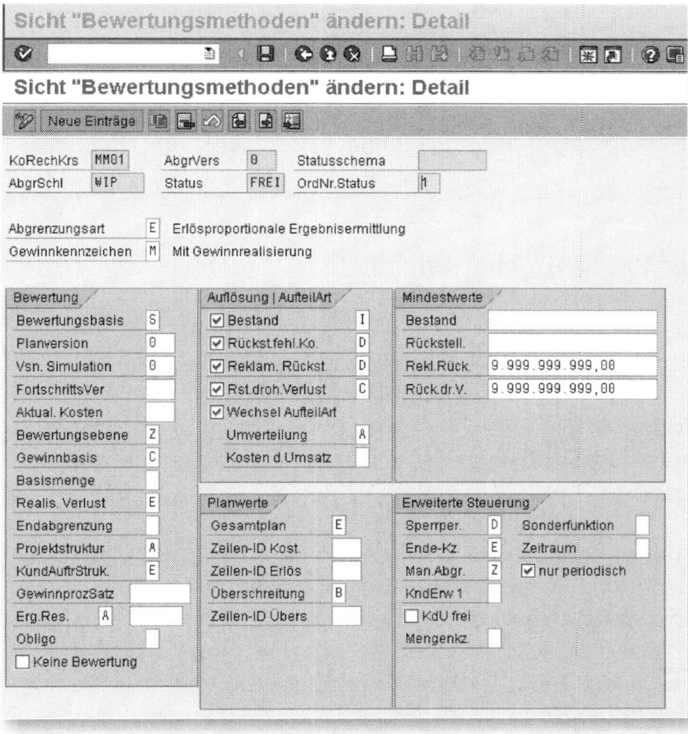

Abbildung 5.13: Bewertungsmethode (Expertenmodus)

Zeilenidentifikationen

Damit die Ergebnisermittlung erkennen kann, bei welchen Buchungen auf Ihren Projekten es sich um aktivierungspflichtige Kosten, nicht zu berücksichtigende Kosten oder Erlöse handelt, müssen Sie Ihre Kostenarten klassifizieren. Die Klassifikation erfolgt anhand sogenannter Zeilenidentifikationen (kurz *Zeilen-IDs*), die Sie unter ZEILENIDENTIFIKATIONEN DEFINIEREN anlegen (siehe Abbildung 5.14).

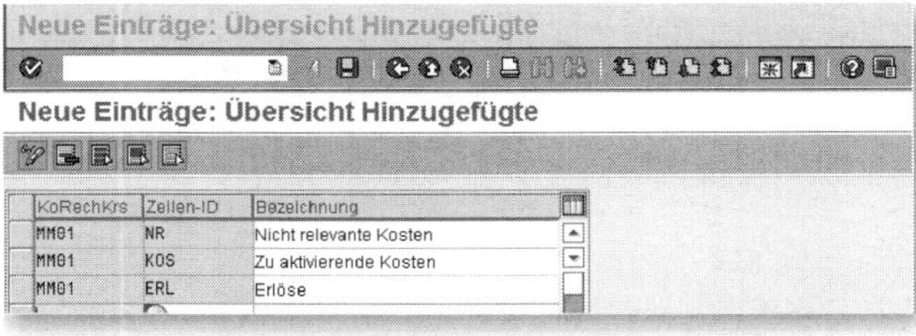

Abbildung 5.14: Zeilenidentifikationen festlegen

Für jeden Kostenrechnungskreis definieren Sie die dort benötigten Klassifikationen.

Zuordnungen für die Ergebnisermittlung

Nachdem Sie die Zeilen-IDs angelegt haben, ordnen Sie in einem nächsten Schritt, ZUORDNUNGEN FÜR ERGEBNISERMITTLUNG FESTLEGEN (Transaktion **OKG5**), Ihre Kostenarten eben diesen Zeilen-IDs zu (siehe Abbildung 5.15). Die Einstellungen nehmen Sie pro Kostenrechnungskreis, Abgrenzungsversion und wahlweise je Abgrenzungsschlüssel vor.

Je Kostenart bzw. Gruppe von Kostenarten entscheiden Sie, ob diese **aktivierungspflichtig** (und somit in den Bestand an Ware in Arbeit einfließen), nur **teilweise aktivierungspflichtig** (womit nur ein Teil in die Ware in Arbeit eingeht und der andere Teil direkt in die Kosten des Umsatzes) oder **nicht aktivierungsfähig** sein sollen (also komplett und direkt in die Kosten des Umsatzes laufen). Tragen Sie in die entsprechende Spalte eine Zeilen-ID ein, unter der die Kostenart fortgeschrieben werden soll; in der nächsten Einstellung entscheiden Sie schließlich, was mit den Zeilen-IDs weiter geschehen soll. Sofern eine Kostenart nur teilweise aktivierungspflichtig ist, tragen Sie daneben einen Prozentsatz ein, zu dem die Kostenart aktiviert werden sollen. Entsprechend verfahren Sie mit teilweise nicht aktivierungsfähigen Kostenarten.

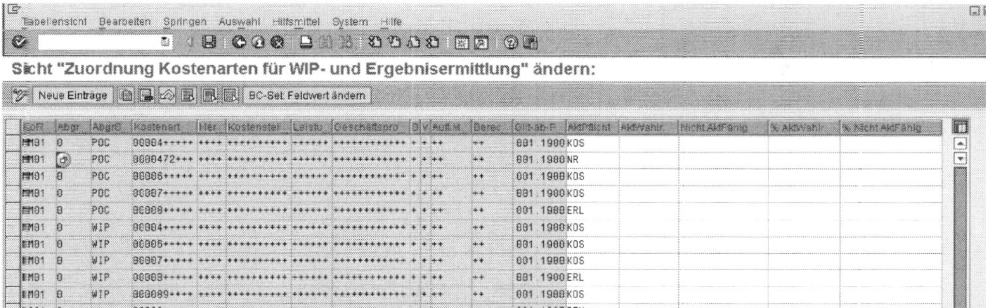

Abbildung 5.15: Zuordnung der Kostenarten zu den Zeilen-IDs

Die Kostenarten müssen Sie rechtsbündig eintragen und ggf. links mit Nullen auffüllen. Sie können ganze Bereiche abdecken, indem Sie sie mit dem +-Zeichen maskieren. Dabei haben detaillierte Einträge Vorrang vor den allgemeinen.

Maskierte Einträge

zB

In Abbildung 5.15 sollen alle Kostenarten, die mit der Ziffer **4** beginnen, der Zeilen-ID **KOS** zugeordnet werden, mit Ausnahme der Untergruppen 472000 bis 472999, die mit **NR** verknüpft werden sollen. Hierzu wurden die Einträge **00004+++++** und **0000472+++** vorgenommen. Wird das Konto 4721000 gebucht, so gilt der detailliertere der beiden Einträge, also **0000472+++**, und das Konto wird der Zeilen-ID **NR** zugeordnet.

Anhand der weiteren Spalten können Sie noch genauer spezifizieren und die Zuordnung beispielsweise von der Materialherkunft, der sendenden Kostenstelle oder Leistungsart oder dem Soll-/Habenkennzeichen abhängig machen.

Fortschreibung der Zeilen-IDs

Nachdem Sie Ihre Kostenarten mit den Zeilen-IDs verknüpft haben, entscheiden Sie im Punkt FORTSCHREIBUNG FÜR ERGEBNISERMITTLUNG FESTLEGEN (Transaktion **OKG4**), wie diese Zeilen-IDs behandelt werden sollen (siehe Abbildung 5.16).

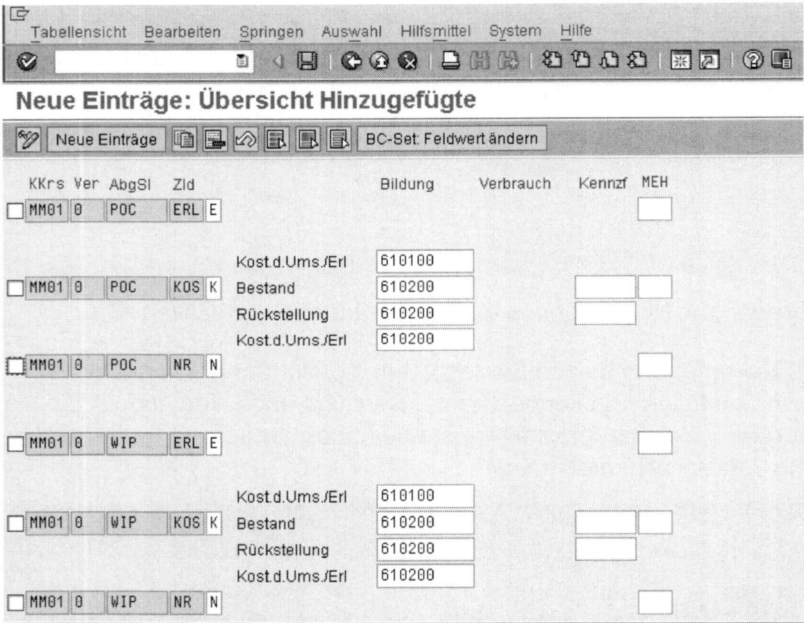

Abbildung 5.16: Fortschreibung der Zeilen-IDs

Sie tragen hier in Abhängigkeit vom Kostenrechnungskreis, von der Abgrenzungsversion und wahlweise vom Abgrenzungsschlüssel ein, wie die Zeilen-IDs klassifiziert sein sollen. Für die Ergebnisermittlung zu Projekten sind die Einträge **N** (nicht relevant), **K** (Kosten) und **E** (Erlöse) entscheidend.

Nicht relevante Zeilen-IDs werden von der Ergebnisermittlung nicht berücksichtigt, d. h., dass sie grundsätzlich nicht als Ware in Arbeit aktiviert, sondern stets direkt in den Kosten des Umsatzes ausgewiesen werden.

Für Zeilen-IDs, die Sie als Kosten deklarieren, legen Sie fest, unter welcher Abgrenzungskostenart die ermittelten Werte für die Ware in Arbeit, für Rückstellungen für fehlende Kosten und für Kosten des Umsatzes gespeichert werden sollen. Wie hinsichtlich der Abgrenzungsversion bereits erwähnt, können Sie für alle drei Einträge dieselbe Kostenart verwenden, da Sie sie in Berichten anhand der Abgrenzungskategorie auseinandersteuern können. Nur falls Sie die Werte getrennt voneinander an CO-PA abrechnen möchten, sollten Sie hier jeweils unterschiedliche Kostenarten eintragen (siehe Abschnitt 5.5).

Für Erlös-Zeilen-IDs müssen Sie nur eine Abgrenzungskostenart eintragen.

Buchungsregeln

Zum Schluss bestimmen Sie noch, auf welche Konten in der Bilanz und in der GuV Sie die ermittelten Werte für Ware in Arbeit, Rückstellungen, erlösfähigen Bestand usw. verbuchen möchten. Dies tun Sie im Punkt BUCHUNGSREGELN FÜR ABRECHNUNG AN DIE BUCHHALTUNG FESTLEGEN (Transaktion **OKG8**). Sie legen die Regeln je Kostenrechnungskreis (Kore…), Buchungskreis (BUCHU…) und Abgrenzungsversion (ABGRVER…) fest (siehe Abbildung 5.17).

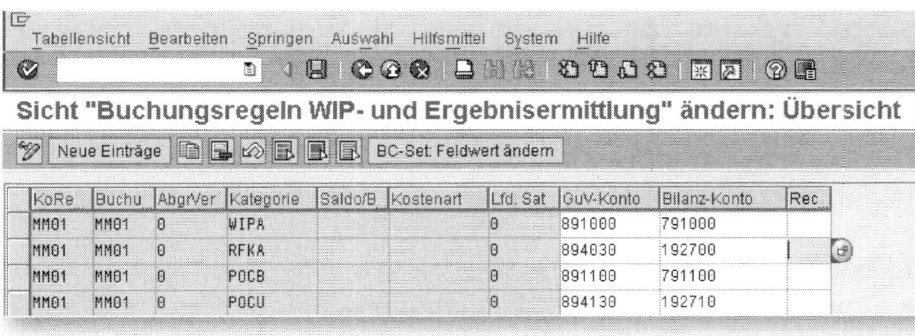

Abbildung 5.17: Buchungsregeln für die Finanzbuchhaltung festlegen

Sie können nun je Regel entweder die Abgrenzungskostenart (KOSTENART) angeben, unter der Sie die Werte im vorangegangenen Punkt fortgeschrieben haben, oder die Abgrenzungskategorie (KATE-

GORIE), wie im Beispiel. Geben Sie jeweils an, auf welches Bilanz- und GuV-Konto die Werte gebucht werden sollen. Im Beispiel in Abbildung 5.17 haben wir die Werte für Ware in Arbeit (**WIPA**), Rückstellungen für fehlende Kosten (**RFKA**), erlösfähigen Bestand (**POCB**) und Erlösüberschuss (**POCU**) eingestellt.

Beachten Sie, dass die GuV-Konten nicht als Kostenart angelegt sein dürfen. Weiterhin denken Sie daran, dass Sie in dieser Transaktion nur Einstellungen ändern dürfen, wenn Sie zuvor in der Abgrenzungsversion das Häkchen bei WEITERLEITUNG IN DIE FINANZBUCHHALTUNG deaktiviert haben.

Die Verbuchung findet nicht bei der Ergebnisermittlung, sondern erst bei der Abrechnung statt (siehe Abschnitt 5.5).

5.4 Auftragseingang

Der Auftragseingang und der Auftragsbestand sind wichtige Kennzahlen im Projektgeschäft, da sie einen Ausblick auf die kurz- und mittelfristige Auslastung des Unternehmens bieten. Der *Auftragseingang* gibt den Planerlös aller neu erstellten Kundenaufträge in einem bestimmten Zeitraum an, während der *Auftragsbestand* den noch nicht fakturierten Restwert der offenen Aufträge widerspiegelt. Der Auftragsbestand wird üblicherweise anhand der folgenden Formel errechnet:

```
Auftragsbestand (aktuelle Periode) =
Auftragsbestand (Vorperiode) + Auftragseingang
(aktuelle Periode) - Fakturen (aktuelle Periode)
```

Sie können den Auftragseingang sowie die fakturierten Werte je Projekt im Rahmen der Monatsabschlusstätigkeiten automatisch ermitteln und daraus in Berichten im PS-Informationssystem den Auftragsbestand ableiten. Neben den Erlösen können Sie bei Bedarf auch die Kosten des Auftragseingangs und des Auftragsbestandes ermitteln.

Bei der Ermittlung des Auftragseingangs werden nur PSP-Elemente berücksichtigt, auf die Kundenauftragspositionen kontiert wurden.

Zusätzliche manuell auf diese PSP-Elemente geplante Erlöse werden ebenfalls in den Auftragseingangswert eingeschlossen.

Integration des Auftragseingangs mit CO-PA

Die Funktionalität, den Auftragseingang zu den Projekten zu ermitteln, ist insbesondere dann von Bedeutung, wenn Sie die Ergebnisrechnung (CO-PA) einsetzen. Im Projektgeschäft werden Kundenaufträge auf PSP-Elemente kontiert und sind somit nicht mit einem Ergebnisobjekt verknüpft; deshalb funktioniert die Ermittlung des Auftragseingangs in CO-PA für diese Aufträge nicht. Die Ermittlung des Auftragseingangs im Projektsystem schließt diese Lücke. Neben der genannten Möglichkeit, den Auftragseingang und -bestand Ihrer Projekte im PS-Informationssystem auszuwerten, können Sie die ermittelten Werte auch an CO-PA abrechnen (siehe Abschnitt 5.5).

Die Ergebnisse der Auftragseingangsermittlung werden wie bei der Ergebnisermittlung auf sekundären Kostenarten (sogenannten *Auftragseingangskostenarten*) fortgeschrieben. Auch hier verwendet das System Kategorien, um unterschiedliche Werte zu klassifizieren. Neu erstellte Aufträge werden unter der Kategorie AENA (neuer Auftrag) fortgeschrieben. Werden auf dem PSP-Element Isterlöse oder -kosten gebucht, so registriert die Auftragseingangsermittlung die entsprechenden Beträge unter ABAF (Abbau durch Faktura). Änderungen, wie z. B. das Hinzufügen von Positionen oder Mengenänderungen im Kundenauftrag, fallen unter die Kategorie AEGA (Auftragsänderung), abgesagte Positionen unter die Kategorie AEAB (Absagen). Die genannten Kategorien können Sie im PS-Informationssystem verwenden, um Berichte zu erstellen.

Die gebuchten Isterlöse und -kosten übernimmt die Auftragseingangsermittlung aus der Ergebnisermittlung. Dies impliziert, dass Sie den Auftragseingang erst nach der Ergebnisermittlung starten müssen.

5.4.1 Ermitteln des Auftragseingangs

Sie ermitteln den Auftragseingang über den Menüpfad RECHNUNGSWESEN • PROJEKTSYSTEM • CONTROLLING PERIODENABSCHLUSS • EINZELFUNKTIONEN • AUFTRAGSEINGANG • EINZELVERARBEITUNG (Transaktion **CJA2**). Tragen Sie das entsprechende Projekt bzw. PSP-Element ein, und geben Sie die Buchungsperiode (PERIODE) sowie das GESCHÄFTSJAHR an, für die Sie die Werte ermitteln möchten (siehe Abbildung 5.18). Wir empfehlen außerdem, den Parameter DETAILLISTEN zu aktivieren, um genauere Informationen über das Ergebnis zu erhalten.

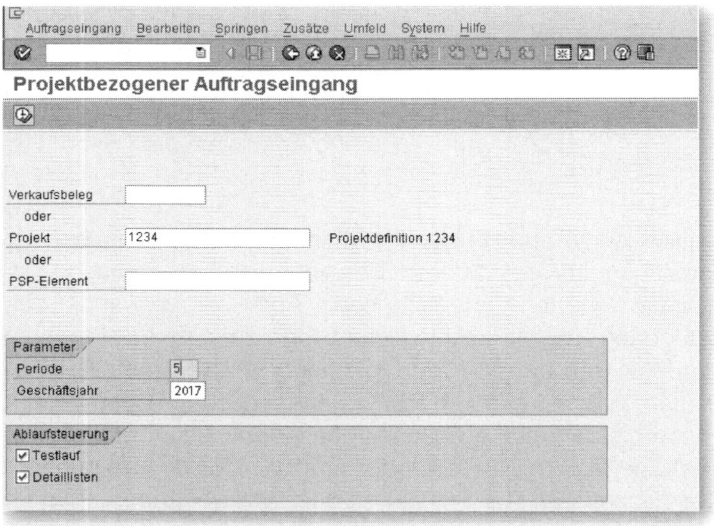

Abbildung 5.18: Auftragseingangsermittlung ausführen

Wenn Sie die Transaktion ausführen, erhalten Sie einen Report, der die Ergebnisse der Auftragseingangsermittlung detailliert auflistet, nach PSP-Element (FAKTURAELEMENT), Kategorie (AKAT) und Auftragseingangskostenart (KOSTENART) heruntergebrochen (siehe Abbildung 5.19). Sie sehen außerdem eine Aufteilung der Werte in ERLÖSE, ANDERE ERLÖSE und KOSTEN.

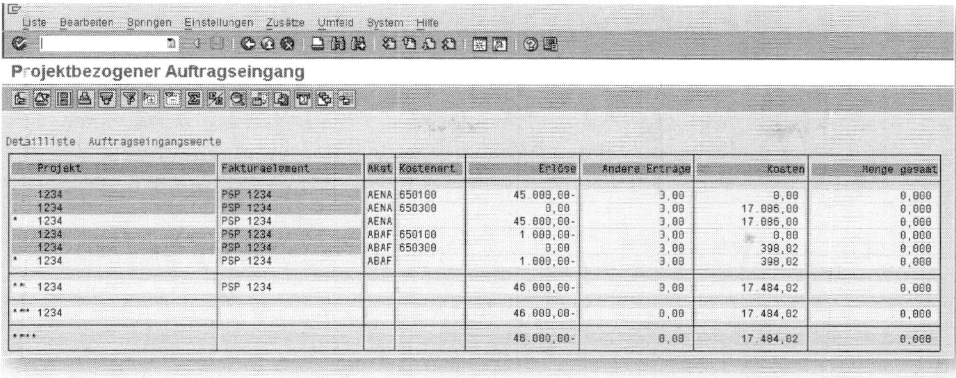

Projekt	Fakturaelement	AKst	Kostenart	Erlöse	Andere Erträge	Kosten	Menge gesamt
1234	PSP 1234	AENA	650100	45.000,00-	0,00	0,00	0,000
1234	PSP 1234	AENA	650300	0,00	0,00	17.086,00	0,000
* 1234	PSP 1234	AENA		45.000,00-	0,00	17.086,00	0,000
1234	PSP 1234	ABAF	650100	1.000,00-	0,00	0,00	0,000
1234	PSP 1234	ABAF	650300	0,00	0,00	398,02	0,000
* 1234	PSP 1234	ABAF		1.000,00-	0,00	398,02	0,000
** 1234	PSP 1234			46.000,00-	0,00	17.484,02	0,000
*** 1234				46.000,00-	0,00	17.484,02	0,000
****				46.000,00-	0,00	17.484,02	0,000

Abbildung 5.19: Ergebnis des Auftragseingangs

Wir zeigen Ihnen nun, wie Sie das System konfigurieren, um den Auftragseingang ermitteln zu können.

5.4.2 Customizing-Einstellungen zum Auftragseingang

Die Einstellungen zum Auftragseingang nehmen Sie im Customizing-Pfad PROJEKTSYSTEM • ERLÖSE UND ERGEBNIS • AUTOMATISCHE UND PERIODISCHE VERRECHNUNGEN • AUFTRAGSEINGANG vor.

Legen Sie zunächst Ihre Auftragseingangskostenarten vom Typ 50 (Erlöse), 51 (sonstige Erlöse, z. B. Frachten) und 52 (Kosten) an. Unter AUFTRAGSEINGANGS-KOSTENARTEN ZUORDNEN bestimmen Sie dann je Auftragseingangskostenart, über welche Kosten bzw. Erlösarten diese mit Werten gefüllt werden sollen. In Abbildung 5.20 ist beispielsweise dargestellt, dass die Kostenarten **800000** bis **889000** bei Projekten mit dem Abgrenzungsschlüssel **WIP** unter der AE-Kostenart **650100** als Erlöse fortgeschrieben werden.

Zuordnung der Abgrenzungskostenarten

Wie im vorangegangenen Abschnitt erwähnt, werden die Isterlöse und -kosten aus der Ergebnisermittlung übernommen. Sie müssen daher an dieser Stelle auch die Abgrenzungskostenarten, auf denen Sie die Erlöse und die Kosten des Umsatzes der Ergebnisermittlung fortschreiben, den Auftragseingangskostenarten zuordnen.

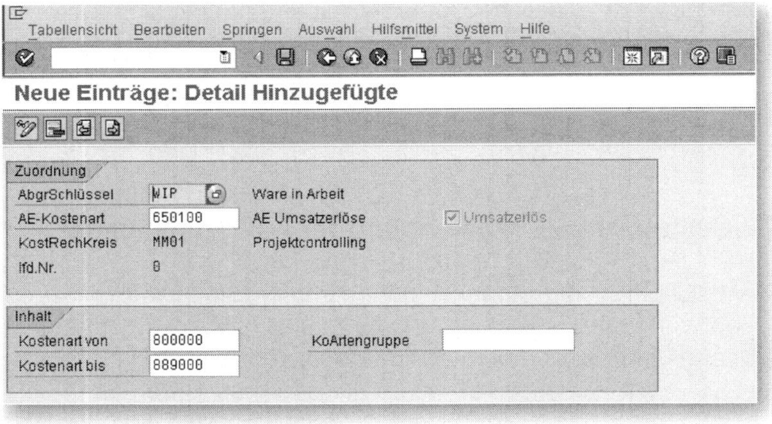

Abbildung 5.20: Kostenarten für Auftragseingang zuordnen

Beachten Sie, dass Sie diese Einstellungen je Abgrenzungsschlüssel vornehmen. Setzen Sie also mehrere Abgrenzungsschlüssel parallel ein, so müssen Sie diese Zuordnung für jeden Abgrenzungsschlüssel durchführen.

Zusätzlich müssen Sie noch die Einstellungen zum Abgrenzungsschlüssel pflegen (siehe Abbildung 5.21). Hier legen Sie über HIERARCHIE-EBENE DER FAKTURASTRUKTUR fest, ob der Auftragseingang nur in Bezug auf das gesamte Projekt oder für jedes Fakturierungselement fortgeschrieben wird. Außerdem geben Sie an, welche Planversion für die jeweiligen Planwerte herangezogen werden soll und ob Sie das Projekt aufwandsbezogen fakturieren möchten.

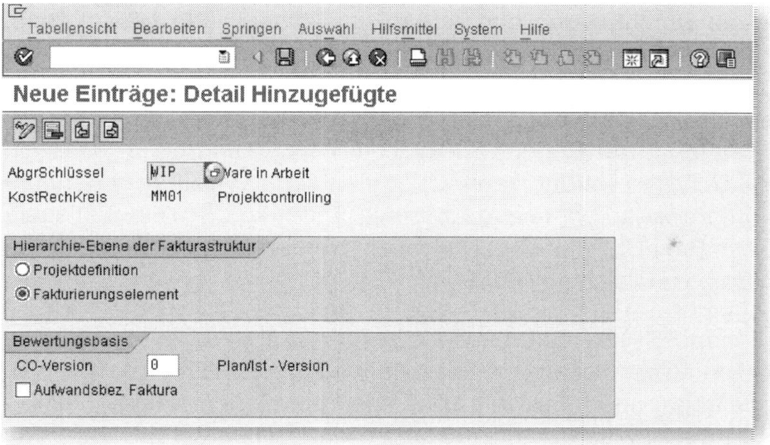

Abbildung 5.21: Einstellungen zum Abgrenzungsschlüssel

Wie die Ergebnisermittlung bucht auch die Auftragseingangsermittlung keine Belege, sondern sie speichert ihre Ergebnisse zunächst nur auf Sekundärkostenarten. Erst mit der Abrechnung werden diese tatsächlich in der Finanzbuchhaltung und im Controlling verbucht.

5.5 Abrechnung

Die Abrechnung kombiniert mehrere Funktionen. Zum einen dient sie dazu, die aufgelaufenen Kosten und Erlöse eines Projektes an sogenannte *Abrechnungsempfänger* weiterzubelasten, z. B. bei Gemeinkostenprojekten an eine Kostenstelle, die für das Projekt verantwortlich ist. Die Kosten von Investitionsprojekten können als Zugang zu einer Anlage aktiviert werden. Wenn Sie die Ergebnisrechnung (CO-PA) einsetzen, werden Sie Projekte an Ergebnisobjekte abrechnen, um deren Ergebnis im Kontext mit Ihren definierten Marksegmenten auszuwerten, wie z. B. nach Kunde, Produkt, Region usw.

Des Weiteren verbucht die Abrechnung in der Finanzbuchhaltung zuvor ermittelte Abgrenzungsdaten aus der Ergebnis- und der Auftragseingangsermittlung.

Durch die Durchführung der Abrechnung können Sie dafür sorgen, dass der Saldo des betroffenen Projektes anschließend null beträgt, sodass sichergestellt ist, dass alle aufgelaufenen Beträge an die entsprechenden Abrechnungsempfänger weiterbelastet wurden. Ein Nullsaldo ist in der Regel auch eine Voraussetzung dafür, dass ein Projekt archiviert werden kann. Über die Einstellungen im sogenannten *Abrechnungsprofil* (siehe Abschnitt 5.5.3) können Sie festlegen, dass ein Projekt nicht abgeschlossen werden darf, wenn es noch einen Saldo ungleich null aufweist.

Sie können PSP-Elemente und Netzpläne (nur Netzplanköpfe, keine Vorgänge) sowie weitere mit Projekten verknüpfte Aufträge, wie z. B. Innenaufträge oder Fertigungsaufträge, abrechnen. Hierbei unterscheidet man zwischen *direkter* und *mehrstufiger Abrechnung*. Von direkter Abrechnung spricht man, wenn jedes Objekt eines Projektes direkt an einen projektexternen Empfänger (z. B. Kostenstelle oder Ergebnisobjekt) abgerechnet wird. Bei der mehrstufigen Abrechnung werden zunächst die Objekte eines Projektes an die nächsthöhere Summierungsstufe verrechnet und erst von der höchsten Ebene an einen externen Empfänger abgerechnet. Dabei findet zwischen je zwei Objekten automatisch eine Binnenumsatzeliminierung statt, um zu verhindern, dass Werte doppelt dargestellt werden. Die Binnenumsatzeliminierung kann jedoch zu Fehlern bei der Darstellung in Berichten führen, wenn Sie beispielsweise Hierarchiestufen überspringen oder von oben nach unten abrechnen. Deshalb gelten hierbei drei generelle Regeln, die Sie unbedingt beachten sollten:

- Rechnen Sie PSP-Elemente grundsätzlich nur an das in der Hierarchie übergeordnete PSP-Element ab.
- Rechnen Sie Netzpläne, Innenaufträge und Fertigungsaufträge nur an das im Auftrag zugeordnete PSP-Element ab.
- Ändern Sie nicht nachträglich die hierarchische Zuordnung von bereits abgerechneten Objekten.

Den Abrechnungsempfänger bestimmen Sie anhand einer sogenannten *Abrechnungsvorschrift* (siehe Abschnitt 5.5.1). Die Abrechnung selbst kann entweder kostenartengerecht erfolgen oder über eine sekundäre Abrechnungskostenart.

Bei der kostenartengerechten Abrechnung erfolgt die Entlastung des Projektes unter denselben Kostenarten, die auch ursprünglich gebucht waren. Es wird dabei je ein Buchungssatz für jede Kostenart geschrieben und mit umgekehrtem Vorzeichen auf dem Abrechnungsempfänger verbucht; damit haben Sie auf dem Empfänger die gleiche Detaillierung Ihrer Kosten wie auf dem Projekt. Auf dem Projekt selbst ist nach der Abrechnung der Saldo je Kostenart null. Beachten Sie, dass Sie Sekundärkostenarten (z. B. aus der internen Leistungsverrechnung oder von Gemeinkostenzuschlägen) nicht kostenartengerecht abrechnen können.

Darstellung der kostenartengerechten Abrechnung

Wenn Sie kostenartengerecht abrechnen, werden die meisten Berichte im PS-Informationssystem zu den entsprechenden Kostenarten nichts bzw. einen Saldo von null anzeigen. Es ist allerdings möglich, nachzuvollziehen, wie hoch die Projektkosten sind und was abgerechnet wurde. Hierzu müssen Sie im entsprechenden Report oder im Einzelpostennachweis nach dem Merkmal »Vorgang« trennen. Die Abrechnung hat den Vorgang **KOAO**. Weitere Informationen zum Thema »Berichte« finden Sie in Kapitel 6.

Bei der Abrechnung über eine Abrechnungskostenart verbuchen Sie sowohl auf dem Sender als auch dem Empfänger unter einer oder mehreren Sekundärkostenarten vom Typ 21. Hierdurch bleiben die Salden der ursprünglich gebuchten Kostenarten unverändert, und es ist mit dieser Methode auch möglich, auf dem Projekt gebuchte Sekundärkostenarten abzurechnen. Im sogenannten *Verrechnungsschema* (siehe Abschnitt 5.5.3) legen Sie fest, welche ursprünglich gebuchten Kostenarten unter welcher Abrechnungskostenart abgerechnet werden sollen. So können Sie beispielsweise jeweils alle Kosten und alle Erlöse unter je einer Abrechnungskostenart zusammenfassen, oder aber Sie nehmen genauere Aufteilungen vor, wie z. B. nach fixen oder variablen Kosten bzw. nach Material- oder Personalkosten.

Abrechnung an CO-PA

Wenn Sie die Ergebnisermittlung einsetzen und Ihre Projektergebnisse an CO-PA abrechnen möchten, müssen Sie die Abgrenzungskostenarten abrechnen, unter denen die Ergebnisermittlung Ihre Werte zwischenspeichert. Sie rechnen die Kosten des Umsatzes und den Umsatz Ihren Zuordnungen entsprechend ab (siehe Abschnitt 5.3.4). Die Kennzahlen für die Percentage-of-Completion-Methode, wie z. B. PoC-Umsatz, finden Sie unter der erweiterten Steuerung der Abgrenzungsversion.

Um den Auftragseingang je Projekt nach CO-PA zu übernehmen, müssen Sie auch die Auftragseingangskostenarten auf die gleiche Weise ins Verrechnungsschema eintragen.

Wenn Sie durch die Ergebnisermittlung oder Auftragseingangsermittlung abgegrenzte Beträge abrechnen, können Sie folglich nur über Abrechnungskostenarten abrechnen, und nicht kostenartengerecht.

Wir zeigen Ihnen nun, wie Sie Abrechnungsvorschriften erstellen bzw. wie Sie diese automatisch generieren lassen.

5.5.1 Abrechnungsvorschriften

Sie pflegen Abrechnungsvorschriften entweder manuell je PSP-Element bzw. Netzplankopf, oder Sie lassen sie vom System automatisch erzeugen. Beginnen wir mit der Darstellung des manuellen Weges.

Manuelle Pflege

Sie legen eine Abrechnungsvorschrift manuell aus dem Project Builder heraus an. Wählen Sie das entsprechende PSP-Element bzw. einen Netzplankopf aus, und gehen Sie anschließend im Menü über BEARBEITEN • KOSTEN • ABRECHNUNGSVORSCHRIFT. Sie erhalten nun das in Abbildung 5.22 gezeigte Fenster. Eine Abrechnungsvorschrift besteht aus einer bis maximal 999 Aufteilungsregeln. Jede dieser Regeln gibt an, an welchen Empfänger ein Objekt abgerechnet werden soll. In der Spalte TYP wählen Sie zunächst aus, um welchen EMPFÄNGERTYP es sich handeln soll (z. B. Kostenstelle, Ergebnisobjekt, Anlage, Kundenauftrag, ein anderes PSP-Element usw.) und unter ABRECHNUNGSEMPFÄN...(Abrechnungsempfänger) den Empfänger selbst (also z. B. Kostenstellennummer, Ergebnisobjekt, Anlagennummer usw.). Darüber hinaus tragen Sie ein, welcher Anteil der gesamten Kosten und/oder Erlöse mit der betroffenen Regel abgerechnet werden soll.

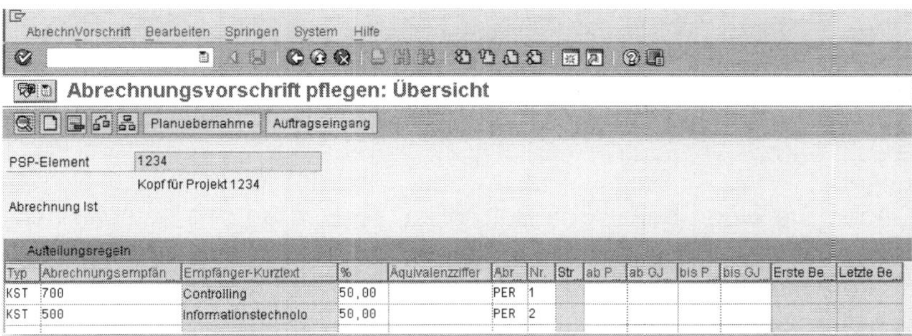

Abbildung 5.22: Abrechnungsvorschrift manuell pflegen

Abhängig von den Customizing-Einstellungen zur Abrechnung können Sie die Anteile prozentual, als Äquivalenzziffern oder als Betrag angeben. *Äquivalenzziffern* bedeuten, dass Sie je Regel einen beliebigen Wert eintragen; das System ermittelt anhand dieser Werte die Proportionen zueinander und verteilt die Abrechnungsbeträge anhand der Werte.

Abrechnung anhand von Äquivalenzziffern

zB

Sie teilen die Abrechnungsbeträge anhand von Äquivalenzziffern auf mehrere Kostenstellen auf. Als Aufteilungskriterium tragen Sie das jeweilige Budget der Kostenstelle ein:

- Kostenstelle 500: Budget 50.000 EUR
- Kostenstelle 700: Budget 60.000 EUR
- Kostenstelle 800: Budget 90.000 EUR

Der Gesamtwert der Budgets beträgt 200.000 EUR. Der prozentuale Anteil der jeweiligen Kostenstelle errechnet sich wie folgt:

```
Kostenstellenbudget / Gesamtwert × 100
```

Damit wird das PSP-Element zu folgenden Anteilen an die Kostenstellen abgerechnet:

- Kostenstelle 500: 25 %
- Kostenstelle 700: 30 %
- Kostenstelle 900: 45 %

Geben Sie einen beliebigen Betrag an, so wird an den entsprechenden Abrechnungsempfänger genau dieser Betrag abgerechnet. Beachten Sie, dass dies möglicherweise unerwartete Ergebnisse hervorrufen kann:

- Haben Sie Kosten unter mehreren Kostenarten auf ein Projekt gebucht, so wird der feste Betrag auch unter diesen Kostenarten abgerechnet. Der Anteil jeder Kostenart entspricht dabei deren Anteil an den Gesamtkosten des Projektes.
- Sie gewährleisten durch eine Betragsabrechnung nicht, dass der Saldo eines Projektes anschließend null ist.
- Sind die Gesamtkosten niedriger als der angegebene Betrag, so hat das Projekt nach der Abrechnung sogar einen negativen Saldo.

In den Spalten AB PERIODE und AB GESCHÄFTSJAHR bzw. BIS PERIODE und BIS GESCHÄFTSJAHR können Sie einen Gültigkeitszeitraum je Regel angeben.

In der Spalte ABRECHNUNGSART haben Sie die Wahl zwischen periodischer (**PER**) und Gesamtabrechnung (**GES**). Mit der *periodischen Abrechnung* rechnen Sie jeweils nur in der Abrechnungsperiode gebuchte Belege ab; *Gesamtabrechnung* bedeutet, dass Sie alle zuvor gebuchten, noch nicht abgerechneten Belege mitselektieren.

Abrechnung von Abgrenzungsdaten

Wenn Sie die Ergebnisermittlung einsetzen, rechnen Sie nur die abgegrenzten Beträge ab und nicht die ursprünglich gebuchten Projektkosten. Wie wir in Abschnitt 5.3 dargelegt haben, sollten Sie die Abgrenzung nur auf einem PSP-Element eines Projektes durchführen, das möglichst weit oben in der Hierarchie angesiedelt ist. Sie dürfen demnach nur die PSP-Elemente abrechnen, auf denen die Ergebnisermittlung stattgefunden hat. Entsprechend erstellen Sie nur dort eine Abrechnungsvorschrift (üblicherweise nach CO-PA). In alle anderen PSP-Elemente dürfen Sie keine Abrechnungsvorschrift eintragen.

Falls Sie die Ergebnisse der Auftragseingangsermittlung an einen anderen Empfänger abrechnen möchten, können Sie dies über den Button AUFTRAGSEINGANG tun. Zu diesem Zweck haben Sie die Möglichkeit, gesonderte Aufteilungsregeln anzulegen.

Über den Menüeintrag SPRINGEN • ABRECHNUNGSPARAMETER können Sie sich die in Abbildung 5.23 gezeigten Abrechnungsparameter ABRECHNUNGSPROFIL, VERRECHNUNGSSCHEMA, ERGEBNISSCHEMA und STRATEGIEFOLGE anzeigen lassen, die wir in Abschnitt 5.5.3 (bzw. im Falle der Strategiefolge gleich im nächsten Abschnitt) weiter erläutern werden.

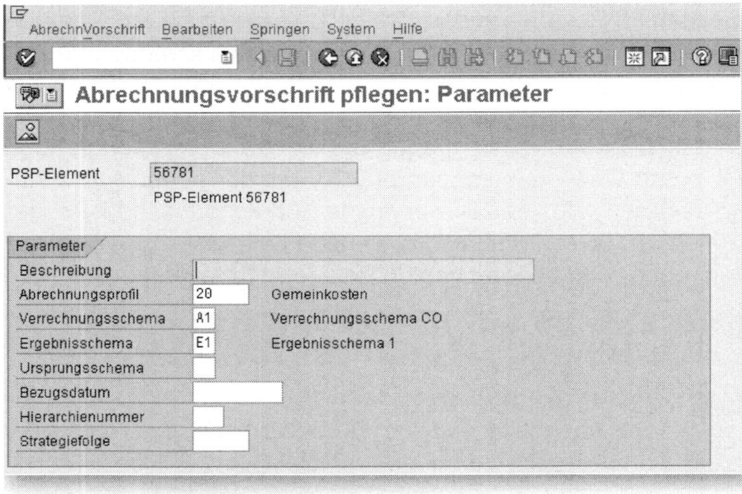

Abbildung 5.23: Abrechnungsparameter

Abrechnungsvorschriften automatisch generieren

Wenn Sie Kundenprojekte an CO-PA abrechnen möchten, wäre es aus zweierlei Sicht problematisch, wenn Sie die dazugehörigen Abrechnungsvorschriften manuell anlegen müssten: Zum einen wäre dies bei einer großen Anzahl an Projekten sehr zeitaufwendig, und zum anderen (und das ist der entscheidende Grund) wären im Projekt überhaupt nicht alle Informationen vorhanden, um ein Ergebnisobjekt auszufüllen. In der Regel werden Sie hier Angaben zum Kunden, zur Verkaufsorganisation, zum Material usw. machen, also Informationen, die im zugeordneten Kundenauftrag bereits vorhanden sind. Der Kundenauftrag selbst ist hingegen auf das Projekt kontiert und kann somit nicht an CO-PA abgerechnet werden. Die Funktionalität zum automatischen Generieren der Abrechnungsvorschrift schließt diese Lücke, indem sie Ihnen ermöglicht, für die Abrechnung des Projektes ein Ergebnisobjekt zu generieren, das sich aus den Stammdaten des Kundenauftrags herleitet.

Sie müssen zunächst im Customizing eine Strategie zur Ermittlung von Abrechnungsvorschriften für PSP-Elemente und für Netzpläne definieren und diese dann im Projektprofil bzw. im Netzplanprofil hinterlegen (siehe Abschnitt 5.5.3). Gehen Sie dann im Anwendungsmenü zum Punkt RECHNUNGSWESEN • PROJEKTSYSTEM • CONTROLLING • PERIODENABSCHLUSS • EINZELFUNKTIONEN • ABRECHNUNGSVORSCHRIFT • EINZELVERARBEITUNG (Transaktion **CJB2**) bzw. Sammelverarbeitung (Transaktion **CJB1**), um die Abrechnungsvorschriften erzeugen zu lassen (siehe Abbildung 5.24).

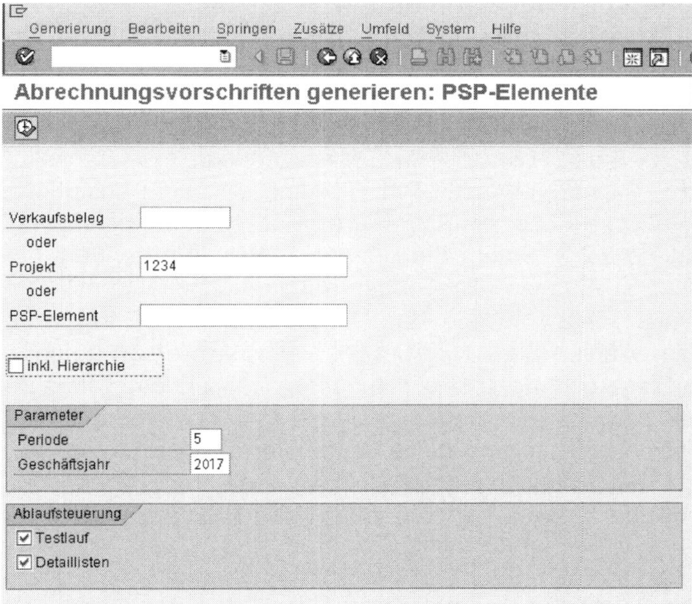

Abbildung 5.24: Abrechnungsvorschrift generieren

Geben Sie hier einen Kundenauftrag, ein PROJEKT oder ein PSP-ELEMENT ein, um die Abrechnungsvorschriften zu erstellen. Der Parameter INKL. HIERARCHIE hat nur eine Bedeutung, wenn Sie ein PSP-Element eingegeben haben: Es werden alle untergeordneten Objekte mitselektiert. Tragen Sie außerdem noch eine PERIODE und ein GESCHÄFTSJAHR ein. Führen Sie anschließend die Transaktion aus. Das System zeigt Ihnen nun an, für welche Objekte eine Abrechnungsvorschrift erzeugt wurde und wie diese lautet.

Über den Punkt RECHNUNGSWESEN • PROJEKTSYSTEM • CONTROLLING • PERIODENABSCHLUSS • EINZELFUNKTIONEN • ABRECHNUNGSVORSCHRIFT • LISTE (Transaktion **KOSRLIST_PR**) können Sie die Abrechnungsvorschriften je Projekt auswerten. Hierzu benötigen Sie eine Selektionsvariante (siehe Abschnitt 5.1).

5.5.2 Durchführen der Abrechnung

Wenn alle abzurechnenden Projekte über eine Abrechnungsvorschrift verfügen, können Sie die Abrechnung unter RECHNUNGSWESEN • PROJEKTSYSTEM • CONTROLLING • PERIODENABSCHLUSS • EINZELFUNKTIONEN • ABRECHNUNG • EINZELFUNKTIONEN • EINZELVERARBEITUNG (Transaktion **CJ88**) bzw. SAMMELVERARBEITUNG (Transaktion **CJ8G**) ausführen. Geben Sie ein Projekt bzw. ein PSP-Element oder einen Netzplan ein (siehe Abbildung 5.25). Sofern Sie kein ganzes Projekt, sondern nur ein einzelnes PSP-Element eingegeben haben, können Sie mit dem Parameter inkl. Hierarchie alle darunterhängenden PSP-Elemente mitselektieren. Wählen Sie INKL. AUFTRÄGE aus, so werden automatisch alle Aufträge und Netzpläne mitabgerechnet, die dem angegebenen Projekt bzw. PSP-Element zugeordnet sind. Haben Sie nur ein PSP-Element angegeben und beide Parameter aktiviert, so werden alle Aufträge und Netzpläne eingeschlossen, die zum selektierten PSP-Element und zu allen hiervon abhängigen PSP-Elementen gehören.

Tragen Sie außerdem die Abrechnungsperiode und das Geschäftsjahr ein. Das System bucht die Abrechnung infolgedessen zum letzten Buchungstag der angegebenen Periode. Falls beispielsweise die Abrechnungsperiode bereits geschlossen ist, können Sie die Abrechnung in einer anderen Periode buchen lassen, indem Sie sie in das Feld BUCHUNGSPERIODE eintragen. Das BEZUGSDATUM gibt das Wertstellungsdatum an, falls Sie in die Anlagenbuchhaltung abrechnen.

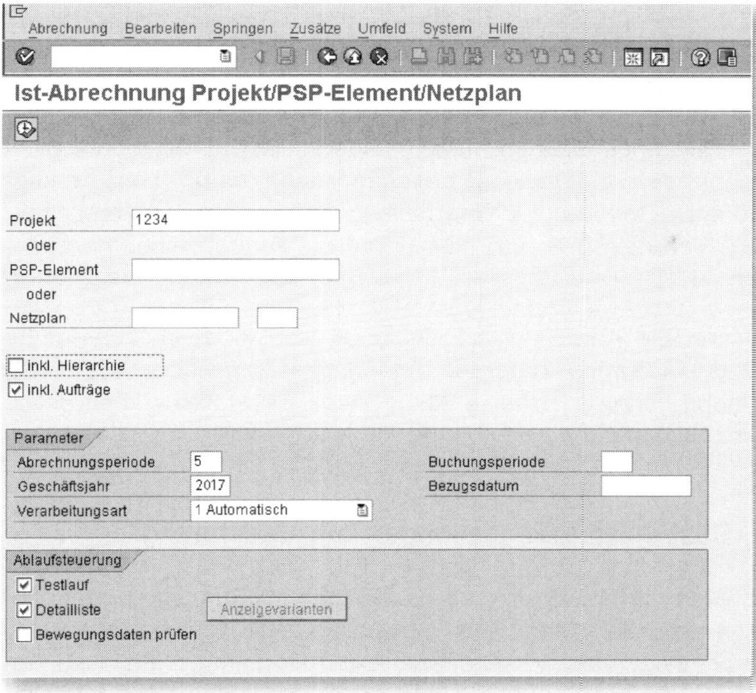

Abbildung 5.25: Abrechnung durchführen

Abrechnung zum Schluss durchführen

Die Abrechnung sollten Sie als letzten Schritt der Monatsabschlusstätigkeiten für Projekte durchführen – in jedem Fall nach der Ergebnisermittlung und Auftragseingangsermittlung, da schließlich die Ergebnisse dieser Funktionalitäten mitabgerechnet werden sollen. Um sicherzugehen, dass nach der Abrechnung keine Belege mehr gebucht werden, sollten Sie neben der Buchungsperiode in der Finanzbuchhaltung auch alle Vorgänge im Controlling (außer der Abrechnung selbst) über die Transaktion **OKP1** sperren.

Schließlich wählen Sie noch die gewünschte Verarbeitungsart. Für die Abrechnung von Projekten sind die Optionen **1** für **automatisch**, **O** für **projektbezogener Auftragseingang** und **P** für **automatisch, inklusive Auftragseingang** relevant. Die automatische Verarbeitung selektiert alle angegebenen Abrechnungsregeln, rechnet jedoch nicht die Ergebnisse der Auftragseingangsermittlung mit ab. Letztere können Sie entweder über die Verarbeitungsart **O** gesondert abrechnen, oder Sie selektieren **P**, um alles, inklusive Auftragseingang, abzurechnen.

Sie können die Abrechnung beliebig oft je Periode ausführen. Es werden dabei jeweils immer nur Änderungen gegenüber der letzten Abrechnung verbucht. Über ABRECHNUNG • STORNIEREN können Sie die zuletzt ausgeführte Abrechnung wieder stornieren.

5.5.3 Customizing-Einstellungen zur Abrechnung

Sie erstellen die notwendigen Einstellungen im Customizing zur Abrechnung unter dem Menüpfad PROJEKTSYSTEM • KOSTEN • AUTOMATISCHE UND PERIODISCHE VERRECHNUNGEN • ABRECHNUNG. Falls Sie Abrechnungskostenarten nutzen möchten, müssen Sie diese zunächst anlegen.

Verrechnungsschema

Im Unterbaum ABRECHNUNGSPROFILE definieren Sie unter ABRECHNUNGSSCHEMA ANLEGEN ein Abrechnungsschema, auch *Verrechnungsschema* genannt (siehe Abbildung 5.26).

Legen Sie zunächst ein SCHEMA an, und vergeben Sie eine Bezeichnung. Im nächsten Schritt tragen Sie dann sogenannte ZUORDNUNGEN ein. Für jede Zuordnung können Sie Regeln festlegen, wie bestimmte Kostenarten in der Abrechnung behandelt werden sollen. Im Beispiel sehen Sie ein typisches Verrechnungsschema, das alle möglichen Fälle abdeckt: Auf Projekte, für die keine Ergebnisermittlung stattfindet, werden die originär gebuchten Kosten und Erlöse weiterbelastet, daher die Zuordnungszeilen **10** und **20** (**direkte Kosten** bzw. **direkte**

Erlöse). Kundenprojekte mit Ermittlung von Ware in Arbeit oder Percentage of Completion rechnen die Abgrenzungsbeträge ab, für die die Zeilen **30** und **40** verwendet werden. Und schließlich werden unter den Zeilen **50** und **51** die Ergebnisse der Auftragseingangsermittlung weiterverarbeitet.

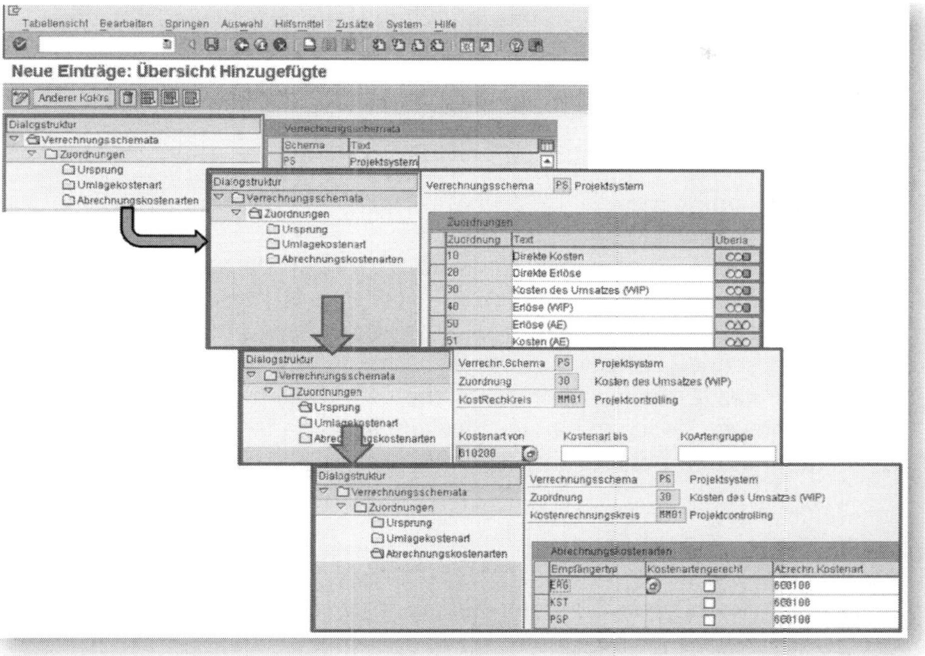

Abbildung 5.26: Verrechnungsschema anlegen

Für jede Zeile tragen Sie anschließend im Punkt URSPRUNG ein, welche Kostenarten jeweils berücksichtigt werden sollen. In den Zeilen **10** und **20** wurden hier für die Kosten alle Kostenarten eingetragen, die auf Projekten anfallen können – also alle Primärkostenarten sowie die Sekundärkostenarten für die interne Leistungsverrechnung und die Gemeinkostenzuschläge –, und für die Erlöse alle Erlösarten. In den Zeilen **30** und **40** stehen die Abgrenzungskostenarten, die unter der Fortschreibung für die Ergebnisermittlung eingetragen wurden (siehe Abschnitt 5.3.4). Und schließlich verweisen die Zeilen **50** und **51** auf die Auftragseingangskostenarten, unter denen der Auftragseingang fortgeschrieben wird (siehe Abschnitt 5.4.2).

Unter ABRECHNUNGSKOSTENARTEN tragen Sie ein, an welche Empfängertypen (z. B. Kostenstelle, Ergebnisobjekt usw.) die entsprechende Zeile abgerechnet werden darf; für jeden Eintrag entscheiden Sie, ob die entsprechende Zeile kostenartengerecht abgerechnet werden soll. Falls Sie keine kostenartengerechte Abrechnung wünschen, müssen Sie angeben, unter welcher Abrechnungskostenart abgerechnet werden soll.

Ergebnisschema

Wenn Sie CO-PA einsetzen, müssen Sie neben dem Verrechnungsschema im Punkt PROJEKTSYSTEM • KOSTEN • AUTOMATISCHE UND PERIODISCHE VERRECHNUNGEN • ABRECHNUNG • ABRECHNUNGSPROFILE • ERGEBNISSCHEMA ANLEGEN auch ein Ergebnisschema erstellen. Der Aufbau des Ergebnisschemas ist dem des Verrechnungsschemas sehr ähnlich. Sie legen hier fest, welche Kostenarten an welche Wertfelder in CO-PA abgerechnet werden sollen.

Abrechnungsprofil

Schließlich erstellen Sie unter ABRECHNUNGSPROFIL ANLEGEN ein *Abrechnungsprofil* (siehe Abbildung 5.27).

Im Block ISTKOSTEN/KOSTEN DES UMSATZES entscheiden Sie, ob das entsprechende Projekt vollständig abzurechnen ist, abgerechnet werden kann oder nicht abzurechnen ist. So steuern Sie, ob das Projekt abgeschlossen werden darf, wenn es noch einen Nullsaldo aufweist: Mit VOLLSTÄNDIG ABZURECHNEN gibt das System eine Fehlermeldung aus, bei KÖNNEN ABGERECHNET WERDEN eine Warnmeldung, und wenn das Projekt NICHT ABZURECHNEN ist, können Sie es auch mit Saldo ganz einfach abschließen. Im letzteren Fall ist es nicht möglich, das Projekt abzurechnen, auch wenn Sie eine Abrechnungsvorschrift eingetragen haben und die Abrechnung starten. Die Buchungen aus der Ergebnisrechnung in die Finanzbuchhaltung können jedoch trotzdem mit der Abrechnung verbucht werden.

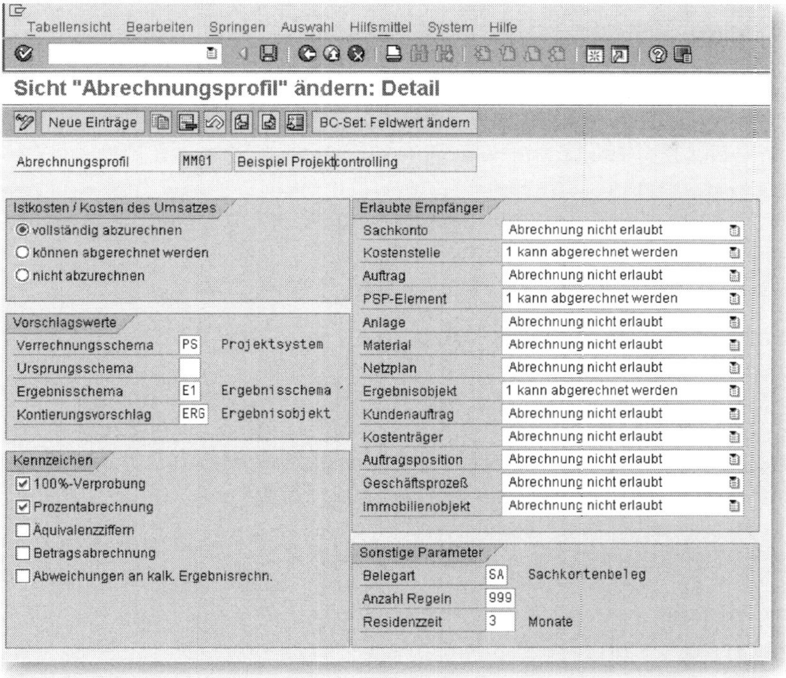

Abbildung 5.27: Abrechnungsprofil anlegen

Unter ERLAUBTE EMPFÄNGER tragen Sie ein, welche Abrechnungsempfängertypen für Projekte mit diesem Abrechnungsprofil zugelassen sind. Sie können die einzelnen Objekte verbieten (**Abrechnung nicht erlaubt**), optional erlauben (**kann abgerechnet werden**) oder erzwingen (**muss abgerechnet werden**).

Im Block VORSCHLAGSWERTE können Sie Einstellungen vorbelegen, die in die Abrechnungsparameter (siehe Abschnitt 5.5.1) von Projekten übernommen werden. Sie können z. B. ein Verrechnungsschema oder ein Ergebnisschema eintragen und unter KONTIERUNGSVORSCHLAG einen Abrechnungsempfängertyp vorschlagen.

Unter KENNZEICHEN entscheiden Sie, wie Sie die Aufteilung bei mehreren Abrechnungsregeln einstellen können – prozentual (PROZENTABRECHNUNG), mit Äquivalenzziffern oder als explizite Beträge (BETRAGSABRECHNUNG).

Bei den SONSTIGEN PARAMETERN legen Sie fest, unter welcher BELEGART Buchungen in der Finanzbuchhaltung gebucht werden sollen. Die ANZAHL REGELN bestimmt, wie viele Abrechnungsregeln Sie pro Abrechnungsvorschrift erfassen dürfen. Die RESIDENZZEIT gibt an, wie viele Monate die Abrechnungsbelege im System bestehen bleiben sollen, bevor sie gelöscht werden.

Abrechnungsvorschrift für Netzplan

Im Teilbaum ABRECHNUNGSVORSCHRIFT FÜR NETZPLAN erstellen Sie unter STRATEGIEN ZUR ERMITTLUNG DER ABRECHNUNGSVORSCHRIFT DEF. eine Strategie, wie zu Netzplänen automatisch eine Abrechnungsvorschrift erstellt werden soll (siehe Abbildung 5.28).

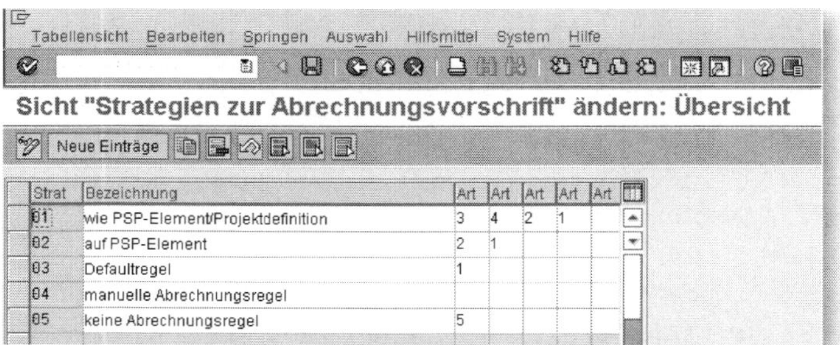

Abbildung 5.28: Strategien zur Ermittlung der Abrechnungsvorschrift bei Netzplänen

Je Strategie geben Sie bis zu fünf verschiedene Ermittlungsarten an, wie die Abrechnungsvorschrift ermittelt werden soll. Das System wendet die Arten der Reihe nach an und versucht, eine Abrechnungsvorschrift zu erzeugen. Sobald es damit erfolgreich ist, wird die entsprechende Abrechnungsvorschrift übernommen und die restlichen Ermittlungsarten nicht mehr ausprobiert. Die folgenden Ermittlungsarten stehen zur Verfügung:

- manuelle Pflege der Abrechnungsvorschrift,
- automatische Generierung der Abrechnungsvorschrift,
- Abrechnung auf PSP-Element generieren,
- Abrechnungsvorschrift des PSP-Elementes übernehmen,
- Abrechnungsvorschrift der Projektdefinition übernehmen,
- keine Abrechnungsvorschrift.

In der folgenden Customizing-Transaktion **Strategien und Defaultregeln zu Netzplanarten zuordnen** tragen Sie je Netzplanart eine sogenannte *Default-Regel* ein. Dabei handelt es sich um von SAP fest vorgegebene Regeln dazu, wie die Aufteilungsregeln der Abrechnungsvorschrift erzeugt werden sollen. Für Netzpläne tragen Sie hier **PS1** ein.

Schließlich können Sie im nächsten Punkt noch Vorschlagsabrechnungsprofile im Netzplanprofil eintragen.

Abrechnungsvorschrift für PSP-Elemente

Im Teilmenü ABRECHNUNGSVORSCHRIFT FÜR PROJEKTSTRUKTURPLANELEMENT erstellen Sie Strategien zum Ermitteln der Abrechnungsvorschrift für PSP-Elemente. Wählen Sie hierzu den Menüpunkt STRATEGIEN ZUR GENERIERUNG DER ABRECHNUNGSVORSCHRIFT DEF. aus.

Erstellen Sie zunächst eine Strategie, und nehmen Sie anschließend zeilenweise die Einstellungen dazu vor (siehe Abbildung 5.29).

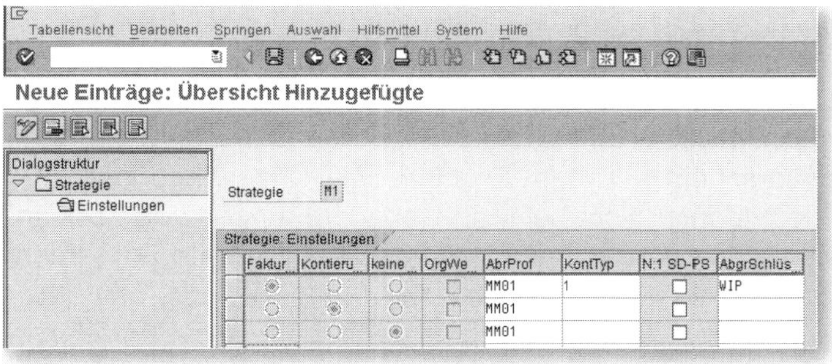

Abbildung 5.29: Strategien zur Ermittlung der Abrechnungsvorschrift bei PSP-Elementen

Je Zeile wählen Sie aus, ob Sie sich auf Fakturierungselemente (FAKTUR...), Kontierungselemente (KONTIERU...) oder PSP-Elemente beziehen möchten, die weder Fakturierungs- noch Kontierungselemente (KEINE...) sind. Außerdem können Sie daraufhin einschränken, ob das betreffende PSP-Element und das in der Hierarchie direkt übergeordnete PSP-Element unterschiedlichen Organisationseinheiten (ORGWE...) zugeordnet sind (Buchungskreis, Geschäftsbereich und/oder Profitcenter). Für die entsprechend ausgewählten PSP-Elemente können Sie dann ein Abrechnungsprofil (ABRPROF) und einen Abgrenzungsschlüssel (ABGRSCHLÜS) zuordnen und den Kontierungstyp (KONTTYP) festlegen. Folgende Kontierungstypen stehen zur Auswahl:

- kein Empfänger,
- Ergebnisobjekt,
- anfordernde Kostenstelle,
- verantwortliche Kostenstelle,
- Übernahme der Vorschrift vom übergeordneten Objekt.

Wenn Sie ein Häkchen in die Spalte **N:1 SD-PS** setzen, erlauben Sie damit, dass das System auch dann versuchen soll, eine Abrechnungsvorschrift an CO-PA zu ermitteln, wenn dem PSP-Element mehrere Kundenauftragspositionen zugeordnet sind. Es werden damit nur die Merkmale berücksichtigt, die in allen zugeordneten Positionen gleich sind. Wenn Sie dieses Kennzeichen nicht setzen, wird bei einer Mehrfachzuordnung von Kundenauftragspositionen zu PSP-Elementen keine Abrechnungsvorschrift erzeugt.

Im Beispiel in Abbildung 5.29 erhalten alle PSP-Elemente das Abrechnungsprofil **MM01**. Nur für die Fakturierungselemente soll eine Abrechnungsvorschrift auf das Ergebnisobjekt (Kontierungstyp **1**) erzeugt werden, jedoch nicht bei Mehrfachzuordnungen von Kundenauftragspositionen. Für die Fakturierungselemente wird außerdem der Abgrenzungsschlüssel **WIP** eingetragen.

Im Anschluss können Sie die soeben definierte Strategie Ihrem Projektprofil zuordnen.

Automatischer Eintrag von Abrechnungsprofil und Abgrenzungsschlüssel

Wenn Sie die Abrechnungsvorschriften für Ihre PSP-Elemente anhand von Strategien ermitteln, sollten Sie im entsprechenden Projektprofil kein Abrechnungsprofil und keinen Abgrenzungsschlüssel eintragen, denn diese Einstellungen werden beim Anlegen eines Projektes für jedes PSP-Element automatisch ergänzt. Nutzen Sie jedoch die Ergebnisermittlung, so benötigen Sie den Abgrenzungsschlüssel nur in den Fakturierungselementen, sodass Sie ihn in allen anderen PSP-Elementen nachträglich wieder löschen müssten.

5.6 Periodenabschluss für die Beispielprojekte

Wir skizzieren nun, auf welche Weise der Periodenabschluss für unsere drei Beispielprojekte durchgeführt werden soll. Zunächst stellen wir wieder vor, welche Entscheidungen im Vorfeld getroffen werden sollten.

5.6.1 Vorüberlegungen für den Periodenabschluss von Projekten

Sollen Gemeinkostenzuschläge eingesetzt werden?

Ob Sie Gemeinkostenzuschläge verwenden möchten, ist eine rein betriebswirtschaftliche Frage. Sie zu beantworten hängt davon ab, wie groß der Anteil der zu verrechnenden Gemeinkosten an den Gesamtkosten ist, ob diese mehrheitlich durch das Projektgeschäft zu tragen sind und ob Sie eine geeignete Bezugsgröße identifizieren können, anhand derer die Zuschläge ermittelt werden sollen (z. B. Materialkosten).

Soll die Ergebnisermittlung benutzt werden, und wenn ja, mit welcher Methode bzw. welchen Methoden?

Grundsätzlich benötigen Sie die Ergebnisermittlung bei Kundenprojekten, die länger als eine Periode dauern, sodass Sie verpflichtet sind, zum Periodenende die Ware in Arbeit im Bestand zu zeigen bzw. die Percentage of Completion, wenn Sie z. B. nach US-GAAP oder IAS berichten. Welche der beiden Methode Sie nutzen oder ob Sie sie parallel einsetzen möchten, hängt von Ihren Berichtsanforderungen ab.

Soll die Ware in Arbeit anhand von Fertigungsaufträgen ermittelt werden oder zum PSP-Element?

Wenn Sie zu Ihren Projekten abhängige Aufträge (z. B. Fertigungsaufträge) bearbeiten, haben Sie die Möglichkeit, die Ware in Arbeit direkt zu den Fertigungsaufträgen oder im übergeordneten Projekt zu ermitteln und auszuweisen. Vom Gesamtergebnis her macht dies keinen Unterschied; im ersten Fall können Sie jedoch die Ware in Arbeit nach Organisationseinheiten trennen. Wenn beispielsweise Ihre Fertigung ein eigener Geschäftsbereich ist, der neben dem Projektgeschäft auch an andere Unternehmensteilbereiche liefert, möchten Sie möglicherweise die Ware in Arbeit hinsichtlich der Fertigung gesondert ausweisen. Dies können Sie z. B. bewerkstelligen, indem Sie die der Ware in Arbeit für Fertigungsaufträge auf anderen Konten buchen als die Ware in Arbeit für Projekte.

Soll der projektbezogene Auftragseingang ermittelt werden?

Wenn Sie an den Kennzahlen »Auftragseingang« und »Auftragsbestand« interessiert sind, sollten Sie diese Funktionalität nutzen. Wie bereits in Abschnitt 5.4 erwähnt, können Sie bei Verwendung von CO-PA den Auftragseingang für Projekte nur über diesen Weg ermitteln.

Auch wenn Sie CO-PA nicht einsetzen und ausschließlich Projektgeschäft betreiben, können Sie aussagekräftige Kennzahlen über die Auftragseingangsermittlung erstellen und diese in PS-Berichten darstellen.

Soll kostenartengerecht abgerechnet werden oder mit Abrechnungskostenarten?

Wenn Sie die Ergebnisermittlung, die Auftragseingangsermittlung und/oder die interne Leistungsverrechnung nutzen, können Sie nur mit Abrechnungskostenarten abrechnen. Auch in anderen Fällen, wie z. B. Gemeinkostenprojekten, empfehlen wir Abrechnungskostenarten: Rechnen Sie kostenartengerecht ab, so verbucht das System auf dem Empfängerobjekt Abrechnungsbelege unter jeder Kostenart, die auf dem Projekt angefallen ist. Gerade bei komplexeren Projekten kann eine größere Anzahl von Einzelposten zusammenkommen, die im Ergebnisreport des Empfängers (z. B. in einer Kostenstelle) auftauchen. Allerdings sind in der Regel derart detaillierte Informationen beim Empfänger überhaupt nicht gewünscht, sondern es wäre leichter nachzuvollziehen, woher die Kosten stammen, wenn sie unter einer Abrechnungskostenart mit einem prägnanten Namen, wie z. B. »Abrechnung Gemeinkostenprojekte« verbucht würden.

5.6.2 Periodenabschluss für Projekt 1: Einführung von SAP ERP

Da es sich hier um ein Gemeinkostenprojekt ohne Bezug zur Logistik handelt, werden keine Gemeinkostenzuschläge erfasst und weder die Ergebnisermittlung noch die Auftragseingangsermittlung eingesetzt. Zum Periodenende wird das Projekt jeweils an die anfordernde Kostenstelle abgerechnet. Da interne Leistungen auf dem Projekt gebucht werden, wird mit einer Abrechnungskostenart abgerechnet.

5.6.3 Periodenabschluss für Projekt 2: Installation einer Lkw-Wägebrücke

Bei diesem Projekt werden Gemeinkostenzuschläge für das Lager und die Warenannahme gebucht. Die Bezuschlagung erfolgt anhand der für das Projekt angefallenen Materialkosten.

Da es sich um ein Kundenprojekt mit einer längeren Laufzeit als eine Periode handelt, wird die Ergebnisermittlung eingesetzt, um die Ware in Arbeit zu ermitteln. Das Unternehmen berichtet lediglich nach HGB, deshalb wird keine Percentage of Completion benötigt.

Die Fertigung ist nicht direkt am Projekt beteiligt, da die verwendeten Teile auf Lager gefertigt werden. Deshalb gibt es keine Fertigungsaufträge, die direkt mit dem Projekt verknüpft sind. Die Ermittlung der Ware in Arbeit für die Fertigung erfolgt daher unmittelbar anhand der Fertigungsaufträge.

Die Beispielfirma in diesem Falle ist hauptsächlich im Projektgeschäft tätig und setzt CO-PA ein. Sie nutzt daher die Auftragseingangsermittlung.

Die Abrechnung wird durchgeführt, um das Ergebnis und den Auftragseingang anhand von Abrechnungskostenarten an CO-PA abzurechnen und die Ware in Arbeit in der Finanzbuchhaltung zu verbuchen.

5.6.4 Periodenabschluss für Projekt 3: Herstellung einer Universaldrehmaschine in Kundeneinzelfertigung

Da das Controlling dieses Unternehmens den Anteil des Lagers an den Gesamtkosten als unbedeutend ansieht, werden hier keine Gemeinkostenzuschläge verbucht.

Auch dieses Projekt ist ein Kundenprojekt mit langer Laufzeit; daher wird die Ware in Arbeit ermittelt. Das Unternehmen berichtet außerdem nach IAS und berechnet für alle Projekte zusätzlich die Percentage of Completion. Hier verwendet man jeweils eine Abgrenzungsversion: die Version für die Percentage of Completion wird an CO-PA abgerechnet, und die andere Version bucht lediglich den Bestand an Ware in Arbeit in die Finanzbuchhaltung.

Die Fertigung wird in diesem Fall als Bestandteil der Projektabwicklung betrachtet. Der überwiegende Teil der Fertigungsaufträge ist direkt den entsprechenden Projekten zugeordnet, und die dort anfallende Ware in Arbeit wird im jeweiligen Projekt ermittelt. Nur die Fertigungsaufträge, die zur Herstellung von Standardteilen auf Lager erstellt werden, ermitteln ihre eigene Ware in Arbeit.

Wie in Beispiel 2 wird der Auftragseingang zu den Projekten ermittelt.

Die Abrechnung erfolgt ebenfalls anhand von Abrechnungskostenarten an CO-PA.

5.7 Zusammenfassung

Sie haben nun die wichtigsten Funktionen zum Periodenabschluss kennengelernt. Gemeinkostenzuschläge können Sie einsetzen, um Gemeinkostenstellen teilweise an Projekte zu verrechnen. Dazu müssen Sie festlegen, anhand welcher Bezugsbasis (Kostenart) und zu welchem Prozentsatz der Bezugsbasis dies erfolgen soll und welche Kostenstelle zu entlasten ist.

Die Ergebnisermittlung ist ein sehr umfassendes, mächtiges und auch kompliziertes Werkzeug, um zum Ende einer Periode das Projektergebnis korrekt darzustellen. Neben der Ware in Arbeit gemäß HGB haben Sie die Möglichkeit, die Percentage of Completion zu errechnen.

Mit der Auftragseingangsermittlung können Sie die im Projektgeschäft wichtigen Kennzahlen Auftragseingang und Auftragsbestand je Projekt ermitteln und diese bei Bedarf an CO-PA abrechnen.

Die Abrechnung verbucht zum einen die Resultate der Ergebnisermittlung in die Finanzbuchhaltung, und zum anderen dient sie dazu, das Projektergebnis und gegebenenfalls den Auftragseingang an CO-PA oder an andere Abrechnungsempfänger zu verrechnen.

In Kapitel 6 zeigen wir Ihnen zum Abschluss dieses Buches das Berichtswesen im Projektsystem.

6 Reporting

Im PS-Informationssystem können Sie Ihre Projekte in unterschiedlichen Berichten auswerten: Strukturberichte dienen der Auswertung der Stammdaten, während Sie Informationen über Kosten, Erlöse und Zahlungen aus den Kostenarten- und Hierarchieberichten erhalten. Auch die Option, eigene Berichte zu erstellen, wird Ihnen angeboten.

Das Informationssystem des Moduls PS umfasst eine große Bandbreite an Berichten für unterschiedliche Auswertungszwecke. Anhand von Strukturberichten können Sie sich den Aufbau von Projekten aus unterschiedlichen Blickwinkeln ansehen (z. B. mit reiner PSP-Struktur, zusätzlich mit Netzplänen, mit zugeordneten Kundenaufträgen, Bestellungen oder Fertigungsaufträgen usw.). Des Weiteren stehen Ihnen diverse logistische Auswertungen zur Verfügung, um beispielsweise den Kapazitätsbedarf, Fehlteile oder offene Bestellungen darzustellen.

Unser Hauptaugenmerk richtet sich allerdings auf das sogenannte *Infosystem Controlling* innerhalb des PS-Informationssystems. Hier bietet SAP bereits im Standard eine Fülle unterschiedlicher Berichte an, um die Kosten, Erlöse, usw. von Projekten nach verschiedenen Gesichtspunkten auszuwerten. Die Controllingberichte werden in zwei Kategorien unterteilt: Kostenartenberichte und Hierarchieberichte.

Kostenartenberichte basieren auf den Reportingtabellen des Controllingmoduls und dienen somit ausschließlich der Auswertung von Werten aus dem Controlling. *Hierarchieberichte* nutzen die Recherchetechnik von SAP. Sie bieten flexiblere Möglichkeiten zum Aufreißen der dargestellten Daten und haben eine eigene sogenannte PS-Infodatenbank als Grundlage.

Zum Abschluss dieses Kapitels stellen wir Ihnen noch Einzelpostenberichte vor, die dazu dienen, die auf einem Projekt gebuchten Belege detailliert auszuwerten.

6.1 Überblick über die verfügbaren Standardberichte

Im PS-Informationssystem stehen Ihnen im Menü RECHNUNGSWESEN • PROJEKTSYSTEM • INFOSYSTEM eine Reihe von Standardberichten zur Verfügung. Unter STRUKTUREN finden Sie zunächst die PROJEKTSTRUKTURÜBERSICHT (Transaktion **CN41N**), anhand derer Sie sich die komplette Struktur von Projekten darstellen lassen können (siehe Abbildung 6.1).

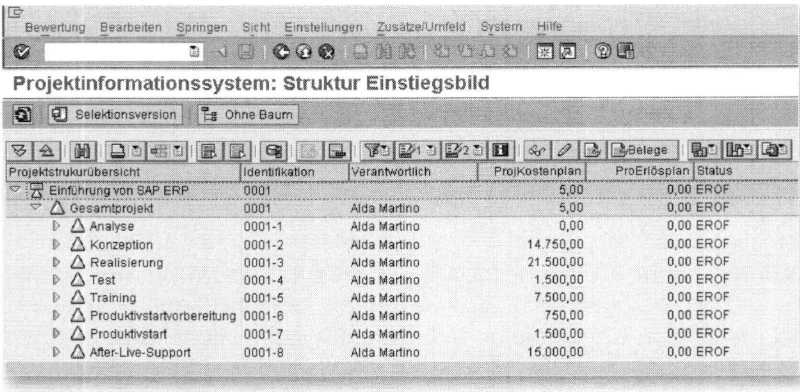

Abbildung 6.1: Strukturbericht

Neben der Projektstrukturübersicht werden in den Unterbäumen EINZELÜBERSICHTEN und ERWEITERTE EINZELÜBERSICHTEN weitere detaillierte Auswertungen zur Projektstruktur angeboten. Im Unterbaum EINZELÜBERSICHTEN finden Sie Auswertungen zu Projektdefinitionen, PSP-Elementen, Netzplänen, Vorgängen usw. Unter ERWEITERTE EINZELÜBERSICHTEN stehen Ihnen Berichte zu nahezu denselben Objekten zur Verfügung; Sie haben allerdings zusätzlich die Möglichkeit, über sogenannte *Schwellenwerte* bestimmte Objekte hervorzuheben, z. B. alle Projekte, deren Kostenplan überschritten ist. Außerdem finden Sie unter VERWENDUNGSNACHWEISE Reports, anhand derer Sie nachvollziehen können, in welchen Standardnetzen bestimmte Arbeitsplätze verwendet werden. Der Teilbaum ÄNDERUNGSBELEGE enthält Berichte, um Änderungsbelege, z. B. zu Projekten oder Standard-PSP-Elementen nachzuvollziehen.

Im Teilbaum CONTROLLING finden Sie zunächst einmal den generischen Report »Kosten/Erlöse/Ausgaben/Einnahmen« (Transaktion **S_ALR_87013531**). Darüber hinaus bietet SAP Ihnen in den einzelnen Untermenüs KOSTEN, ERLÖSE und ERGEBNIS UND ZAHLUNGEN eine große Auswahl weiterer detaillierter und spezialisierter Reports. Die Untermenüs sind wiederum nach Hierarchieberichten und Kostenartenberichten unterteilt.

Unter EINZELPOSTEN stehen Ihnen diverse Berichte zur Verfügung, um sich zu einem Projekt die einzelnen Belege anzeigen zu lassen, wie etwa zu den Istwerten, Planwerten, Obligos usw.

6.2 Profil für Datenbankselektion

Wann immer Sie einen Bericht im PS-Informationssystem aufrufen, verlangt das System von Ihnen die Eingabe eines sogenannten *Datenbankprofils* (siehe Abbildung 6.2). Dieses Profil enthält folgende Einstellungen: Die Projektsicht, anhand derer Sie festlegen, wie die selektierten Projekte dargestellt werden sollen, z. B. sortiert nach Profitcentern. Des Weiteren bestimmen Sie die maximale Hierarchiestufe, bis zu der die Projektstruktur angezeigt werden soll, und welche Objekte (z. B. PSP-Elemente, Netzpläne, Aufträge usw.) überhaupt selektiert werden sollen.

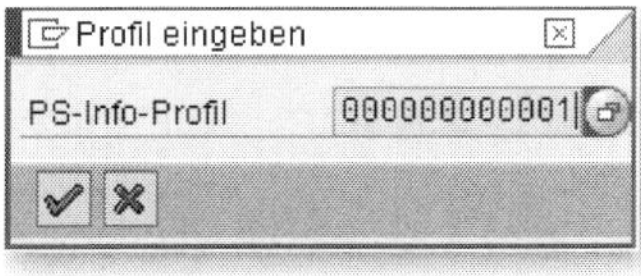

Abbildung 6.2: Datenbankprofil angeben

In aller Regel ist das Datenbankprofil **000000000001** ausreichend. Sollten Sie eigene Profile erstellen wollen, so ist dies im Customizing unter PROJEKTSYSTEM • INFOSYSTEM • SELEKTION • PROFIL FÜR DATENBANKSELEKTION FESTLEGEN (Transaktion **OPTX**) möglich. Eigene Projektsichten können Sie im darauffolgenden Punkt PROJEKTSICHT FÜR INFOSYSTEM ERSTELLEN (Transaktion **OPUR**) anlegen.

6.3 Strukturberichte

Strukturberichte dienen dazu, die Stammdaten von Projekten samt ihrer abhängigen Objekte auszuwerten. Neben den PSP-Elementen, Netzplänen, Vorgängen usw. können Sie sich deren Stammdatenfelder, wie Verantwortliche, Status, Priorität usw., mitanzeigen lassen. In begrenztem Umfang haben Sie in Strukturberichten auch Zugriff auf Controllingdaten, wie z. B. Plankosten, Planerlöse, Istkosten und Isterlöse. Diese können Sie jedoch nicht kostenartengerecht darstellen.

Ein vielseitiger Strukturbericht ist z. B. die *Projektstrukturübersicht*, die Sie im PS-Informationssystem unter STRUKTUREN finden (Transaktion **CN41N**). In einem Strukturbericht können Sie die Darstellung anpassen, indem Sie den Button LAYOUT AUSWÄHLEN betätigen (in Abbildung 6.3 unter ❶ dargestellt) und im darauf erscheinenden Pop-up den Punkt LAYOUT ÄNDERN auswählen. Sie erhalten dann eine Liste der bereits ANGEZEIGTEN SPALTEN ❷ sowie aller weiteren verfügbaren Spalten (SPALTENVORRAT) ❸. Indem Sie jeweils ein Feld auswählen, können Sie diese über die Pfeiltasten ❹ zu den dargestellten Spalten hinzufügen bzw. vorhandene Spalten entfernen. Sie können das so angepasste Layout über den Button LAYOUT ÄNDERN sichern und bei späterem Aufrufen wieder auswählen.

Strukturberichte sind einfach zu handhaben und gut dazu geeignet, einen Überblick über ein oder mehrere Projekte zu liefern. Sie bieten ferner die einzige Möglichkeit, im PS-Informationssystem Stammdatenfelder darzustellen – dies ist in den Kostenarten- und Hierarchieberichten, die wir im Anschluss vorstellen, nicht möglich. Für das Controlling sind die Strukturberichte jedoch nur bedingt geeignet, da sie nur sehr grobe Informationen zu Kosten und Erlösen liefern. Die Kostenarten- und Hierarchieberichte, die wir im Folgenden vorstellen, bieten weitaus mehr Funktionalität.

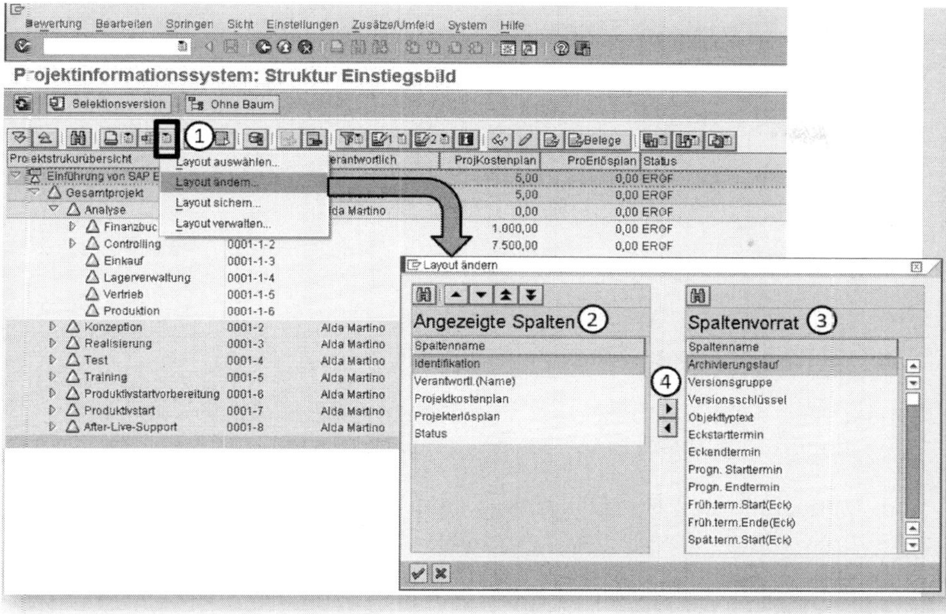

Abbildung 6.3: Darstellung im Strukturbericht ändern

6.4 Kostenartenberichte

Kostenartenberichte werden mit dem Pflegewerkzeug Report Painter erstellt und deshalb auch *Report-Painter-Berichte* genannt. Sie entsprechen den Berichten, die Sie eventuell schon aus dem Modul CO (Controlling) kennen. Ein Beispiel für einen Kostenartenbericht sehen Sie in Abbildung 6.4.

Kostenartenberichte weisen ein statisches Layout auf. Sie können, sofern der aufgerufene Bericht dies erlaubt, über die Variation (in der Abbildung links zu sehen) die einzelnen Objekte der Projektstruktur aufrufen, für die Sie die Kennzahlen abrufen möchten. An der Darstellung der Zahlen selbst können Sie jedoch nichts ändern.

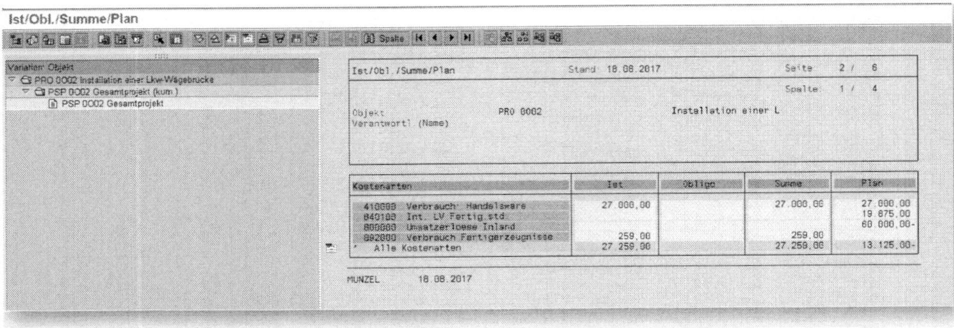

Abbildung 6.4: Kostenartenbericht

Indem Sie einen Doppelklick auf eine Datenzelle ausführen, können Sie die dazugehörigen Einzelposten darstellen lassen.

Im Menübaum des PS-Infosystems steht Ihnen im Unterbaum CONTROLLING für die Kosten und Erlöse jeweils ein Untermenü für hierarchische Berichte und für Berichte NACH KOSTENARTEN zur Verfügung (siehe Abbildung 6.5). Im letzteren finden Sie eine Auswahl an Berichten, die das oben dargestellte feste Layout vorweisen.

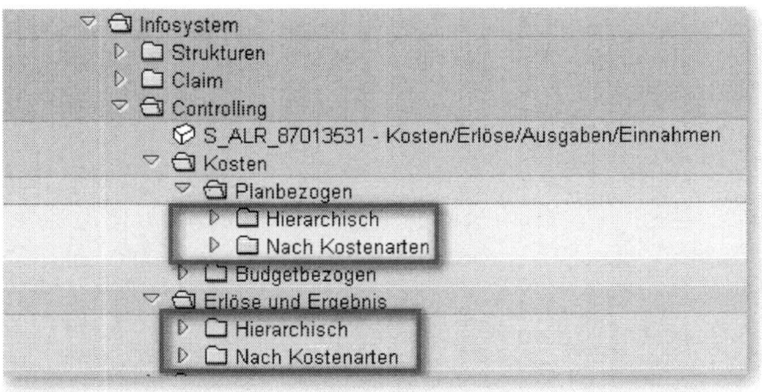

Abbildung 6.5: Berichtsbaum im PS-Informationssystem

6.5 Hierarchieberichte

Hierarchieberichte erlauben eine flexiblere Navigation innerhalb des Reports als Kostenartenberichte. Sie werden mit dem Reportingwerkzeug »Recherche« erstellt und deshalb auch *Rechercheberichte* genannt. Wenn Sie einen Hierarchiebericht aufrufen, haben Sie zunächst die Auswahl, ob Sie eine grafische Berichtsausgabe wünschen oder lieber bei der klassischen Darstellung bleiben (siehe Abbildung 6.6).

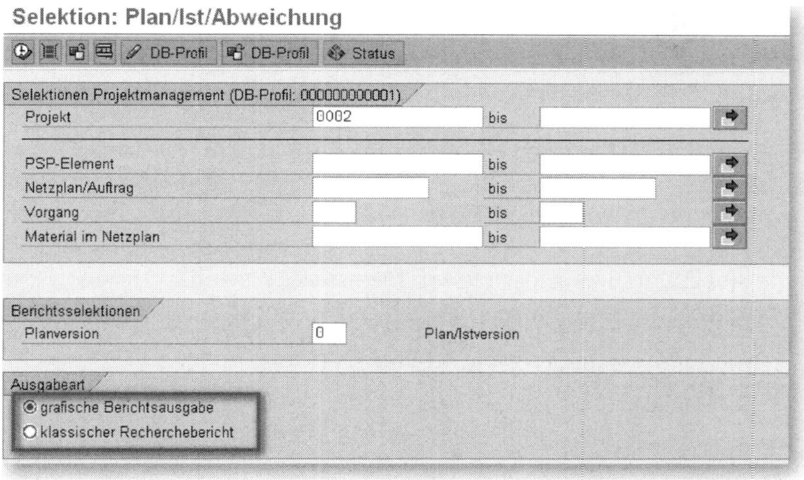

Abbildung 6.6: Auswahl der Ausgabeart im Hierarchiebericht

Beide Ausgabearten unterscheiden sich lediglich in der Darstellung, die Funktionalität ist dieselbe. Die grafische Darstellung basiert auf HTML (siehe Abbildung 6.7), während sich das Erscheinungsbild der klassischen Version am ABAP Listviewer orientiert (siehe Abbildung 6.8).

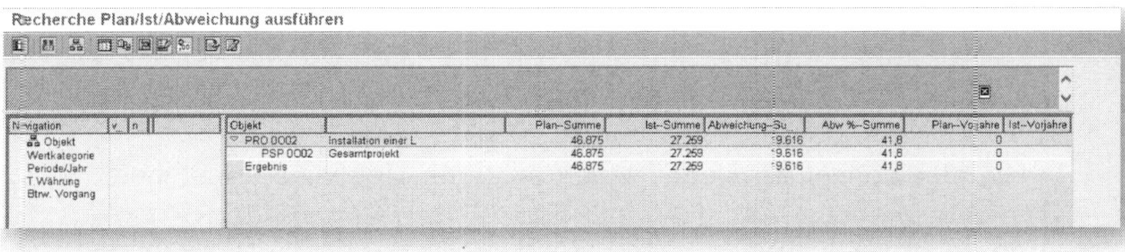

Abbildung 6.7: Grafische Ausgabe eines Hierarchieberichts

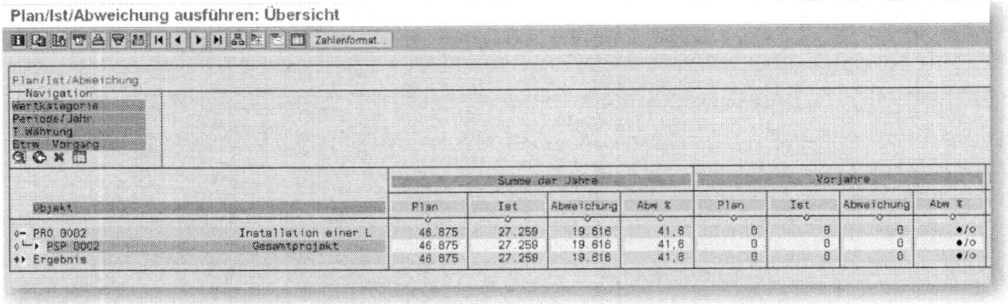

Abbildung 6.8: Klassische Ausgabe eines Hierarchieberichts

Der Hauptunterschied der Hierarchieberichte zu den Kostenartenberichten besteht darin, dass Sie im Bericht mittels sogenanntem *Drill-Down* navigieren können, um sich ein Projekt aus unterschiedlichen Blickwinkeln anzusehen. Indem Sie eines der im Navigationsbereich (siehe Abbildung 6.9) angebotenen Merkmale auswählen, können Sie die dargestellten Kennzahlen danach aufreißen. In Abbildung 6.10 ist ein Aufriss nach Periode und Jahr dargestellt.

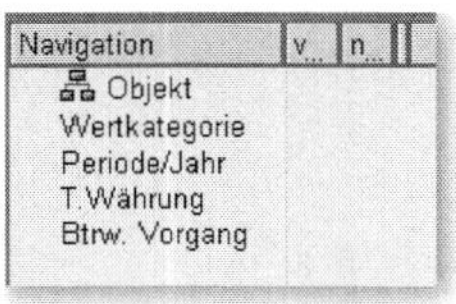

Abbildung 6.9: Navigationsbereich

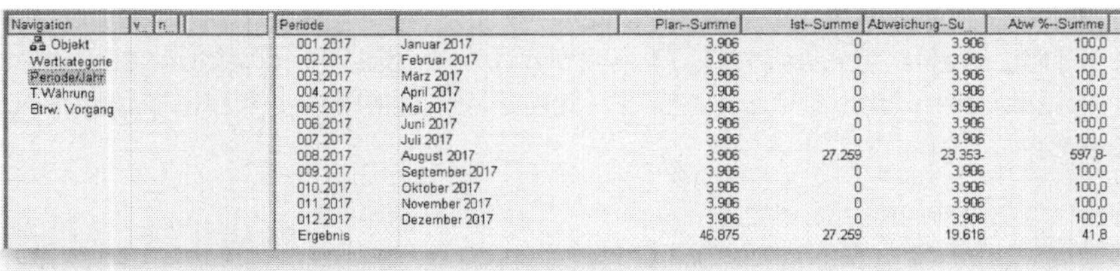

Abbildung 6.10: Aufriss nach Periode/Jahr

In Hierarchieberichten stehen Ihnen statt des Merkmals »Kostenart« *Wertkategorien* zur Verfügung, die Sie frei definieren und mit Kostenarten verknüpfen können. Dabei können Sie sowohl 1:1-Relationen zwischen Kostenarten und Wertkategorien herstellen als auch Gruppierungen vornehmen.

Bevor Sie beginnen, Kosten und Erlöse auf Ihre Projekte zu buchen, sollten Sie zunächst Ihre Wertkategorien definieren; andernfalls müssen Sie die Wertkategorien nachträglich aktualisieren (siehe weiter unten).

Grundsätzlich haben Sie die Möglichkeit, alle Wertkategorien manuell anzulegen und die Kostenarten ebenfalls manuell zuzuordnen. Dadurch können Sie die Wertkategorien frei anhand Ihrer Reportinganforderungen gruppieren. Allerdings müssen Sie Ihre Wertkategorien immer aktualisieren, sobald eine neue Kostenart angelegt wird.

Alternativ können Sie die sogenannte *Projektinfo-Datenbank* so einstellen, dass automatisch zu jeder Kostenart eine neue Wertkategorie angelegt wird, sobald diese erstmals auf ein Projekt gebucht wird. Hierdurch sind Ihre Wertkategorien stets konsistent; allerdings können Sie dann keine Gruppierungen vornehmen.

Sie legen Wertkategorien im Customizing unter dem Pfad PROJEKTSYSTEM • KOSTEN • WERTKATEGORIEN • WERTKATEGORIEN PFLEGEN bzw. über die Transaktion **OPI1** an.

Vergeben Sie für jede Wertkategorie einen Schlüssel und einen Text (siehe Abbildung 6.11). Entscheiden Sie dann, ob es sich dabei um Kosten oder Erlöse handeln soll.

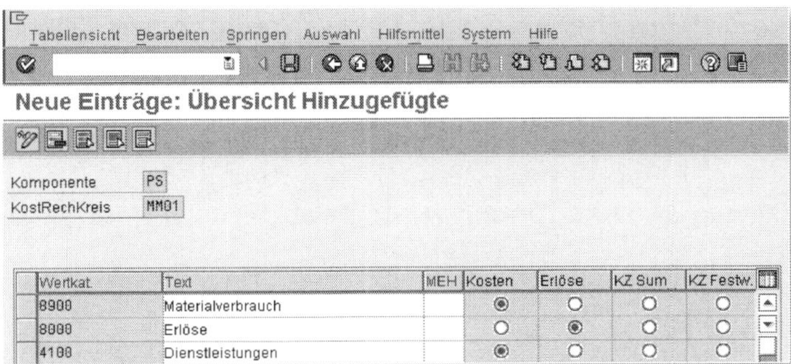

Abbildung 6.11: Wertkategorien anlegen

Im nächsten Punkt KOSTENARTEN WERTKATEGORIEN ZUORDNEN im selben Menüpfad (Transaktion **OPI2**) verknüpfen Sie die Wertkategorien mit Kostenarten (siehe Abbildung 6.12). Sie können dabei Einzelwerte, Intervalle oder Kostenartengruppen angeben.

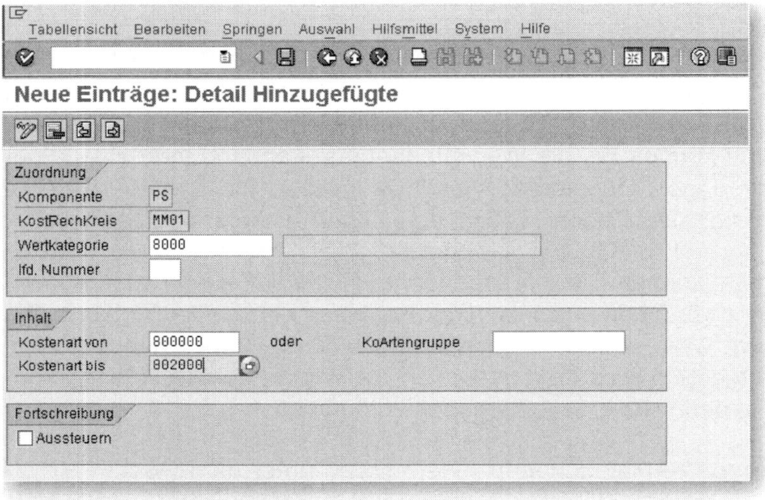

Abbildung 6.12: Kostenarten Wertkategorien zuordnen

Um die Wertkategorien automatisch erzeugen zu lassen, gehen Sie zum Customizing-Punkt PROJEKTSYSTEM • INFOSYSTEM • INFOSYSTEM KOSTEN/ERLÖSE • PROJEKTINFO-DATENBANK (KOSTEN, ERLÖSE, ZAHLUNGEN) • VERBUCHUNGSSTEUERUNG EINSTELLEN. Aktivieren Sie anschließend den Parameter MASCHINELLE WERTKATEGORIEN (siehe Abbildung 6.13).

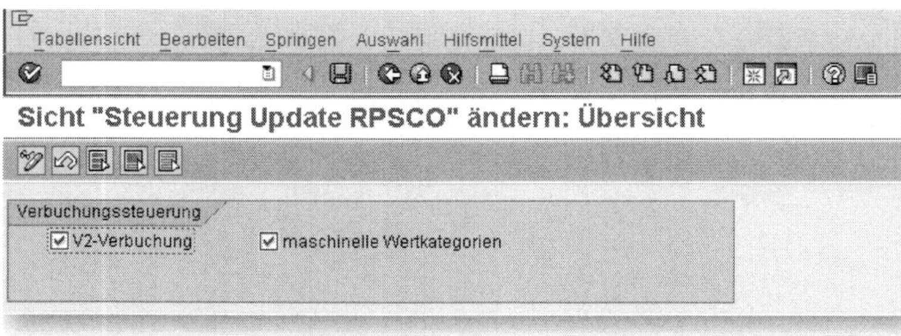

Abbildung 6.13: Wertkategorien automatisch anlegen lassen

Für den Fall, dass Sie Änderungen an Ihren Wertkategorien vornehmen, nachdem Sie bereits Belege auf Projekten gebucht haben, gehen Sie zum Punkt Projektsystem • Infosystem • Infosystem Kosten/Erlöse • Projektinfo-Datenbank (Kosten, Erlöse, Zahlungen) • Neuaufbau der Projektinfo-Datenbank (Transaktion **CJEN**). Geben Sie alle Projekte ein, für die Sie die Wertkategorien aktualisieren möchten (siehe Abbildung 6.14), und starten Sie den Report (es empfiehlt sich, diesen im Hintergrund laufen zu lassen).

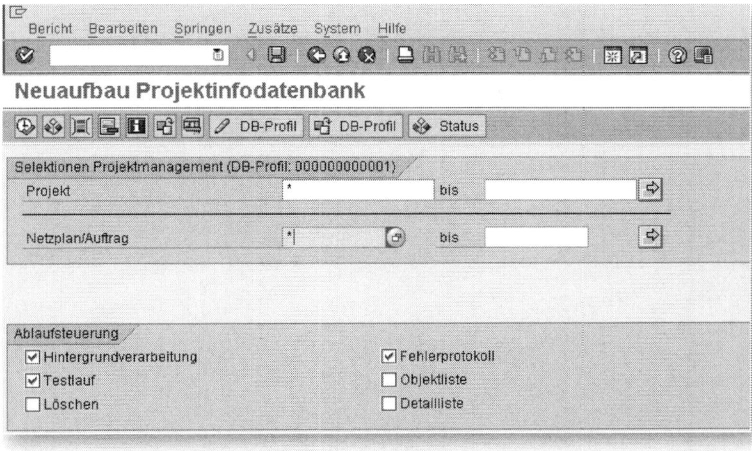

Abbildung 6.14: Aktualisieren der Wertkategorien

Des Weiteren können Sie, über Projektsystem • Infosystem • Infosystem Kosten/Erlöse • Projektinfo-Datenbank (Kosten, Erlöse, Zahlungen) • Konsistenz Zuordnung Wertkategorie prüfen den aktuellen Status Ihrer Wertkategorien überwachen.

6.6 Einzelpostenbericht

Einzelpostenberichte sind dafür vorgesehen, alle auf einem Projekt gebuchten Belege aufzulisten. So können Sie zu diesem Projekt alle verfügbaren Detailinformationen, wie z. B. Erfassungsdatum, Name des Erfassers, Werttyp, Kostenart usw. einblenden, darüber sortieren,

Zwischensummen bilden etc. Außerdem ist es möglich, per Doppelklick direkt den dazugehörigen Beleg aufzurufen.

Es gibt Einzelpostenberichte zu Ist-, Plan und Obligozahlen, zu Zahlungen und zur Ergebnisermittlung. Sie finden alle entsprechenden Berichte unter RECHNUNGSWESEN • PROJEKTSYSTEM • INFOSYSTEM • CONTROLLING • EINZELPOSTEN. Beim Aufrufen eines Einzelpostenberichts, z. B. zu Istbuchungen, können Sie nach PROJEKT und BUCHUNGSDATUM der Belege einschränken (siehe Abbildung 6.15).

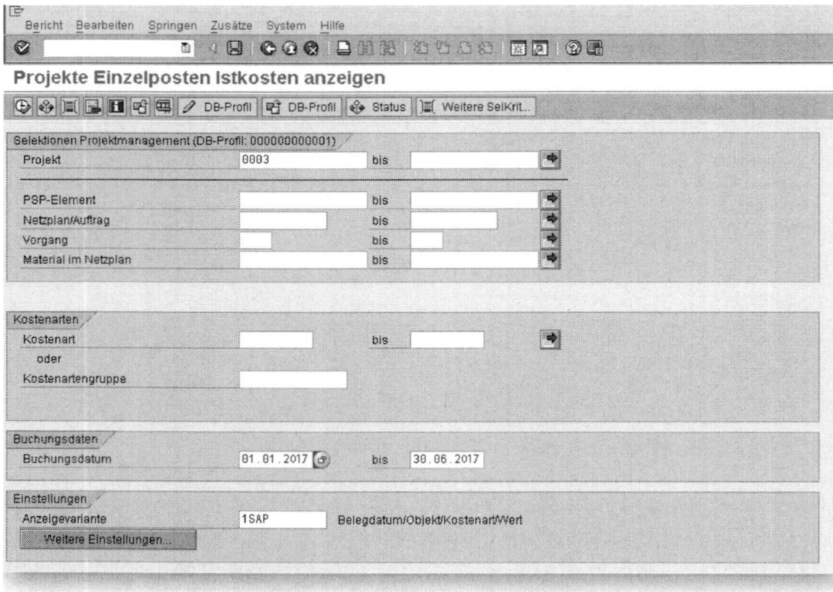

Abbildung 6.15: Ist-Einzelpostenbericht aufrufen

Über den Button LAYOUT ÄNDERN ❶ können Sie beliebig Spalten hinzufügen oder entfernen, indem Sie diese im Pop-up auswählen ❷ und dann über die Pfeiltasten ❸ übernehmen (siehe Abbildung 6.16). Über den Button LAYOUT SICHERN ❹ können Sie Ihre eigenen Layouts speichern und diese beim Aufrufen des Reports im Feld ANZEIGEVARIANTE eingeben.

Einzelpostenberichte eignen sich ideal als Empfängerberichte für die Bericht-/Berichtschnittstelle bei den Kostenarten und Hierarchieberichten, um von einer aggregierten Ebene weiter ins Detail zu verzweigen.

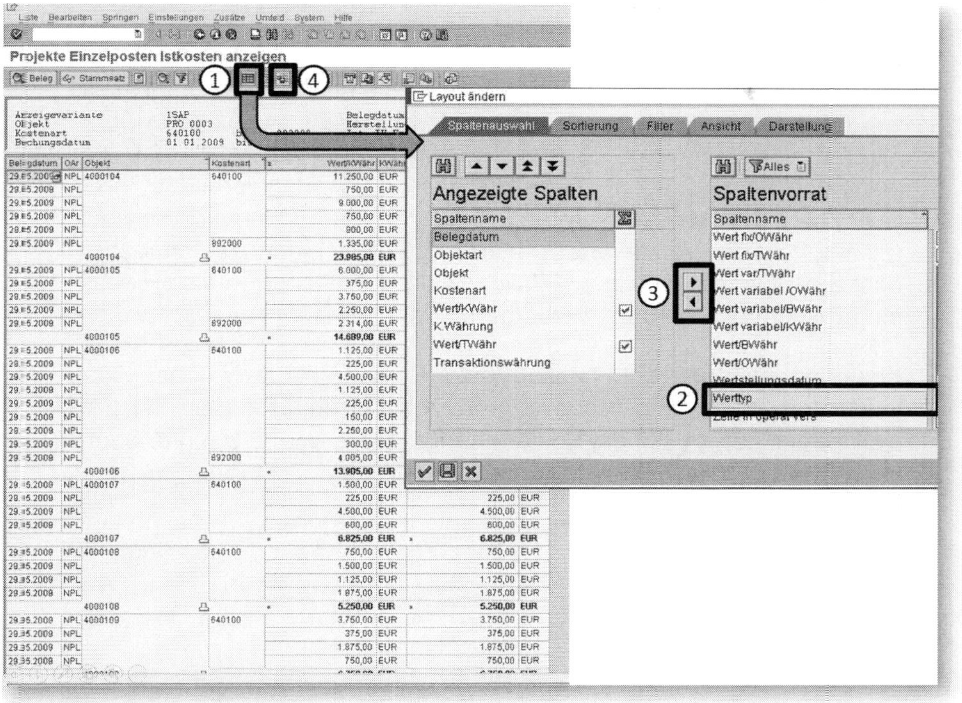

Abbildung 6.16: Einzelpostenbericht – Layouteinstellungen verändern

6.7 Zusammenfassung

Sie können grundsätzlich alle verfügbaren Berichte für alle Arten von Projekten einsetzen – welche davon in welchen Situationen empfehlenswert sind, hängt weniger vom Projekt ab, als vielmehr vom Adressaten. Die Vor- und Nachteile der einzelnen Reporttypen gelten daher übergreifend, sodass wir an dieser Stelle nicht auf die drei Beispielprojekte im Einzelnen eingehen.

Grundsätzlich sind Hierarchieberichte flexibler, benutzerfreundlicher und mächtiger in der Funktionalität als Kostenartenberichte. Durch die freien Navigationsmerkmale und den Aufriss auch über mehrere Merkmale sind sie in der Regel vorzuziehen, wenn es darum geht, die Projektzahlen aus verschiedenen Sichten auszuwerten.

Aus Sicht des Controllings hat das Konzept der Wertkategorien jedoch den wichtigen Nachteil, dass diese nicht hierarchisch dargestellt werden können. Möchten Sie beispielsweise eine Auswertung über alle Projekte fahren und diese mit Ihrer GuV vergleichen, so wird die Liste der Wertkategorien nicht mit der Kostenartenhierarchie Ihrer GuV übereinstimmen. Wenn Sie Ihre Wertkategorien nicht maschinell (also 1:1 zu den Kostenarten) erstellen, ist aus einem Hierarchiebericht auch nicht eindeutig ersichtlich, welche Kostenarten sich jeweils hinter einer Wertkategorie verbergen.

Kostenartenberichte sind besser geeignet, wenn es darum geht, Projektzahlen mit Berichten aus dem Controlling abzustimmen, da Sie sich dabei auf dieselben Kostenartengruppen (wie z. B. Ihre Standard-GuV-Struktur) beziehen können.

ESPRESSO
TUTORIALS

Sie haben das Buch gelesen und sind mit unserem Werk zufrieden? Bitte schreiben Sie uns eine Rezension!

Unser Newsletter

Wir informieren Sie über Neuerscheinungen und exklusive Gratisdownloads in unserem Newsletter.

Melden Sie sich noch heute an unter *http://newsletter.espresso-tutorials.com*

A Die Autoren

Renata Munzel ist als SAP-Projektkoordinatorin bei der Refratechnik Holding GmbH in Göttingen tätig und hat bereits eine Reihe von SAP-Einführungsprojekten sowie eine Kontenplankonsolidierung geleitet. Zuvor hat sie bei der SAP AG und Siemens Business Services an zahlreichen internationalen SAP-Projekten in unterschiedlichen Branchen als Beraterin und Projektleiterin mitgearbeitet. Die theoretischen Grundlagen für ihre berufliche Laufbahn erwarb Renata Munzel durch das Studium der Betriebswirtschaft in Breslau und Zittau.

Martin Munzel ist seit mehr als 18 Jahren im SAP-Umfeld tätig und hat in verschiedenen Positionen als Berater und Inhouse-Berater einen breiten praktischen Erfahrungsschatz erworben. Er hat erfolgreich SAP-Projekte in Europa, Asien und Nordamerika durchgeführt und hält regelmäßig Vorträge bei internationalen SAP-Konferenzen. Martin Munzel ist Mitgründer und Geschäftsführer von Espresso Tutorials. Vor seiner beruflichen Laufbahn studierte er Betriebswirtschaftslehre und Wirtschaftsinformatik in Göttingen, Paderborn und Nottingham.

B Index

A

Q

R

S

T

U

V

W

Z

C Disclaimer

Die in diesem Werk wiedergegebenen Gebrauchsnamen, Handelsnamen, Warenbezeichnungen usw. können auch ohne besondere Kennzeichnung Marken sein und als solche den gesetzlichen Bestimmungen unterliegen. Sämtliche in diesem Werk abgedruckten Bildschirmabzüge unterliegen dem Urheberrecht der SAP SE, Dietmar-Hopp-Allee 16, 69190 Walldorf.

In dieser Publikation wird auf Produkte der SAP SE Bezug genommen. SAP, R/3, SAP NetWeaver, Duet, PartnerEdge, ByDesign, SAP BusinessObjects Explorer, StreamWork und weitere im Text erwähnte SAP-Produkte und Dienstleistungen sowie die entsprechenden Logos sind Marken oder eingetragene Marken der SAP SE in Deutschland und anderen Ländern. Business Objects und das Business-Objects-Logo, BusinessObjects, Crystal Reports, Crystal Decisions, Web Intelligence, Xcelsius und andere im Text erwähnte Business-Objects-Produkte und Dienstleistungen sowie die entsprechenden Logos sind Marken oder eingetragene Marken der Business Objects Software Ltd. Business Objects ist ein Unternehmen der SAP SE. Sybase und Adaptive Server, iAnywhere, Sybase 365, SQL Anywhere und weitere im Text erwähnte Sybase-Produkte und -Dienstleistungen sowie die entsprechenden Logos sind Marken oder eingetragene Marken der Sybase Inc. Sybase ist ein Unternehmen der SAP SE. Alle anderen Namen von Produkten und Dienstleistungen sind Marken der jeweiligen Firmen. Die Angaben im Text sind unverbindlich und dienen lediglich zu Informationszwecken. Produkte können länderspezifische Unterschiede aufweisen.

Der SAP-Konzern übernimmt keinerlei Haftung oder Garantie für Fehler oder Unvollständigkeiten in dieser Publikation. Der SAP-Konzern steht lediglich für Produkte und Dienstleistungen nach der Maßgabe ein, die in der Vereinbarung über die jeweiligen Produkte und Dienstleistungen ausdrücklich geregelt ist. Aus den in dieser Publikation enthaltenen Informationen ergibt sich keine weiterführende Haftung.

Weitere Bücher von Espresso Tutorials

Andreas Unkelbach, Martin Munzel:

Schnelleinstieg ins SAP® Controlling (CO)

- ▶ Gemeinkostencontrolling (CO-OM)
- ▶ Produktcostencontrolling (CO-PC)
- ▶ Ergebnis- und Marktsegmentrechnung (CO-PA)
- ▶ Profitcenter-Rechnung (EC-PCA)

http://4004.espresso-tutorials.com

Stefan Eifler:

Schnelleinstieg in die SAP®-Ergebnisrechnung (CO-PA)

- ▶ Deckungsbeitragsrechnung erfolgreich aufbauen
- ▶ Wertefluss definieren, Planung optimieren
- ▶ inklusive 5 Video-Tutorials

http://5001.espresso-tutorials.com

Thomas Bauer, Ralf Pieper-Kaplan, Martin Munzel, Christian Sass, Eckhard Moos:

Planung mit SAP ERP, BW und BPC – das richtige Werkzeug auswählen

- Möglichkeiten der klassischen Planung in SAP ERP
- Renovierte Planung (EHP6) und Express Planning
- Gegenüberstellung von BW-IP und BPC
- Planung unter HANA mit PAK und Simple Finance

http://4038.espresso-tutorials.com

Ulrich Fahrnschon:

Kundenauftrags-Controlling in SAP® ERP CO-PC

- Anlage und Kalkulation eines Kundenauftrags
- mehrstufige Fertigung und Lieferung in den Kundenauftragsbestand
- Belieferung des Kundenauftrags
- Periodenabschluss im SAP Controlling

http://5083.espresso-tutorials.com

Andreas Jansen:

Schnelleinstieg in das SAP®-Produktkostencontrolling (CO-PC)

- SAP ERP-Produktkostenrechnung Schritt für Schritt erklärt
- Stammdaten, Kalkulationsvarianten und Erzeugniskalkulation kompakt dargestellt
- Details zum integrativen CO-Wertefluss
- Durchgängig illustriertes Fallbeispiel

http://5099.espresso-tutorials.de

Martin Munzel:

Die Renovierte Planung in SAP® ERP Controlling (CO)

- Überblick über NetWeaver Business Client
- flexible Planungslayouts mit BW-IP-Funktionalität
- erweiterte Stammdatenpflege
- Plandaten-Upload aus Excel

http://5114.espresso-tutorials.de

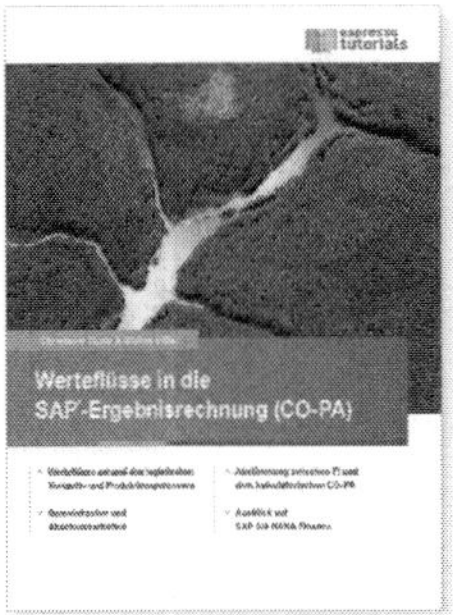

Christoph Theis, Stefan Eifler:

Werteflüsse in die SAP®-Ergebnisrechnung (CO-PA)

- Werteflüsse anhand des logistischen Verkaufs- und Produktionsprozesses
- Abstimmung zwischen FI und dem kalkulatorischen CO-PA
- Gemeinkosten und Abschlussarbeiten
- Ausblick auf SAP S/4 FinanceRechtliche Rahmenbedingungen und Systematik der Umsatzsteuer

http://5135.espresso-tutorials.de

Andreas Unkelbach:

Berichtswesen im SAP®-Controlling

- Grundlagen der Berichtskonzeption im SAP Controlling
- Entwicklung eines internen Berichtswesens in SAP ERP CO
- Varianten zur Selektion von Bewegungsdaten
- Export von Berichten nach Exceldie Rolle von BW im operativen SAP –Berichtswesen

http://5150.espresso-tutorials.de

Mehr Wert für Ihr SAP®!

Was unsere Arbeit auszeichnet, ist die Fähigkeit, uns in die Situation jedes Kunden hineinzudenken.

Nach 15 Jahren Projektarbeit stehen wir an fünf Standorten in der Schweiz und Deutschland unseren Kunden mit »congenialen« Lösungen für den gesamten Lebenszyklus ihrer SAP®-Systeme zur Verfügung.

Spezialisten sind wir für die Bereiche:

- Basis
- Rechnungswesen
- Logistik
- Business Intelligence

Interesse?

Besuchen Sie uns unter *www.consolut.com*
oder schreiben Sie an info@consolut.com.

consolut
solutions + value